不思議な数eの物語

E・マオール
伊理由美 訳

筑摩書房

e : The Story of a Number
by Eli Maor

Copyright © 1994 by Princeton University Press

Japanese translation published by arrangement with
Princeton University Press
through The English Agency (Japan) Ltd.

All rights reserved.

No part of this book may be reproduced or
transmitted in any form or by any means, electronic or
mechanical, including photocopying, recording or
by any information storage and retrieval system,
without permission in writing from the Publisher.

私の両親リチャードとルイーズ・メッガー
（Richard and Luise Metzger）に捧ぐ

宇宙というこの大きな本の中には哲学が書かれている．宇宙は我々がじっと見つめればいつでも見えるのであるが，それを理解するには，まず言葉というものの理解のし方を学び，言葉の文字の意味の読みとり方を学ばなければならない．それは数学という言葉で書かれており，その文字は三角形，円などの幾何学的図形である．これらの図形を使わなければ宇宙のことは一語たりとも人知では理解できないのである．
 ——GALILEO GALILEI（ガリレオ・ガリレイ），
  Il Saggiatore（偽金鑑識官，1623）より

まえがき

πという数に私が初めて出会ったのは9歳か10歳の頃だったはずである．父の友達に工場の持ち主がいて，ある日私は誘われてそこを訪ねた．部屋は道具や機械でいっぱいで，強い油の匂いが部屋中に立ちこめていた．私は機械にはとくに興味がなかった．工場主は私が退屈していると見たにちがいない．彼は脇の方のはずみ車がいくつもついた大きい方の機械のところへ私を連れて行き，話をしてくれた．車が大きくても小さくても，必ずその周と直径の比は一定で，およそ $3\frac{1}{7}$ であると．私はこの奇妙な数に興味をそそられた．そして彼がさらに付け加えて"この数を正確に書いた人はまだいないのだよ——この数は近似的に書くことしかできないのだよ；だけどこの数は非常に大切だから特別の記号，ギリシャ文字のπ，がつけられている"と言ったとき，私の驚きは高まった．円のような単純な形に，このような奇妙な数が関係するのはなぜなのだろうと自問した．私は知らなかった．他でもないこの数がおよそ4000年もの間科学者の興味をそそり，今でもなおこの数に関して未解決の問題があることを．

数年後，中学で代数を学んでいる時，私は第2の奇妙な数に好奇心をそそられた．対数の学習はカリキュラムの重要な部分であり，当時——電卓が現れるよりずっと前

——高等数学を学ぼうとするものにとって，対数表を使うことは絶対に欠かせないことであった．その表の何といかめしかったこと！　緑の表紙がついていてイスラエル教育省発行のものだった．行を飛ばしていないか，列を間違えていないか，と心配しながら何百もの練習問題をこなすのは死ぬほど退屈だった．我々が使っていたのは"常用"対数といわれるもので，ごく当たり前に，底として10を使っていた．しかし表には"自然対数"と呼ばれるページもあった．10を底とする対数より"自然なものがあるのでしょうか"と私が質問すると，先生は"eという文字で表す特別の数があって，それは約2.71828に等しく，「高等」数学ではこれを底として使う"と答えられた．どうしてこのように奇妙な数を使うのか？　それが分かるのは上級になって微積分を習ってからであった．

　ところで，πと似たような数があって，その値が互いに近いからなおさら，それらの比較をせずにはいられなかった．これら二つの数が密接に関係しあっていること，そして，この関係が第3の記号i——有名な"虚数単位"で，-1の平方根——の存在により，ますます神秘的になることを，その後数年大学で学んでから私は知った．こうして数学的なドラマの要素がすべて揃う．その話をこれからするところである．

　πについては多くの人が話してきた．それは，その歴史が古代に遡るという理由によるだけでなく，高等数学の知識がなくてもほとんどのことを理解できるからでもある．

その中で最もよくできているのはペートル・ベックマン (Petr Beckmann) の *A History of* π (『π の歴史』ちくま学芸文庫 Math & Science) であろう．それは，一般向けの本でありながらはっきりと正確に書かれた模範的な解説書である．ところが数 e はそれほどうまくいかなかった．e はより近代的な産物であるばかりでなく，その歴史は"高等"数学への入り口とみなされている微積分学と密接に関係している．私の知る限りでは，e の歴史に関する本でベックマンに並ぶものはない．本書はその空白を埋めるものである．

私の目標とするところは，少々の数学の心得がある読者なら読みこなせる程度のレベルで，e の話をすることである．本文の中では数学の使用を最小限にして，証明や導出のいくつかは付録に委ねた．同時に，時々，主題からそれて歴史的に興味のある副次的な話題の探索もあえて行なった．例えば，e の歴史に一定の役割を果たした多くの人々の略伝である．それらの中には教科書ではめったに触れられることのない人々もいる．とりわけ，指数関数 e^x に関係する多種多様な現象——物理や生物から芸術や音楽まで——を取り上げて，それを数学を超える興味ある主題にしたいと思っている．

本書は微積分学の教科書にある伝統的なやり方から逸れた場合もかなりある．例えば，関数 $y = e^x$ がその導関数に等しいことを示すとき，ほとんどの教科書がまず公式 $d(\ln x)/dx = 1/x$ を導くが，これには長い過程を踏ま

なければならない．そうしてやっと，逆関数の導関数の法則を使って，望む結果が得られるのである．これは不必要に長い過程であると常々思っていた：一般の指数関数 $y = b^x$ の微分が b^x に比例することを示し，比例定数が 1 になるような b の値を求めれば，公式 $d(e^x)/dx = e^x$ を直接示すことができる——その方がはるかに早い（付録 4 にこの導出を示す）．高等数学にしばしば出てくる式 $\cos x + i \sin x$ に対して，私は簡潔な記号 $\operatorname{cis} x$（"シス x" と発音する）を使ったが，このずっと短い記号がもっと多くの場所で使われるようにと願っている．三角関数と双曲線関数の間の類似性を考えるとき，最も美しいものの一つがヴィンチェンゾ・リッカチ（Vincenzo Riccati）が 1750 年頃発見したもので，これら二つの型の関数の独立変数が幾何学的には"面積"と解釈できるということである．このことによって二つの型の関数の形式的な類似性はますます驚くべきものとなる．この事実は教科書で触れられることはめったにないが，本書では第 12 章と付録 7 に述べてある．

本書を書くためにいろいろと調べているうち，一つの事実がすぐに判明した：微積分の発明より少なくとも半世紀前，数 e は数学者達に知られていた（このことは 1618 年に出版された対数に関するジョン・ネーピア（John Napier）の著作のエドワード・ライト（Edward Wright）の英訳の中にすでに言及されている）．どのようにしてこのようなことが起こり得たのだろう？ 一

つの可能性は，数 e は複利の公式との関連で最初に登場したのではないかということである．誰がいつ頃発見したのかは分からないが，元金 P を年利 r で 1 年間に n 回の複利で t 年間預け，n を限りなく大きくすると，公式 $S = P(1+r/n)^{nt}$ で与えられる元利合計 S がある極限値に近づくらしいという奇妙な事実に誰かが気が付いたに違いない．$P=1$, $r=1$, $t=1$ に対するこの極限値は約 2.718 である．この発見は，厳密な数学的推論の結果というよりむしろ実験的観察結果であったろうが，この事実は 17 世紀初頭の数学者を驚かせたに違いない．彼らにとって極限の概念はまだ知られていなかったのだから．このように，数 e と指数関数 e^x の本当の起源は，時間が経つと金が増えるという世俗的な問題の中にあったというのはもっともらしい．しかし，e の正確な起源は謎のままにしておくとしても，別の問題——有名な双曲線 $y = 1/x$ の下の面積を求める問題——から出発して，複利の問題とは独立に同じ数に辿り着くことが分かるであろう．対数の"自然な"底としての e の役割がずっとよく知られるようになるのは，18 世紀前半にレオンハルト・オイラー（Leonhard Euler）の研究によって指数関数に微積分学の中心的役割が与えられるようになってからのことである．

典拠を求めていくと情報が相反する場合がしばしばあったが（とくに発見の先取権に関して），名前と日付はできるだけ正確に記すよう全力を尽くした．17 世紀の始めというと，それまでになく数学の活動が盛んな時代であり，

そして科学者の中にはお互いの仕事を知らずに，同じような考えを発展させて，ほとんど同時期に同じような結果に到達することも多かった．学術雑誌に自分の結果を公表するという慣習がまだ広く知られておらず，そのため，当時の偉大な発見が世間に伝えられるのは，手紙やパンフレット，限られた範囲にしか流通しない本などによることもあった．そのため，それぞれの事実に誰が最初に気が付いたかが分かりにくくなっている．この不幸な事態は，微分法の発明の先取権に関して最高潮に達し，当時の最高の頭脳の持ち主を何人も争いの場に引き出す事件になり，ニュートン（Newton）以後の約1世紀，イギリスの数学の落ち込みの少なからぬ原因となった．

　大学教育のあらゆるレベルで数学を教えたことのある者の一人として，私は多くの学生が数学に消極的な態度をとることをよく知っている．その理由はたくさん考えられるが，その一つが，数学を教えるときの秘儀的な潤いのない教え方にあることは間違いない．公式，定義，定理，証明などで学生を圧倒してしまう傾向があるが，それらの事実が歴史的にどう進展してきたかにはめったに触れない．それでは，それらの事実が，モーゼの十戒のように，神の権威によって我々に手渡されたのだという印象を与えかねない．このような印象を正す良い方法が数学史である．私の授業ではいつも数学史の小片や，公式や定理の名前に関係のある人物の小さな挿話を差し挟むように努めている．本書は部分的にはそのようなやり方を踏襲している．私の望

んだ目的が達成されることを期待する．

　本書を書いている間の妻ダリア（Dalia）の貴重な助力と支援に，そして，図を描いてくれた息子エヤール（Eyal）に感謝する．二人がいなかったら本書は実現しなかったであろう．

　　　　イリノイ州ストーキーにて，1993 年 1 月 7 日

目　次

まえがき ... 7

1　ジョン・ネーピア，1614 ... 21

2　認　知 ... 35
　　対数による計算 ... 48

3　財務のこと ... 55

4　極限（存在するとして）への移行 ... 63
　　eに関係する風変わりな数 ... 78

5　微積分の祖先たち ... 82

6　大躍進への序曲 ... 96
　　極微量をどう使うか ... 107

7　双曲線の面積を求める ... 110

8　新しい科学の誕生 ... 129

9　大論争 ... 151
　　記号の進化 ... 174

10　e^x：導関数と等しい関数 ... 180
　　パラシュート降下 ... 198

知覚は定量化できるか？ ………………………… 202

11　e^θ：驚異の螺旋 ………………………… 207
J. S. バッハとヨハン・ベルヌーイの歴史的会見 …… 231
芸術と自然における対数螺旋 ………………………… 241

12　$(e^x+e^{-x})/2$：垂れた鎖 ………………………… 249
著しい類似 ………………………… 261
e を含む面白い公式 ………………………… 266

13　e^{ix}："最も有名な公式" ………………………… 270
e の歴史における一つの奇妙なエピソード ………… 286

14　e^{x+iy}：虚が実になる ………………………… 289
非常に注目すべき発見 ………………………… 322

15　e はどんな種類の数か？ ………………………… 329

付　録 ………………………… 349
付録 1　ネーピアの対数についての追加 ………………………… 350
付録 2　$n\to\infty$ のときの $\lim(1+1/n)^n$ の存在 ……… 354
付録 3　微積分学の基本定理の発見的導出 ………………………… 358
付録 4　$\lim(b^h-1)/h=1$ と $\lim(1+h)^{1/h}=b$ とが逆の関係であること（$h\to 0$ のとき）………………………… 360
付録 5　対数関数の別の定義 ………………………… 362
付録 6　対数螺旋の二つの性質 ………………………… 366

付録7　双曲線関数の媒介変数 φ の解釈 ―――― 370

付録8　小数点以下 100 桁までの e ―――― 374

訳者あとがき　375

参考文献　377

人名索引　383

不思議な数 e の物語

1 ジョン・ネーピア,1614

大きな数の掛け算,割り算,開平(平方根を求める),開立(立方根を求める)……,これらほど数学的取り扱いが煩わしくて,計算をする人達を悩ませ困らせるものはないと分かったので,確かで敏速な技術を使ってこの困難を取り除くことができないかと私は考え始めた.
——JOHN NAPIER(ジョン・ネーピア), *Mirifici logarithmorum canonis descriptio*(素敵な対数表の解説,1614)[1]

科学の歴史において,対数の発明ほど科学界全体から熱烈に受け入れられた抽象的な数学的概念はめったにない.また,この発明者として,彼以上適した人物を想像することはできない.その名はジョン・ネーピアであった.[2]

アーチボルド・ネーピア卿(Archibald Napier)とその最初の妻ジャネット・ボスウェル(Janet Bothwell)の息子として,ジョンは1550年に(正確な日付は知られていない)スコットランドのエジンバラに近いマーキストン城の家族の屋敷で生まれた.若い頃の詳しいことは不完全な記録しかない.13歳の時,彼はセントアンドルーズ大学に送られ,宗教を学んだ.外国に一時滞在した後,1571年故郷に帰り,エリザベス・スターリング

(Elizabeth Stirling) と結婚し，2 人の子供をもうけた．
1579 年にその妻が死に，彼はアグネス・チザム（Agnes
Chisholm）と再婚し，もう 10 人の子供をもった．この
結婚による 2 番目の息子ロバート（Robert）が後に彼の
遺著（未完書）の管理者となることになる．1608 年アー
チボルド卿の死後，ジョンはマーキストンに帰り，その城
の 8 番目の城主として余生を過ごした．[3]

ネーピアの初期の研究で将来の数学的創造の下地にな
るものはほとんどなかった．彼の主たる興味は宗教にあ
り，むしろ宗教的行動主義にあった．熱心なプロテスタン
トでローマ教皇の強固な敵対者であった彼は，*A Plaine
Discovery of the whole Revelation of Saint John*（聖
ヨハネのすべての黙示のありのままの開示，1593）に自
分の宗教観を著した．この本の中で彼はカトリック教会
を激しく攻撃し，法王は反キリストだと主張し，スコット
ランドの王ジェームズⅥ世（後にイギリスの王ジェーム
ズⅠ世となる）に対して，"ローマカトリック信徒，無神
論者，中立者" らすべてを王の家屋敷から追放せよと迫っ
た．[4] さらに彼は 1688 年から 1700 年の間に最後の審判の
日が来るであろうと予言した．この本は数カ国語に訳さ
れ，21 版を重ねた（その中の 10 版は彼の生存中に出版さ
れた）．そのためネーピアは歴史における自分の名前が揺
るぎないものとなったと——あるいはその中の少しは残る
に違いないと——確信した．

しかし，ネーピアの興味は宗教に限らなかった．作物や

家畜の改良に関わる地主として，土地を肥沃にするためいろいろな有機肥料や化学肥料で実験をした．1579 年に彼は炭坑の水位制御用の水力スクリューを発明した．彼はまた軍事に鋭い興味を示した．確かに，彼はスペイン王フィリップⅡ世がイギリスに侵略して来そうだという漠然とした恐れのとりこになっていた．それより 1800 年も前のアルキメデス（Archimedes）のシラクサ防衛プランを偲ばせる巨大な鏡を作って敵の船を燃やす計画を彼は考案した．彼が考えたのは"周囲 4 マイルの畑から 1 フィート以上の生き物をすべて除去してしまう"ことができるような大砲や，"全側面から破壊物をまき散らす剛い動く口"のついた 2 頭立馬車，さらには"水面下を進み敵を痛めつけるためのいろいろな武器を備えた"道具であった——これらはすべて現代の軍事技術の先駆けである．[5] これらの機械の中に実際に作られたものがあるかどうかは分からない．

これほど多様な興味をもつ男によくあることだが，ネーピアはいろいろな話題の主ともなった．彼は喧嘩っぱやいタイプで，隣人や借地人との口論に巻き込まれることもしばしばだった．ある話によれば，ネーピアは隣人の鳩が自分の所有地に降りて来て穀物を食べることに苛立っていた．隣人に対して鳩にそれをやめさせなければ鳩を捕獲するぞと警告したが，隣人はやりたければ勝手に捕らえたらいいと蔑むようにいって，その忠告を無視した．次の日，隣人は鳩がネーピアの芝生の上で半死の状態で横たわって

いるのを見つけた．ネーピアはただ，穀物に強い酒を染み込ませ，鳩が酔っぱらって動けなくなるようにしたのである．こんな話もある．ネーピアは召使いの一人が彼の持ち物を盗んでいると思い込んでいた．彼は黒い雄鶏がきっと犯人を特定するだろうと召使い達に告げ，彼らに暗い部屋に入って，雄鶏の背中を軽くたたくように命じた．ネーピアはというと，召使い達に分からないようにランプの煤を鶏に一面に塗った．召使い達は部屋から出るとき手を見せろといわれた．盗みを犯した召使いは，黒い雄鶏に触れるのが怖くて雄鶏に触れなかったので手が汚れなかった．こうして彼の罪が暴かれた．[6]

ネーピアのこれらすべての活動は，熱心な宗教活動を含めて，その後長い間忘れられていた．ネーピアの名前を歴史にしっかりと残したのは，大売れした本でも機械の才能でもなく，彼が20年かけて開発した抽象的な数学的概念——対数——によるものだった．

◇　　◇　　◇

16世紀と17世紀の始めとに，あらゆる分野で科学の知識が大きく発展した．幾何学，物理学，天文学は遂に古い教義から解放されて，人々の宇宙の理解を急速に変えた．コペルニクス（Copernicus）の地動説は，教会の権威に1世紀近く抵抗してようやく受け入れられ始めた．1521年マゼラン（Magellan）の地球一周航海は海洋探検の新時代を告げ，世界の隅々に至るまで未踏破の地がほと

んどなくなった．1569 年にはヘルハルト・メルカトール (Gerhard Mercator) が有名な新しい世界地図を出版したが，これは航海術に決定的な影響を与える出来事であった．イタリアではガリレオ・ガリレイ (Galileo Galilei) が力学の基礎を築きつつあり，ドイツではヨハネス・ケプラー (Johannes Kepler) が惑星の三つの運動法則を立てて，一挙に天文学をギリシャ人の天動説から解き放った．これらの発展に伴って数値的なデータはどんどん増加していった．そのため，科学者達は退屈な数値計算にたくさんの時間を費やさなければならなかった．時代は，一気に科学者をこの重労働から解放するような発明を求めていた．ネーピアはこの挑戦に応じたのである．

ネーピアが最終的には対数の発明に到達することになる着想に，最初にどのようにして遭遇したかは分からない．彼は，三角法に精通していたので，公式
$$\sin A \cdot \sin B = 1/2[\cos(A-B) - \cos(A+B)]$$
を知っていたことは間違いない．$\cos A \cdot \cos B$ や $\sin A \cdot \cos B$ に関する同様の式を含め，この公式は"加減算"を意味するギリシャ語に因んで**三角関数の積和差公式** (prosthaphaeretic rules) として知られていた．これらの公式の重要な点は，$\sin A \cdot \sin B$ のような二つの三角関数の積が他の三角関数——ここでは $\cos(A-B)$ と $\cos(A+B)$ ——の和や差を求めることによって計算できるというところにあった．掛け算や割り算より加減算の方がやさしいから，この公式は一つの算術演算をもっとやさ

しい算術演算に変える系統的な方法の原型を与えていた．ネーピアを正しい道に導いたのは多分この発想であったろう．

もう一つのもっと素直な発想は，**幾何数列**，すなわち相次ぐ 2 項の比が一定であるような等比数列，の各項に関係している．例えば，数列 $1, 2, 4, 8, 16, \cdots$ は公比 2 の等比数列である．公比を q と書き，1 から始めれば，数列の各項は $1, q, q^2, q^3$, 等々（第 n 項は q^{n-1}）となる．ネーピアの時代のはるか以前から，等比数列の各項と対応する公比の**指数**との間に簡単な関係が存在することは知られていた．ドイツの数学者ミハエル・シュティーフェル（Michael Stifel, 1487-1567）は，自分の本 *Arithmetica integra*（算術大系，1544）の中で，この関係を次のような形で述べている：数列 $1, q, q^2, \cdots$ の 2 項を掛けると，結果は対応する指数を**足す**のと同じになる．[7] 例えば，$q^2 \cdot q^3 = (q \cdot q) \cdot (q \cdot q \cdot q) = q \cdot q \cdot q \cdot q \cdot q = q^5$ であり，指数 2 と 3 を足せば結果が得られる．同様に，等比数列の一つの項をもう一つの項で割る割り算は，指数の**引き算**に等価である：$q^5/q^3 = (q \cdot q \cdot q \cdot q \cdot q)/(q \cdot q \cdot q) = q \cdot q = q^2 = q^{5-3}$．こうして単純な法則 $q^m \cdot q^n = q^{m+n}$ および $q^m/q^n = q^{m-n}$ が得られる．

しかし，q^3/q^5 のように分母の指数の方が分子の指数より大きいときに問題が起きる．先ほどの法則によれば $q^{3-5} = q^{-2}$ ということになるが，この式はまだ定義されていない．この困難をくぐり抜けるため，q^{-n} は

$1/q^n$ であると定義する. そうすれば $q^{3-5} = q^{-2} = 1/q^2$ であり, q^3 を q^5 で直接割って得られる結果と一致する.[8] ($m=n$ のときにも法則 $q^m/q^n = q^{m-n}$ が成り立つように $q^0 = 1$ と定義しなければならないことに注意.) これらの定義を覚えておけば, 両方向にどこまでも広がる等比数列 $\dots, q^{-3}, q^{-2}, q^{-1}, q^0=1, q, q^2, q^3, \dots$ が得られる. 各項は公比 q の累乗であること, 指数 $\dots, -3, -2, -1, 0, 1, 2, 3, \dots$ は **等差数列** (等差数列では相次ぐ項の差が一定——この場合は 1) であることが分かる. この関係が対数の背後にある鍵となる概念である. シュティーフェルは指数が整数の場合しか考えなかったのに対して, ネーピアの考えはそれを連続な値域にまで拡張することだった.

彼の考えの筋道は次のようであった:**任意の正の数を, ある与えられた数**(後に底と呼ばれることになる)**の累乗として書くことができるなら, 数の掛け算, 割り算はその数の指数の足し算, 引き算に等価である**. さらに, ある数を n 乗する (すなわち n 回その数を掛ける) ことは, その指数を n 回足す——すなわち, 指数を n 倍する——ことに等価である. そして, ある数の n 乗根を求めることは n 回続けて引く——すなわち, n で割る——ことに等価である. 要するに, 各算術演算が演算の階層の一つ下のランクの演算に変わり, それによって数値計算の煩雑さがぐっと減少する.

底を 2 としてこの考えがどのようなものになるかを

表 1 2 の累乗

n	−3	−2	−1	0	1	2	3	4	5	6	7	8	9	10	11	12
2^n	1/8	1/4	1/2	1	2	4	8	16	32	64	128	256	512	1,024	2,048	4,096

説明しよう．表 1 は $n=-3$ から $n=12$ までの相続く 2 の累乗である．32 に 128 を掛けたいとしよう．32 と 128 に対応する指数を表の中で探すとそれぞれ 5 と 7 である．この指数を足すと 12 になる．指数 12 に対応する数を，先ほどとは逆に探す．求める数は 4,096 である．第 2 の例として，4^5 を求める．4 に対応する指数，すなわち 2, を求め，これに 5 を掛けると 10 となる．指数が 10 である数を探すと 1,024 であることが分かる．実際，$4^5 = (2^2)^5 = 2^{10} = 1,024$．

もちろん，整数の計算だけならこのような手の込んだやり方は必要ない．任意の数（整数でも分数でも）が使えるときに，初めてこの方法が実用的になるのである．そうするにはまず，表に記された数の間の大きな間隙を埋めなければならない．それには，分数の指数を使うか，底として十分小さな数を選び累乗がゆっくり増えていくようにするか，の 2 通りの方法がある．$a^{m/n} = \sqrt[n]{a^m}$ で定義される分数の指数（たとえば $2^{5/3} = \sqrt[3]{2^5} = \sqrt[3]{32} \approx 3.17480$）はネーピアの時代にはまだあまり知られていなかったから，[9] 彼は第 2 の方法を選ぶしかなかった．しかしどのくらい小さな底にしたらよいのか？ 底が小さ過ぎると累乗の増え方が遅過ぎてまたも実用的でないものができて

しまう.1に近いが近過ぎない数が妥当なところであろう.何年もの間この問題と取り組んだ後,ネーピアは底を0.9999999,すなわち$1-10^{-7}$に定めた.

では,なぜ彼はこの特別な選択をしたか? 答は,ネーピアの関心事が小数を極力使わないことにあったためと思われる.もちろん,ネーピアの時代以前何千年もの間分数は広く使われてきたが,それらはほとんどいつも普通の分数,すなわち整数の比,として書かれていた.その頃になってようやく**小数**——我々の10進数体系を1より小さな数にまで拡張したもの——がヨーロッパに導入されたが[10],一般の人はまだそれを使い慣れていなかった.小数の使用をなるべく少なくするため,ネーピアは我々が今日1ドルを100セントに分割したり1キロメートルを1000メートルに分割したりするのと本質的に同じことをした:彼は一つの単位をより多数の部分単位に分割し,その小さな各部分単位を新しい一つの単位とみなした.彼の主な目的は三角関数の計算に含まれる莫大な労力を減らすことであったから,当時三角法で使われていたやり方に従い,単位円の半径を$10,000,000 = 10^7$個に分割した.大きな単位1からその10^7分の1を引くと,この体系の中では最も1に近い数$1-10^{-7}$が得られる.ネーピアが彼の表を作るときに使った公比(彼の用語では"比率")がこれであった.

さて彼はうんざりするような引き算を繰り返して,数列の相続く項を求める仕事に没頭した.これは,科学者が直

面する最も気の滅入る課題の一つであったに違いないが，ネーピアは人生の 20 年（1594-1614）を費やしてこの課題をやり遂げ，表を完成させた．彼の最初の表は $10^7 = 10{,}000{,}000$ に始まる 101 個の項を含んでいた：すなわち最初の項は $10^7 = 10{,}000{,}000$，次は $10^7(1 - 10^{-7}) = 9{,}999{,}999$，その次は $10^7(1-10^{-7})^2 = 9{,}999{,}998$ と続いて $10^7(1 - 10^{-7})^{100} = 9{,}999{,}900$（小数部分 0.0004950 は無視）までの 101 個の項である．各項は一つ前の項からその 10^7 分の 1 を引くことによって求められる．彼はさらにもう一度 10^7 から始めて全過程を再び繰り返した．しかし，今度は比率（公比）として始めの表の最後の数と最初の数の比，すなわち $9{,}999{,}900 : 10{,}000{,}000 = 0.99999 = 1 - 10^{-5}$ を使った．この第 2 の表には 51 個の項が含まれていた．最後の項は $10^7(1 - 10^{-5})^{50}$ で，9,995,001 に非常に近い数であった．第 3 の表には，比 $9{,}995{,}001 : 10{,}000{,}000$ が使われ 21 個の項が含まれた．この表の最後の項は $10^7 \times 0.9995^{20} \approx 9{,}900{,}473$ であった．最後に，ネーピアはこの 3 番目の表の各項から比 $9{,}900{,}473 : 10{,}000{,}000$，すなわち約 0.99，を使って，68 個の追加項を作った：すると最後の項は $9{,}900{,}473 \times 0.99^{68}$，すなわち約 4,998,609，となった——これは始めの数 10^7 の約半分である．

もちろん，今日ではこのような仕事は計算機に委せるであろう．電卓を使っても数時間でできる仕事であろう．しかしネーピアはすべての計算を紙とペンだけでや

らなければならなかった．だから彼が小数の使用を極力避けようとしたのは理解できる．彼自身の言葉を借りれば，"この数列[第3の表の項]を作るに際し，第2の表の最初の数 10000000.00000 と最後の数 9995001.222927 の比は煩わしい；したがって，それに十分近くてやさしい比 10000:9995 を使って 21 個の数を計算する；間違いをしなければ最後の項は 9900473.57808 になるだろう．"[11]

この歴史的な大仕事を完成させた後，ネーピアには自分の創造したものに名を与える務めが残っていた．最初彼は各累乗の指数を"人工数"と呼んだが，後に用語**対数**（logarithm），"比の数"（logos= 比, arithmos= 数）を表す言葉，に定めた．現代の記法を使えば，（彼の第1の表で）$N = 10^7(1-10^{-7})^L$ のとき指数 L は N の（ネーピアの）対数であるということになる．ネーピアの対数の定義はレオンハルト・オイラー（Leonhard Euler）が1728年に導入した現代的な定義とはいくつかの点で異なっている：現代的な定義では，$N = b^L$（b は 1 以外の正の定数）のとき，L は N の（b を底とする）対数といわれる．このようにネーピアの体系では $L = 0$ は $N = 10^7$ に対応する（すなわち Nap $\log 10^7 = 0$），これに対して現代のシステムでは $L = 0$ は $N = 1$ に対応する（すなわち $\log_b 1 = 0$）．さらにもっと重要なことは，対数演算の基本法則——たとえば，積の対数は個々の対数の和に等しい——はネーピアの定義では成り立たない．そして最後に，$1 - 10^7$ は 1 より小さいから，数が大きくなるに

つれネーピアの対数は小さくなるが，これに対して我々の常用（10 を底とする）対数では大きくなる．しかしこれらの差はどちらかというと大したことではなく，ネーピアが 1 を 10^7 個の小さな単位に分けることにこだわったために生じただけのことである．もし彼が小数を使うことにそれほどこだわらなかったら，彼の定義は簡単で，今日のものにもっと近くなったであろう．[12]

もちろん今になって思えば，このこだわりは無駄な回り道であった．しかしそうすることによってネーピアは，知らず知らずのうちに，1 世紀後に対数の普遍的な底と認められ数学の世界で π に次ぐ役割を果たす数の発見に紙一重のところまで来ていたのである．この数 e は，n が無限大に近づくときの $(1+1/n)^n$ の極限値である．[13]

注と出典

1. George A. Gibson, "Napier and the Invention of Logarithms", *Handbook of the Napier Tercentenary Celebration, or Modern Instruments and Methods of Calculation*, ed. E. M. Horsburgh (1914; 複製版 Los Angeles: Tomash Publishers, 1982), p. 9 に引用.

2. 名前は Nepair, Neper, Naipper などいろいろ書かれているが，正しい綴りは分からないらしい. Gibson, "Napier and the Invention of Logarithms", p. 3 を見よ.

3. John の子孫の一人が系図を記録している. Mark Napier, *Memoirs of John Napier of Merchiston: His Lineage,*

Life, and Times (Edinburgh, 1834).

4. P. Hume Brown, "John Napier of Merchiston", *Napier Tercentenary Memorial Volume*, ed. Cargill Gilston Knott (London: Longmans, Green and Company, 1915), p. 42.

5. 同上 p. 47.

6. 同上 p. 45.

7. David Eugene Smith, "The Law of Exponents in the Works of the Sixteenth Century", *Napier Tercentenary Memorial Volume*, p. 81 を見よ.

8. 負の指数と分数の指数については14世紀に何人かの数学者が示唆していたが, 数学で広く使われるようになったのはイギリスの数学者 John Wallis (1616-1703), さらには Newton による. Newton は 1676 年に今日の記法 a^{-n} と $a^{m/n}$ を示唆している. Florian Cajori, *A History of Mathematical Notations*, vol. 1, *Elementary Mathematics* (1928; 複製版 La Salle, Ill.: Open Court, 1951), pp. 354-356.

9. 注 8 を見よ.

10. フランドルの科学者 Simon Stevin (あるいは Stevinius, 1548-1620) による.

11. David Eugene Smith, *A Source Book in Mathematics* (1929; 複製版 New York: Dover, 1959), p. 150 より引用.

12. 付録 1 で Napier の対数の他のいろいろな解釈が論じてある.

13. 実際,Napier は $n \to \infty$ のときの $(1-1/n)^n$ の極限として定義される数 $1/e$ を発見する一歩手前まで来ていた.これまで見てきたように,彼の対数の定義は式 $N = 10^7(1-10^{-7})^L$ に等価である.N と L とを 10^7 で割る(変数の目盛りを変えるだけのこと)と,$N^* = N/10^7$,$L^* = L/10^7$ として,式は $N^* = [(1-10^{-7})^{10^7}]^{L^*}$ となる.$(1-10^{-7})^{10^7} = (1-1/10^7)^{10^7}$ は $1/e$ に非常に近いから,Napier の対数は事実上底を $1/e$ とする対数である.しかし,Napier がこの底(あるいは e そのもの)を発見したといわれることが多いが,それは誤りである.先に述べたように,彼は底という言葉を使って考えてはいなかった.底の概念は後になって"常用"対数(底は 10)の導入のときに展開したものである.

2 認　知

現代の計算は驚異的な力をもっているが，それは三大発明，すなわちアラビア数字の記法，小数，対数のおかげである．
——FLORIAN CAJORI（フローリアン・カジョリ），*A History of Mathematics*（数学史，1893）

ネーピアは1614年に *Mirifici logarithmorum canonis descriptio*（素敵な対数表の解説）という名のラテン語の論文で自分の発明を公表した．少し後の *Mirifici logarithmorum canonis constructio*（対数の驚異的一覧表の作成法）は，彼の死後息子によって1619年に出版された．科学の歴史の中でこれほど熱狂的に受け入れられた新概念は少ないであろう．世界的賞賛が発明者に集まり，彼の発明はヨーロッパ中の科学者によって，さらには遠く中国の科学者によってすぐに採用された．対数を最初に利用した一人が天文学者のヨハネス・ケプラーであった．彼は惑星の入念な軌道計算にこれを使って大成功を収めた．

ヘンリー・ブリッグズ（Henry Briggs，1561-1631）がネーピアの表のことを知ったのは，彼がロンドンにあるグレシャム・カレッジの幾何学の教授のときであった．新しい発見に非常に感激して，彼はスコットランドへ赴いてこの偉大な発明者に直接会おうと決心した．ウィリ

アム・リリー（William Lilly, 1602-1681）という占星術師はこの二人の出会いを生き生きと書いている：

> 優れた数学者であり幾何学者であるジョン・マー（John Marr）という人がこれら二人の博学な人達の出会いの場に居合わせたいと思い，ブリッグズより先にスコットランドに来ていた．ブリッグズはエジンバラで会う日を約束する；しかし待っていても来ないので，ネーピア卿はブリッグズが来るかどうか不安になった．"ジョンよ，ブリッグズは来ないのではないか？"ネーピアがそう言ったちょうどそのとき門をたたく音がした；ジョン・マーが急いで駆け下りると，そこには嬉しいことにブリッグズがいた．彼はブリッグズをネーピア卿の応接間に案内した．二人は感嘆してものもいわず，かれこれ15分，互いに相手を見つめていた．ついにブリッグズが口を切った："閣下，あなたに拝眉し，どのような機知と創意をもって，この天文学にとって大変素晴らしく助けになる対数を考えつかれたのか伺いたくて，この長旅を計画しました；でも閣下，あなたによって対数が発見されてみると，どうして今まで誰もこれに気づかなかったのかと思います．対数は，知られてみると，こんなにやさしいものなのに．"[1]

この出会いで，ブリッグズはネーピアの表をもっと便利にするための二つの修正を提案した：10^7 の対数ではなく1の対数が0に等しくなるようにすること；そし

図1 ネーピアの *Mirifici logarithmorum canonis descriptio* の 1619 年版の巻頭のページ：これには *Constructio* も含まれている．

て 10 の対数が 10 の適当な累乗に等しくなるようにすること. いくつかの可能性を考慮した後, 二人は最後に $\log 10 = 1 = 10^0$ と定めた. 今日流に言えば, このことは結局, ある正の数 N が $N = 10^L$ と書けるとき, L を N のブリッグズの対数あるいは"常用"対数と呼んで, $\log_{10} N$ あるいは単に $\log N$ と書くということになる. このようにして底という概念が生まれた.[2]

ネーピアはこの提案にすぐ同意したが, その時はもう歳をとっていて新しい一組の表を計算するだけの力は残っていなかった. ブリッグズがこの仕事を引き受け, その結果を 1624 年 *Arithmetica logarithmica*(対数計算)という題で出版した. 彼の表には 1 から 20,000 までと 90,000 から 100,000 までのすべての整数の 10 を底とする対数が, 小数 14 桁の精度で書かれている. 20,000 から 90,000 までの隙間はオランダの出版業者アドリアーン・ヴラーク (Adriaan Vlacq, 1600-1667) が後に埋め, 彼の追加した分は *Arithmetica logarithmica* の第 2 版に含められた (1628 年). この成果は, 少々の改訂を加えられて, その後作られたあらゆる対数表の基礎となり, それは今世紀まで続いた. 1924 年になってやっとイギリスで 20 桁まで正しい新しい一組の数表作りの仕事が, 対数発明三百周年祝賀事業の一つとして開始された. この仕事は 1949 年に完成した.

ネーピアは数学に対しこの他の貢献もしている. 乗除算用の機械装置の棒(彼はそれを"骨"と呼んだ)を発明

し，球面三角で使われる"ネーピアの公式"として知られる一連の法則を考え出した．また，数の整数部分と小数部分を分けるために小数点を使用することを提唱し，小数の記法をぐっと簡単化した．しかし，重要さにおいてこのような功績のどれも対数の発明とは比べものにならない．1914年にエジンバラで催された三百周年祝賀式典でモウルトン（Moulton）卿は彼を讃えていった："対数の発明は世界にとって青天の霹靂(へきれき)だった．過去にはその糸口となるような仕事も，それを予告し前触れとなるようなものも存在しなかった．それはまったく孤立して現れた．突然に人の蒙を破って現れた考えである．他人からの借り物でなく，既知の数学の思想の流れに従ったものでもなかった．"[3] ネーピアは自分の屋敷で1617年4月3日67歳で没し，エジンバラの聖カスバート教会に葬られた．[4]

ヘンリー・ブリッグズは1619年オックスフォード大学の幾何の初代サヴィル講座教授に就任したが，その後次々とこの講座にはイギリスの名高い科学者がつくことになった．その中にはジョン・ウォーリス（John Wallis），エドモンド・ハレー（Edmond Halley），クリストファー・レン（Christopher Wren）等がいた．ブリッグズはそれ以前から占めていたグレシャム・カレッジの職も続けていた．その講座は1596年トーマス・グレシャム（Thomas Gresham）卿が設けたもので，イギリスで最も古い数学教授の席であった．彼は1631年に死ぬまで両方の地位についていた．

もう一人対数の発明者であると主張した人がいた．ヨースト・ブュルギ（Jobst あるいは Joost Bürgi, 1552-1632）である．スイスの時計職人で，ネーピアと同じ仕組みで対数表を作った．しかし，大きな違いは，ネーピアが公比として1よりわずかに小さい $1-10^{-7}$ を使ったのに対して，ブュルギは1よりわずかに大きい数，$1+10^{-4}$，を使った点である．したがってブュルギの対数は，数が大きくなるほど**大きくなる**が，一方ネーピアの対数は小さくなる．ネーピア同様ブュルギも小数を避けようとし過ぎるあまり，彼の対数の定義は必要以上に複雑だった．正の整数 N が $N=10^8(1+10^{-4})^L$ と書けるとき，ブュルギは数 $10L$（L ではない）を，"黒い数 N" に対応する"赤い数"と呼んだ．（彼の表ではこれらの数が実際に赤と黒で印刷してあった．これがこの述語の由来である．）彼は"逆対数"の表を作るという意味で，ページの縁に赤い数（すなわち対数）を置きページの本体に黒い数を置いた．ブュルギがその発明に至ったのは1588年で，ネーピアが同じ着想をもって仕事を始める6年前であったという証拠はある．しかしなぜか1620年までブュルギは自分の仕事を発表しなかった．1620年になって彼の表はプラハで匿名で出版された．学問の世界では"発表せよ，そうでなければ滅亡する"という鉄則がある．発表が遅れたために，ブュルギは歴史的発見の先取権を失ったのである．今日彼の名は，科学史の専門家を除いてほとんど忘れられている．[5]

対数はヨーロッパ中に素早く広がり使われるようになった．ネーピアの *Descriptio* はエドワード・ライト（Edward Wright，イギリスの数学者で楽器の製作者，およそ 1560-1615）により英語に訳され，1616 年にロンドンに登場した．ブリッグズとヴラークの常用対数の表は 1628 年にオランダで出版された．ガリレオと同時代で微積分の先駆者の一人である数学者ボナヴェントゥーラ・カヴァリエリ（Bonaventura Cavalieri, 1598-1647）は，ヨハネス・ケプラーがドイツで対数を奨励して使ったように，イタリアで対数を広めた．大変面白いことに，この新しい発明を次に歓迎した国が中国であった．ポーランドのイエズス会士ジョン・ニコラス・スモグレツキー（John Nicholas Smoguleçki, 1611-1656）の弟子シュエ・フェンツォ（薛鳳祚）が 1653 年に対数の専門書を出した．1713 年に北京ではヴラークの表が『律暦淵源』（莫大な量の暦の計算）の中で複製された．少し後 1722 年に，『数理精蘊』（数学の基本原理集）が北京で出版され，ついには日本にも到達した．これらすべての活動が中国にイエズス会があったことによるもので，彼らは西洋の科学を広めることにも関与していたのである．[6]

科学界に対数が導入されるとただちに，計算のための機械装置を作ることができるのではないかと考える革新者が現れた．対数の値に比例する目盛りの付いた定規を使うという着想である．まず，エドマンド・ガンター（Edmund Gunter, 1581-1626）がかなり原始的な装置

を作った．彼はイギリスの聖職者で，後にグレシャム・カレッジの天文学の教授になった．彼の装置は 1620 年に作られ，1 本の対数目盛をもった物差し（対数尺）からできており，ディバイダーで目盛りの距離を測って足したり引いたりする．**2 本**の対数尺を使ってそれらを互いに滑らせて動かすという発想はウィリアム・オートレッド（William Oughtred, 1574-1660）に始まる．彼は，ガンター同様，聖職者でも数学者でもあった．オートレッドは 1622 年にこの装置を発明していたが，発表したのは 10 年後だった．実際にはオートレッドは二つ形の違うものを作った：直線に沿って滑る定規と共通の軸の周りを回転する二つの円盤に目盛りがある定規と．[7]

オートレッドは大学の公の地位には就かなかったが，数学への貢献はたくさんあった．影響力が最も大きかった彼の本は算術と代数の本 *Clavis mathematicae*（数学の鍵，1631）で，彼はその中で新しい数学記号をたくさん導入した．その中には今日でも使われているものがある．（例えば，掛け算の記号 × がある．ライプニッツ（Leibniz）は後に文字 x に似ているという理由でこれに反対した．また，今なお時々見かける記号で比を表す :: と差を表す〜とがある．）今我々は数学の文献に出てくるたくさんの記号を当然のように見ているが，一つ一つの記号にそれぞれの歴史があり，その時代の数学の状態を反映していることが多い．記号は数学者の気まぐれで発明されることもあるが，ゆっくりとした発展の結果その形になることの方が

多い.オートレッドはこの過程で主たる役割を果たした.数学の記法の改良のため多くのことをしたもう一人の数学者がレオンハルト・オイラーである.彼は本書の物語の後段に華々しく登場する.

オートレッドの生涯についてはいろいろな話がある.彼自身が書いているように,ケンブリッジのキングズカレッジの学生時代,昼も夜も勉学で過ごした:"普通の勉強の他に数理的諸科学を学んでいたとき,私は毎晩のように皆が寝ているとき自然の眠りから起き出し,徹夜,寒さ,仕事に慣れるよう体を鍛えた." [8] また,ジョン・オーブリ(John Aubrey)の愉快な(全部真実とは限らないが)*Brief Lives*(短い人生)にもオートレッドのことが生き生きと書かれている:

彼は小柄な男で,髪は黒く,(きらきらとした)黒い目をしていた.頭は常に働いていた.埃の上に線を引いたり図を描いたり…いつも 11 時か 12 時までベッドにいた….夜遅くまで勉強していた;11 時まで寝なかった;火口箱を近くに置いていた;ベッドの支柱の先端にインク壺を固定していた.彼は少ししか寝なかった.2 晩も 3 晩も寝ないこともあった.[9]

あらゆる不摂生をしたように見えるが,オートレッドは86 歳まで生き,チャールズ II 世(Charles II)が王位に復帰したと聞いて喜びのあまり死んだと伝えられている.

対数と同様，計算尺の発明の先取権についてもいろいろと論じられている．1630年にオートレッドの学生リチャード・デラメイン（Richard Delamain）が短い著作 *Grammelogia, or The Mathematical Ring*（グラメロギア，すなわち計算円盤）を出版し，自分が発明した円形の計算尺について述べている．チャールズ I 世に宛てた前書きで（彼は計算尺と本のコピーを王に贈っている），デラメインは彼の装置が使いやすいことを表して"馬に乗っていても歩いていても…使用に適し"[10]といっている．彼は正式に発明の特許を取り，これにより彼の著作権と名声が歴史上揺るぎないものとなったと信じた．しかしオートレッドのもう一人の生徒のウィリアム・フォスター（William Forster）が，デラメインの家でその数年前にオートレッドの計算尺を見たといい，デラメインがオートレッドの着想を盗んだとにおわせた．盗作への非難ほど科学者の名声を傷つけるものはないから，告発と反論が長々と続いたのは当たり前だった．今ではオートレッドが計算尺の実際の発明者となっているが，デラメインが発明を盗んだというフォスターの主張を支持する証拠はない．いずれにしても，この議論はその後ずっと忘れられていた．というのは，まもなく微積分というもっと重要な発明の先取権に関する激論が起こり，計算尺についての議論は影が薄くなってしまったからである．

計算尺は形はさまざまだが，以後350年間，科学者や技術者のすべてにとって忠実な相棒となることになる．息

子や娘の大学卒業のとき,親は得意になって計算尺を与えたりした.1970年代の始めに電卓の第一号が市場に現れたが,その後10年もしないうちに計算尺は使われなくなった.(1980年,アメリカの代表的な科学器具メーカーのKeuffel & Esserは,1891年以来の主力製品の計算尺の生産を停止した.[11])対数表に関してはもう少しましだった:代数の教科書の末尾に対数表は今なお載っている——もう役に立たなくなってしまった計算尺の声なき形見であるかのように.しかしこれも間もなく過去の遺物となるであろう.

対数は計算数学の中心的役割を失いはしたが,対数関数は今なお純粋数学でも応用数学でもそのほとんどすべての分野で中心的役割を果たしている.物理学,化学から生物学,心理学,芸術,音楽に至るまで無数の分野で応用されていることからも分かる.実際,現代の芸術家の一人エッシャー(M. C. Escher)は対数関数を——螺旋という形で——彼の仕事の多くの中心テーマとした(p. 246を見よ).

ネーピアの *Descriptio* のエドワード・ライトによる訳の第2版(London, 1618)の中の,おそらくオートレッドが書いたと思われる付録の中に,$\log_e 10 = 2.302585$ という記述に等価なものが登場する.[12] これが数学における数 e の役割を明確に認めた最初であるらしい.しかしこの数

eはどこから来たのか？ どこにその重要性があるのか？
これらの質問に答えるため，指数や対数と始めはかけ離れて見えるかもしれない話題——財務の数学——に目を転ずることにする．

注と出典

1. Eric Temple Bell, *Men of Mathematics* (1937; 複製版 Harmondsworth: Penguin Books, 1965), 2: 580; Edward Kasner and James Newman, *Mathematics and the Imagination* (New York: Simon and Schuster, 1958), p. 81 に引用．原文は Lilly の *Description of his Life and Times* (1715) にある．

2. George A. Gibson, "Napier's Logarithms and the Change to Briggs's Logarithms", *Napier Tercentenary Memorial Volume*, ed. Cargill Gilston Knott (London: Longmans, Green and Company, 1915), p. 111 を見よ． Julian Lowell Coolidge, *The Mathematics of Great Amateurs* (New York: Dover, 1963), ch. 6, 特に pp. 77-79 も見よ．

3. 記念式典の開会挨拶: "The Invention of Logarithms" *Napier Tercentenary Memorial Volume*, p. 3.

4. *Handbook of the Napier Tercentenary Celebration, or Modern Instruments and Methods of Calculation*, ed. E. M. Horsburgh (1914; 複製版 Los Angeles: Tomash Publishers, 1982), p. 16. Section A は Napier の生涯と業

績についての詳しい説明.
5. 先取権の問題については, Florian Cajori, "Algebra in Napier's Day and Alleged Prior Inventions of Logarithms", *Napier Tercentenary Memorial Volume*, p. 93 を見よ.
6. Joseph Needham, *Science and Civilisation in China* (Cambridge: Cambridge University Press, 1959), 3: 52-53.
7. David Eugene Smith, *A Source Book in Mathematics* (1929; 複製版 New York: Dover, 1959), pp. 160-164.
8. David Eugene Smith, *History of Mathematics*, 全2巻 (1923; New York: Dover, 1958), 1: 393 に引用.
9. John Aubrey, *Brief Lives*, 2: 106 (Smith, *History of Mathematics*, 1: 393 による引用).
10. Smith, *A Source Book in Mathematics*, pp. 156-159 に引用.
11. *New York Times*, 3 January 1982.
12. Florian Cajori, *A History of Mathematics* (1894), 2d ed. (New York: Macmillan, 1919), p. 153; Smith, *History of Mathematics*, 2: 517.

対数による計算

我々の多く——少なくとも 1980 年以後に大学教育を終えた人——にとって，対数は代数の入門コースで関数の概念の一部として教えられる理論的な主題である．しかし，対数は 1970 年代の終わりまで計算道具としてまだ広く使われており，1624 年のブリッグズの常用対数と事実上変わっていなかった．電卓の出現がその使用を廃れさせた．

今が 1970 年だと思って，式
$$x = \sqrt[3]{493.8 \times 23.67^2 / 5.104}$$
の計算をしてみよう．それには 4 桁の常用対数表が要る（たいていの代数の教科書の末尾についているであろう）．対数法則
$$\log(ab) = \log a + \log b, \quad \log(a/b) = \log a - \log b,$$
$$\log a^n = n \log a$$
を使う．ここで a と b は任意の正の数，n は任意の実数，"log" は常用対数——すなわち 10 を底とする対数——を表す．（表があればどんな底でも使うことができる．）

計算を始める前に，対数の定義を思い出しておこう：正の数 N が $N = 10^L$ と書けるとき，L は N の（10 を底とする）対数で，$\log N$ と書く．したがって，式 $N = 10^L$ と $L = \log N$ は等価である——すな

わちまったく同じ情報を与える．$1 = 10^0$，$10 = 10^1$ だから，$\log 1 = 0$，$\log 10 = 1$ である．したがって，1（を含む）と 10（を含まない）の間の任意の数の対数は正の小数（すなわち $0.abc\cdots$ という形の数）であり，10（含む）と 100（含まない）の間の任意の数の対数は $1.abc\cdots$ の形をとる，等々．これは次のように要約される：

N の範囲	$\log N$
$1 \leq N < 10$,	$0.abc\cdots$
$10 \leq N < 100$,	$1.abc\cdots$
$100 \leq N < 1{,}000$,	$2.abc\cdots$

（1 未満の小数を含むところまで表を拡張することはできるが，話を簡単にするためここではしなかった．）したがって，ある対数が $\log N = p.abc\cdots$ と書けるとき，整数 p は数 N が 10 の累乗のどの範囲にあるかを表している．たとえば，$\log N = 3.456$ とすると N は 1,000 と 10,000 の間にあるといえる．N の実際の値は対数の小数部分 $.abc\cdots$ によって定められる．$\log N$ の整数部分を**指標**といい，小数部分 $.abc\cdots$ を**仮数**という．[1] 対数表には通常仮数のみが与えられており，指標を決める作業は使用者にゆだねられている．仮数が同じで指標が異なる二つの対数は数字の並びが同じで小数点の位置が異なる二つの数に対応することに注意せよ．例えば，$\log N = 0.267$ は

N	0	1	2	3	4	5	6	7	8	9	比 例 部 分								
											1	2	3	4	5	6	7	8	9
10	0000	0043	0086	0128	0170	0212	0253	0294	0334	0374	4	8	12	17	21	25	29	33	37
11	0414	0453	0492	0531	0569	0607	0645	0682	0719	0755	4	8	11	15	19	23	26	30	34
12	0792	0828	0864	0899	0934	0969	1004	1038	1072	1106	3	7	10	14	17	21	24	28	31
13	1139	1173	1206	1239	1271	1303	1335	1367	1399	1430	3	6	10	13	16	19	23	26	29
14	1461	1492	1523	1553	1584	1614	1644	1673	1703	1732	3	6	9	12	15	18	21	24	27
15	1761	1790	1818	1847	1875	1903	1931	1959	1987	2014	3	6	8	11	14	17	20	22	25
16	2041	2068	2095	2122	2148	2175	2201	2227	2253	2279	3	5	8	11	13	16	18	21	24
17	2304	2330	2355	2380	2405	2430	2455	2480	2504	2529	2	5	7	10	12	15	17	20	22
18	2553	2577	2601	2625	2648	2672	2695	2718	2742	2765	2	5	7	9	12	14	16	19	21
19	2788	2810	2833	2856	2878	2900	2923	2945	2967	2989	2	4	7	9	11	13	16	18	20
20	3010	3032	3054	3075	3096	3118	3139	3160	3181	3201	2	4	6	8	11	13	15	17	19
21	3222	3243	3263	3284	3304	3324	3345	3365	3385	3404	2	4	6	8	10	12	14	16	18
22	3424	3444	3464	3483	3502	3522	3541	3560	3579	3598	2	4	6	8	10	12	14	15	17
23	3617	3636	3655	3674	3692	3711	3729	3747	3766	3784	2	4	6	7	9	11	13	15	17
24	3802	3820	3838	3856	3874	3892	3909	3927	3945	3962	2	4	5	7	9	11	12	14	16
25	3979	3997	4014	4031	4048	4065	4082	4099	4116	4133	2	3	5	7	9	10	12	14	15
26	4150	4166	4183	4200	4216	4232	4249	4265	4281	4298	2	3	5	7	8	10	11	13	15
27	4314	4330	4346	4362	4378	4393	4409	4425	4440	4456	2	3	5	6	8	9	11	13	14
28	4472	4487	4502	4518	4533	4548	4564	4579	4594	4609	2	3	5	6	8	9	11	12	14
29	4624	4639	4654	4669	4683	4698	4713	4728	4742	4757	1	3	4	6	7	9	10	12	13
30	4771	4786	4800	4814	4829	4843	4857	4871	4886	4900	1	3	4	6	7	9	10	11	13
31	4914	4928	4942	4955	4969	4983	4997	5011	5024	5038	1	3	4	6	7	8	10	11	12
32	5051	5065	5079	5092	5105	5119	5132	5145	5159	5172	1	3	4	5	7	8	9	11	12
33	5185	5198	5211	5224	5237	5250	5263	5276	5289	5302	1	3	4	5	6	8	9	10	12
34	5315	5328	5340	5353	5366	5378	5391	5403	5416	5428	1	3	4	5	6	8	9	10	11
35	5441	5453	5465	5478	5490	5502	5514	5527	5539	5551	1	2	4	5	6	7	9	10	11
36	5563	5575	5587	5599	5611	5623	5635	5647	5658	5670	1	2	4	5	6	7	8	10	11
37	5682	5694	5705	5717	5729	5740	5752	5763	5775	5786	1	2	3	5	6	7	8	9	10
38	5798	5809	5821	5832	5843	5855	5866	5877	5888	5899	1	2	3	5	6	7	8	9	10
39	5911	5922	5933	5944	5955	5966	5977	5988	5999	6010	1	2	3	4	5	7	8	9	10
40	6021	6031	6042	6053	6064	6075	6085	6096	6107	6117	1	2	3	4	5	6	8	9	10
41	6128	6138	6149	6160	6170	6180	6191	6201	6212	6222	1	2	3	4	5	6	7	8	9
42	6232	6243	6253	6263	6274	6284	6294	6304	6314	6325	1	2	3	4	5	6	7	8	9
43	6335	6345	6355	6365	6375	6385	6395	6405	6415	6425	1	2	3	4	5	6	7	8	9
44	6435	6444	6454	6464	6474	6484	6493	6503	6513	6522	1	2	3	4	5	6	7	8	9
45	6532	6542	6551	6561	6571	6580	6590	6599	6609	6618	1	2	3	4	5	6	7	8	9
46	6628	6637	6646	6656	6665	6675	6684	6693	6702	6712	1	2	3	4	5	6	7	7	8
47	6721	6730	6739	6749	6758	6767	6776	6785	6794	6803	1	2	3	4	5	5	6	7	8
48	6812	6821	6830	6839	6848	6857	6866	6875	6884	6893	1	2	3	4	4	5	6	7	8
49	6902	6911	6920	6928	6937	6946	6955	6964	6972	6981	1	2	3	4	4	5	7	7	8
50	6990	6998	7007	7016	7024	7033	7042	7050	7059	7067	1	2	3	3	4	5	6	7	8
51	7076	7084	7093	7101	7110	7118	7126	7135	7143	7152	1	2	3	3	4	5	6	7	8
52	7160	7168	7177	7185	7193	7202	7210	7218	7226	7235	1	2	3	3	4	5	6	7	7
53	7243	7251	7259	7267	7275	7284	7292	7300	7308	7316	1	2	2	3	4	5	6	6	7
54	7324	7332	7340	7348	7356	7364	7372	7380	7388	7396	1	2	2	3	4	5	6	6	7
N	0	1	2	3	4	5	6	7	8	9	1	2	3	4	5	6	7	8	9

4桁の対数表

p	0	1	2	3	4	5	6	7	8	9	比例部分								
											1	2	3	4	5	6	7	8	9
.50	3162	3170	3177	3184	3192	3199	3206	3214	3221	3228	1	1	2	3	4	4	5	6	7
.51	3236	3243	3251	3258	3266	3273	3281	3289	3296	3304	1	2	2	3	4	5	5	6	7
.52	3311	3319	3327	3334	3342	3350	3357	3365	3373	3381	1	2	2	3	4	5	5	6	7
.53	3388	3396	3404	3412	3420	3428	3436	3443	3451	3459	1	2	2	3	4	5	6	6	7
.54	3467	3475	3483	3491	3499	3508	3516	3524	3532	3540	1	2	2	3	4	5	6	6	7
.55	3548	3556	3565	3573	3581	3589	3597	3606	3614	3622	1	2	2	3	4	5	6	7	7
.56	3631	3639	3648	3656	3664	3673	3681	3690	3698	3707	1	2	3	3	4	5	6	7	8
.57	3715	3724	3733	3741	3750	3758	3767	3776	3784	3793	1	2	3	3	4	5	6	7	8
.58	3802	3811	3819	3828	3837	3846	3855	3864	3873	3882	1	2	3	4	4	5	6	7	8
.59	3890	3899	3908	3917	3926	3936	3945	3954	3963	3972	1	2	3	4	5	5	6	7	8
.60	3981	3990	3999	4009	4018	4027	4036	4046	4055	4064	1	2	3	4	5	6	6	7	8
.61	4074	4083	4093	4102	4111	4121	4130	4140	4150	4159	1	2	3	4	5	6	7	8	9
.62	4169	4178	4188	4198	4207	4217	4227	4236	4246	4256	1	2	3	4	5	6	7	8	9
.63	4266	4276	4285	4295	4305	4315	4325	4335	4345	4355	1	2	3	4	5	6	7	8	9
.64	4365	4375	4385	4395	4406	4416	4426	4436	4446	4457	1	2	3	4	5	6	7	8	9
.65	4467	4477	4487	4498	4508	4519	4529	4539	4550	4560	1	2	3	4	5	6	7	8	9
.66	4571	4581	4592	4603	4613	4624	4634	4645	4656	4667	1	2	3	4	5	6	7	9	10
.67	4677	4688	4699	4710	4721	4732	4742	4753	4764	4775	1	2	3	4	5	7	8	9	10
.68	4786	4797	4808	4819	4831	4842	4853	4864	4875	4887	1	2	3	4	6	7	8	9	10
.69	4898	4909	4920	4932	4943	4955	4966	4977	4989	5000	1	2	3	5	6	7	8	9	10
.70	5012	5023	5035	5047	5058	5070	5082	5093	5105	5117	1	2	4	5	6	7	8	9	11
.71	5129	5140	5152	5164	5176	5188	5200	5212	5224	5236	1	2	4	5	6	7	8	10	11
.72	5248	5260	5272	5284	5297	5309	5321	5333	5346	5358	1	2	4	5	6	7	9	10	11
.73	5370	5383	5395	5408	5420	5433	5445	5458	5470	5483	1	3	4	5	6	8	9	10	11
.74	5495	5508	5521	5534	5546	5559	5572	5585	5598	5610	1	3	4	5	6	8	9	10	12
.75	5623	5636	5649	5662	5675	5689	5702	5715	5728	5741	1	3	4	5	7	8	9	10	12
.76	5754	5768	5781	5794	5808	5821	5834	5848	5861	5875	1	3	4	5	7	8	9	11	12
.77	5888	5902	5916	5929	5943	5957	5970	5984	5998	6012	1	3	4	5	7	8	10	11	12
.78	6026	6039	6053	6067	6081	6095	6109	6124	6138	6152	1	3	4	6	7	8	10	11	13
.79	6166	6180	6194	6209	6223	6237	6252	6266	6281	6295	1	3	4	6	7	9	10	11	13
.80	6310	6324	6339	6353	6368	6383	6397	6412	6427	6442	1	3	4	6	7	9	10	12	13
.81	6457	6471	6486	6501	6516	6531	6546	6561	6577	6592	2	3	5	6	8	9	11	12	14
.82	6607	6622	6637	6653	6668	6683	6699	6714	6730	6745	2	3	5	6	8	9	11	12	14
.83	6761	6776	6792	6808	6823	6839	6855	6871	6887	6902	2	3	5	6	8	9	11	13	14
.84	6918	6934	6950	6966	6982	6998	7015	7031	7047	7063	2	3	5	6	8	10	11	13	15
.85	7079	7096	7112	7129	7145	7161	7178	7194	7211	7228	2	3	5	7	8	10	12	13	15
.86	7244	7261	7278	7295	7311	7328	7345	7362	7379	7396	2	3	5	7	8	10	12	13	15
.87	7413	7430	7447	7464	7482	7499	7516	7534	7551	7568	2	3	5	7	9	10	12	14	16
.88	7586	7603	7621	7638	7656	7674	7691	7709	7727	7745	2	4	5	7	9	11	12	14	16
.89	7762	7780	7798	7816	7834	7852	7870	7889	7907	7925	2	4	5	7	9	11	13	14	16
.90	7943	7962	7980	7998	8017	8035	8054	8072	8091	8110	2	4	6	7	9	11	13	15	17
.91	8128	8147	8166	8185	8204	8222	8241	8260	8279	8299	2	4	6	8	9	11	13	15	17
.92	8318	8337	8356	8375	8395	8414	8433	8453	8472	8492	2	4	6	8	10	12	14	15	17
.93	8511	8531	8551	8570	8590	8610	8630	8650	8670	8690	2	4	6	8	10	12	14	16	18
.94	8710	8730	8750	8770	8790	8810	8831	8851	8872	8892	2	4	6	8	10	12	14	16	18
.95	8913	8933	8954	8974	8995	9016	9036	9057	9078	9099	2	4	6	8	10	12	15	17	19
.96	9120	9141	9162	9183	9204	9226	9247	9268	9290	9311	2	4	6	8	11	13	15	17	19
.97	9333	9354	9376	9397	9419	9441	9462	9484	9506	9528	2	4	7	9	11	13	15	17	20
.98	9550	9572	9594	9616	9638	9661	9683	9705	9727	9750	2	4	7	9	11	13	16	18	20
.99	9772	9795	9817	9840	9863	9886	9908	9931	9954	9977	2	5	7	9	11	14	16	18	20
p	0	1	2	3	4	5	6	7	8	9	1	2	3	4	5	6	7	8	9

4桁の逆対数表

$N = 1.849$ に対応し,$\log N = 1.267$ は $N = 18.49$ に対応する.10 の累乗の形でこれら二つを書いてみれば明らかである:$10^{0.267} = 1.849$,$10^{1.267} = 10 \cdot 10^{0.267} = 10 \cdot 1.849 = 18.49$.

これで計算の準備は整った.まず根号を分数乗の形に書き換えることにより x を対数計算に適した形に書き換えよう:
$$x = (493.8 \times 23.67^2 / 5.104)^{1/3}.$$
両辺の対数をとると,
$$\log x = (1/3)[\log 493.8 + 2\log 23.67 - \log 5.104].$$
表の値にその横にある比例部分(Proportional Parts)の値を足して,それぞれの対数を求める.$\log 493.8$ を求めるには 49 の行を横に見て 3 の列まで来る(そこには 6928 とある),同じ行の比例部分の列 8 の下に 7 と書いてあるからこれを 6928 に足すと 6935 である.493.8 は 100 と 1,000 の間にあるから指標は 2 である;したがって $\log 493.8 = 2.6935$.他の数についても同じことをする.計算は次のような表の形で行うのが便利である:

N	$\log N$
$23.67 \rightarrow$	1.3742
	$\times\ 2$
	2.7484
$493.8 \rightarrow$	$+2.6935$
	5.4419
$5.104 \rightarrow$	-0.7079
	$4.7340\ \div 3$
答： $37.84 \leftarrow$	1.5780

最後に逆対数——対数の逆——の表を使う．.5780（仮数）を探し 3784 が得られる；1.5780 の指標は 1 だからこの数は 10 と 100 の間にある．したがって $x = 37.84$ と小数点以下 2 桁に丸めた数が得られる．

複雑に聞こえますか？ 電卓に味をしめてしまっている人の答はイエスでしょう．いくらか経験を積めば上の計算は 2, 3 分でできるでしょう；電卓なら数秒もかからないでしょう（しかも小数点以下 6 桁まで正しい答 37.845331 が得られる）．しかし忘れてならないのは，対数が発見された 1614 年から電子計算機が初めて作動した 1945 年頃まで，対数——あるいはその機械的等価物である計算尺——がそのような計算を実際に行うための唯一の道具だったということである．科学界があのように熱心に対数を受け入れたのは不思議ではない．優れた数学者ピエール・シモン・ラプラス（Pierre Simon Laplace）がいったように，

"対数の発明は,計算の労働時間を短くすることによって,天文学者の寿命を倍に延ばした".

注
1. 指標とか仮数とかいう用語は Henry Briggs が 1624 年に使い出した.仮数という言葉はエトルリア語源の後期ラテン語で,"望みの値の重さにするため秤に載せる小さな錘" という意味.David Eugene Smith, *History of Mathematics*, 全2巻 (1923; 複製版 New York: Dover, 1958), 2: 514 を見よ.

3 財務のこと

> もしあなたがわたしの民,あなたと共にいる貧しい者に金を貸す場合は,彼に対して高利貸のようになってはならない.彼から利子を取ってはならない.
> ——出エジプト記 22:24

大昔から金は人間の中心的関心事であった.富を得,経済的安心を得ようという衝動は,人生の側面のうち最も世俗的なものである.だから,17世紀初頭に無名の数学者——あるいはおそらく商人か金貸し——が金の増え方とある数式のパラメタが無限大に向かうときの数式の振る舞いとの間に奇妙な関係があることに気づいたときには,かなり驚いたに違いない.

金のことを考えるとき中心になるのは**利子**の概念,あるいは借金に払う金である.金を借りるとき料金を課される習慣は有史時代の始めに遡る;実際,我々が知る最古の数学の文献の多くにも利子に関する問題が扱われている.例えば,メソポタミヤから出土し現在ルーブル美術館所蔵の紀元前1700年頃の粘土の銘板には次のような問題が刻んである:年20パーセントの複利で,ある額の金を投資するとき,どのくらい過ぎると合計額が2倍になるか?[1] この問題を代数の言葉で定式化すると,毎年の期末

に元利合計が20パーセント増える（すなわち1.2倍になる）から，x年後に合計は1.2^x倍になる．これが最初の額の2倍に等しくならなければならないから，xを定める式$1.2^x = 2$が得られる（最初の額がこの式にないことに注意せよ）．

さてこの式を解くには——すなわち，xを指数から外すには——対数を使わなければならないが，バビロニア人には対数がなかった．それでもバビロニア人は近似解を出すことができた：$1.2^3 = 1.728$，$1.2^4 = 2.0736$；だからxは3と4の間の数でなければならない．この間隔を縮めるため，彼らは線形補間の手順を使った——1.728から2.0736までの区間を2のところで分けるのと同じ比で3から4までの区間を分ける数を求めた．これはxの線形（1次）方程式となり，初等代数を使って簡単に解ける．しかしバビロニア人は今日の代数の技術をもっていなかったから，彼らが求める値を得るのは容易ではなかった．それでも彼らの答$x = 3.7870$は正しい値 3.8018（すなわち，およそ3年9カ月18日）に驚くほど近い．バビロニア人が10進法を使っていなかったことにも注意すべきである．10進法は中世の始めになってやっと使われるようになった：バビロニア人は**60進法**を使っていた．ルーブルにある銘板には 3;47, 13, 20 とあるが，これは60進法で$3 + 47/60 + 13/60^2 + 20/60^3$を意味し，3.7870に非常に近い．[2]

ある意味では，バビロニア人はある種の対数表のような

ものを使っていたらしい．残っている粘土板の中に完全平方数 1/36, 1/16, 9, 16（始めの二つは 60 進法で 0;1, 40 と 0;3, 45 と書いてある）の 10 乗までを表にしたものがある．そのような表は指数というよりむしろ数の累乗を表にしているのだから，バビロニア人が累乗の底としてただ 1 個の標準値を使わなかったという点を除いて，これは正に逆対数の表である．これらの表は一般の計算用というよりむしろ複利計算を含む特殊な問題の処理用に編集されたものであるらしい．[3]

どうやって複利計算をするのか，手短かに調べてみよう．年5パーセントの複利が付く口座に 100 ドル（元本）を預けるとしよう．1 年後の残高は $100 \times 1.05 = 105$ ドルとなる．銀行はこの新しい額を，同じ利率でたった今預けられた新しい元本と考えるであろう．2 年目の終わりには残高は $105 \times 1.05 = 110.25$ ドルとなり，3 年目の終わりには $110.25 \times 1.05 = 115.76\cdots$ となる．（このように，元本が年利を生むだけでなく元本の利子も年利を生む——だから"複利"という．）この場合の残高は公比 1.05 の等比数列となって増えることが分かる．これに比べて，**単利**の場合は年利は**始めの**元本に適用され，毎年同じである．100 ドルを 5 パーセントの単利で預けると，残高は毎年 5 ドルずつ増え，等差数列 100, 105, 110, 115, … が得られる．複利で預けた金の方が単利で預けたものより——利率に無関係に——早く増えることは明らかである．

この例から一般の場合にどうなるかを見るのはやさし

い．P ドルの元本を年 r パーセントの複利で預けるとする（計算の際 r は小数で表す；例えば 5 パーセントではなく 0.05）．残高は最初の年の終わりに $P(1+r)$ となり，2 年目の終わりに $P(1+r)^2$，…，t 年後には $P(1+r)^t$ となる．この総額を S と書くと式

$$S = P(1+r)^t \qquad (1)$$

が得られる．この式は，銀行預金，借金，ローン，年金，いずれに適用するにしても，財務計算すべての基になるものである．

1 年に 1 度でなく数回利子加算をする銀行もある．例えば，年利 5 パーセントで半年ごとの複利のときには，銀行は年利の半分を**期間ごと**の利率として使用する．したがって，100 ドルの元本には 1 年に 2 回，1 回に 2.5 パーセントの割合で複利が付く：1 年後の元利合計は $100 \times 1.025^2 \approx 105.0625$ ドルとなって，同じ元本を年利 5 パーセントで 1 年ごとの複利で預けたときより約 6 セント多くなる．

銀行業界にはあらゆる種類の複利の型——年ごと，半年ごと，1/4 年ごと，さらには日ごと等——がある．年に n 回の複利計算をするとする．"利子繰入期間"ごとに銀行では年利を n で**割った** r/n を使う．t 年間に繰入期間は nt あるから元本 P は t 年後に

$$S = P(1+r/n)^{nt} \qquad (2)$$

となる．もちろん式 (1) は式 (2) の特別な場合——$n=1$ の場合——である．

表2 年利5パーセント，異なる繰入期間の複利で1年間預けた100ドル

繰入期間	n	r/n	S（ドル）
1年	1	0.05	105.00
1/2年	2	0.025	105.06
1/4年	4	0.0125	105.09
1月	12	0.004166	105.12
1週	52	0.0009615	105.12
1日	365	0.0001370	105.13

同じ年利を仮定し，ある一定の元本がいろいろ異なる繰入期間に対して1年後いくらになるか比較してみると面白い．一例として $P=100$ ドル，$r=5$ パーセント $=0.05$ としよう．電卓が役立つ．電卓の指数のキー（普通，y^x と書いてある）があれば，それを使って直ちに必要な値を計算できる．なければ，係数 $(1+0.05/n)$ を繰り返し掛ける．結果は，表2にあるように，まったく驚くほどである．100ドルの元本で1日ごとの複利では年ごとの複利より13セント多い．また1月ごと，1週ごとの複利より約**1セント**多い！ どんな口座に金を預けても大差ないということである．[4]

この問題をさらによく調べるため，式（2）の特別な場合——$r=1$ の場合——を考えよう．これは年利が100パーセントを意味し，どこの銀行もそんな寛大な申し出はしないであろう．しかし，考えていることは現実のことではなく仮の話であるが，数学的には大きな結果をもたらす．

表3

n	$(1+1/n)^n$
1	2
2	2.25
3	2.37037
4	2.44141
5	2.48832
10	2.59374
50	2.69159
100	2.70481
1,000	2.71692
10,000	2.71815
100,000	2.71827
1,000,000	2.71828
10,000,000	2.71828

議論を簡単にするため，$P=1$ ドル，$t=1$ 年とする．すると式 (2) は

$$S = (1+1/n)^n \tag{3}$$

となる．我々の目的は n の値を大きくしたときのこの式の振る舞いを調べることである．結果を表3に示す．n をもっと大きくしても結果にはほとんど影響がないように見える——もっとその先では数値計算の丸め誤差のため有効桁が減少するような変化が起きるであろう．

しかしこのパターンが続くだろうか？ n がどんなに大きくても，$(1+1/n)^n$ の値が数 2.71828 の付近に落ち着くことは可能だろうか？ もちろん面白そうなこの可能性は注意深い数学的解析により確かめられる（付録2を見

よ). n が無限大に近づくときの式 $(1+1/n)^n$ の特殊な振る舞いに誰が最初に気がついたか分かっていない.したがって後に e と書かれるこの数の正確な誕生の年も不明である.しかしその起源は 17 世紀の始め,ネーピアが対数を発見した頃に遡るらしい.(すでに見たように,ネーピアの *Descriptio* (1618) のエドワード・ライトによる訳の第 2 版には e への間接的言及がある.) この時代は国際交易の大拡大がその特徴となっていて,あらゆる種類の経済取引が急増した.その結果,複利の法則に多大の関心が集まり,これに関連して数 e がこの時代に初めて認められたということはあり得る.しかし同じ頃複利と関係ない問題からも同じ数 e にたどり着いたということをすぐ次に述べようと思う.しかし,この問題に移る前に,e の基にある数学的手順,すなわち極限操作を詳しく調べてみるのがよいであろう.

注と出典

1. Howard Eves, *An Introduction to the History of Mathematics* (1964; 複製版 Philadelphia: Saunders College Publishing, 1983), p. 36.
2. Carl B. Boyer, *A History of Mathematics*, rev. ed. (New York: John Wiley, 1989), p. 36.
3. 同上 p. 35.
4. もちろん,差は元本に比例する.100 ドルではなく 1,000,000 ドル預ければ,最初の 1 年の終わりの残高は 1 年

ごとの複利なら 1,050,000 ドル，1 日ごとの複利なら 1,051,267.50 ドルであり，その差は 1,267.50 ドルである．常に金持ちの方が裕福になる！

4 極限(存在するとして)への移行

> ビーナスがさっと通り過ぎるのを見るかのように，ある量が符号を正から負に変えて無限大を通り過ぎるのを見た．どんな風に通り過ぎたかはっきり見た——しかし夕食後ではあったしそのままにしておいた．
> ——Sir Winston Churchill (ウィンストン・チャーチル卿), *My Early Life* (私の若い頃, 1930)

ちょっと考えただけでは，n の大きな値に対する式 $(1+1/n)^n$ の特別な振る舞いは訳が分からないように見えるに違いない．括弧の中の式，$1+1/n$，だけを考えることにする．n が大きくなると $1/n$ はどんどん 0 に近づき，$1+1/n$ は常に 1 より大きいがどんどん 1 に近づく．要するに，"十分大きな" n ("十分大きい" というのが何を意味しようと) に対して，$1+1/n$ は，どんな目的に対しても，1 で置き換えることができると結論したくなるかもしれない．ところで，1 は何乗しても常に 1 に等しいから，大きな n に対して $(1+1/n)^n$ は 1 に近づくようにも見える．これが真実ならもういうことはない．

別の考え方をしよう．1 より大きな数をどんどん累乗していくと，結果はどんどん大きくなる．$1+1/n$ は常に 1 より大きいから，n の大きな値に対して，$(1+1/n)^n$ は限

りなく大きくなる，すなわち，無限大に近づくという結論が出る．そうなるなら再び話は終わりになる．

話の進め方次第で異なる二つの結論に達する——第1の場合は1に近づき，第2の場合は無限大になる——という事実から，この種の推論には重大な欠陥があることが分かった．数学においては，すべての**正当な**数値的な演算の最終結果は，どんなやり方でそれに到達したかには関係なく，最終結果が常に同じでなければならない．例えば，式 $2\cdot(3+4)$ を計算するのに，まず3と4を足して7を得，それを2倍しても，あるいは，まず3と4のおのおのを2倍してその結果を足しても，どちらの場合も結果は14となる．ではなぜ，$(1+1/n)^n$ の場合に2通りの異なる結果が出たのか？

その答は**正当な**という言葉にある．第2の方法で式 $2\cdot(3+4)$ を計算するとき，暗黙のうちに代数の基本法則の一つである分配則——任意の3数 x, y, z に対して $x\cdot(y+z) = x\cdot y + x\cdot z$ が常に成り立つ——を使った．この式の左辺から右辺への移行は正当な演算である．**正当でない**演算の一例が，代数を習い始めたばかりの学生がしばしば陥る $\sqrt{9+16} = 3+4 = 7$ という間違いである．平方根を求める演算には分配則が成り立たないからである；もちろん $\sqrt{9+16}$ の正しい計算法は**まず**根号の下の数を足し**それから**平方根を求めるというやり方しかない：つまり $\sqrt{9+16} = \sqrt{25} = 5$．上に挙げた式 $(1+1/n)^n$ の扱い方も正当ではなかった．それは解析学の最も基本的概念の一つ

——**極限の概念**——の取り扱いを間違えたことにある.

n が無限大に近づくとき数列 $a_1, a_2, a_3, \cdots, a_n, \cdots$ が極限値 L に近づくということは,n が大きくなるにつれて数列の項が限りなく L に近づくことを意味している.別の言い方をすれば,数列の十分遠くまでいく——すなわち,十分大きな n を選ぶ——ことによって a_n と L の差(絶対値)をいくらでも小さくできるということである.例えば,数列 1, 1/2, 1/3, 1/4, $\cdots$(一般項 $a_n = 1/n$)を取り上げてみよう.n が大きくなるにつれ,数列の項はどんどん 0 に近づく.これは $1/n$ と極限 0 の差(すなわち $1/n$)が n を十分大きく選べば好きなだけ小さくできることを意味している.$1/n$ を $1/1{,}000$ より小さくしたければ n を 1,000 より**大きく**選べばよい.$1/n$ を $1/1{,}000{,}000$ より小さくしたければ 1,000,000 より大きい n を選べばよい.以下同様.この状況を,「n が限りなく大きくなるとき $1/n$ は 0 に近づく」といい,「$n \to \infty$ のとき $1/n \to 0$」と書く.省略記法

$$\lim_{n \to \infty} \frac{1}{n} = 0$$

も使う.しかしここで一言注意しておく必要がある:式 $\lim_{n \to \infty} 1/n = 0$ は $n \to \infty$ のとき $1/n$ の**極限値**が 0 であるといっているだけで,$1/n$ 自身がいつか 0 になるとはいっていない——実際,この場合どんな n に対しても a_n は 0 にはならない.これが極限概念の本質なのである:数列はいくらでも望むだけ極限値に**近づく**ことができるが決し

て極限に到達しない.[1]

数列 $1/n$ については極限操作がどのような結果を生むか具体的に予想できる. しかし, 極限値がいくつか, あるいは極限値が存在するかどうかすらすぐには分からないことが多い. 例えば, 数列 $a_n = (2n+1)/(3n+4)$ ($n=1, 2, 3, \cdots$ に対して $a_n = 3/7, 5/10, 7/13, \cdots$) は $n \to \infty$ のとき極限値 2/3 に近づく. このことは, 分母と分子を n で割って得られる等価な式 $a_n = (2+1/n)/(3+4/n)$ を見れば分かる. すなわち, $n \to \infty$ のとき $1/n$ も $4/n$ も 0 に近づくから全体の式は 2/3 に近づくことが分かる. 一方, 数列 $a_n = (2n^2+1)/(3n+4)$ ($n=1, 2, 3, \cdots$ に対して $3/7, 9/10, 19/13, \cdots$) は $n \to \infty$ のとき限りなく大きくなる. その理由は分子の n^2 の項が分母より速く大きくなるためである. 厳密に言えばこの数列は極限をもたないが, このことを $\lim_{n \to \infty} a_n = \infty$ と書き表す. 極限値は——もし存在するなら——ある確定した実数でなければならないが, 無限大は実数ではない.

何世紀もの間, 数学者と哲学者は無限大の概念に関心をもってきた. すべての数より大きな数はあるだろうか? もしあるとしたら, その"数"はどのくらいの大きさなのだろうか? 普通の数を扱うようにその数も含めた計算ができるのか? また逆に, 小さなスケールについては, 量——例えば数あるいは直線分——を何度も何度もどんどん小さな量に分割していくことができるのか, それとも最後には分割不可能な部分(それ以上分けられない数学

の原子のようなもの）に到達するのか？ このような問題は2000年以上昔古代ギリシャの哲学者を悩ませ，今なお我々を悩ませている——すべての物の構成要素であると信じられている素粒子を果てしなく追い求める姿がそれを示している．

　無限大の記号 ∞ を普通の数として使うことはできないということは上の例から明らかなはずである．例えば，式 $(2n+1)/(3n+4)$ で $n=\infty$ とすると $(2\infty+1)/(3\infty+4)$ となる．∞ の積はやはり ∞ で，∞ にある数を足してもやはり ∞，したがって ∞/∞ となる．∞ が普通の数なら普通の算術の法則に従って，この式は単純に1に等しくなるであろう．しかし1ではない；すでに述べたように2/3である．$\infty-\infty$ を"計算"しようとするとき同じようなことが起きる．どんな数もそれ自身から引けば0になるから $\infty-\infty=0$ といいたくなる．これが誤りであることは，式 $1/x^2-[(\cos x)/x]^2$（ここで "cos" は三角法で学んだ余弦関数）から分かる．$x\to 0$ のとき，二つの項のおのおのは ∞ に近づくが，三角法の助けを少し借りると，式全体は極限1に近づくことが分かる．

　∞/∞ や $\infty-\infty$ のような式は"不定形"とも呼ばれている．これらの式に割り当てられる値はない；極限操作を通してのみ計算できる．おおざっぱにいって，不定形にはすべて二つの量の"せめぎ合い"がある．一方は式を数値的に大きくし，他方は式を数値的に小さくする．最終的な結果はそこに含まれる正確な極限操作によって決

まる．数学でよく出会う不定形は $0/0$, ∞/∞, $0\cdot\infty$, $\infty-\infty$, 0^0, ∞^0, 1^∞ などである．$(1+1/n)^n$ はこの最後の形に属す．

不定形の式では，極限操作の結果がどうなるかは代数操作だけでは決められないかもしれない．もちろん，n の非常に大きな値（例えば1億とか1兆）に対して計算機や電卓を使って式の値を計算することはしようと思えばできる．しかしそのような計算では単に極限値が**示唆される**だけである．もっと大きな n に対してもやはりその値が正しいという保証はない．この状態は物理学や天文学のように経験や観測による実証を基にした科学と，数学との根本的な差を強く示している．実証を基にした科学では，ある結果——例えばある量の気体の温度と圧力の間の数値的関係——が多数の実験によって支持されるとき，それは一つの自然法則であるとみなされる．

古典的例として万有引力の法則がある．これはアイザック・ニュートン（Isaac Newton）によって発見され彼の偉大な著書 *Philosophiae naturalis principia mathematica*（自然哲学の数学的諸原理，1687）の中で体系的に述べられている．この法則によると，いかなる二つの物体も——太陽とその周りを回る惑星でも机の上の二つのクリップでも——それら二つの質量の積に比例しそれらの間の（より正確には重心間の）距離の二乗に反比例する引力で互いに引き合う．2世紀以上にわたりこの法則は古典物理学の強固な拠り所の一つであった．天文学の観測はすべ

てこれを裏付けるように見えたし,今なお惑星や人工衛星の軌道を計算するときの基本原理である.ニュートンの引力の法則が,より厳密なアインシュタイン (Einstein) の一般相対性理論で置き換えられたのはやっと 1916 年になってからである.(アインシュタインの法則は,質量が非常に大きく速度が光の速度に近いときにだけニュートンの法則と異なる.) ニュートンの法則にしても他のどんな物理法則にしても,それを数学的な意味で"証明"することはできない.**数学的証明**というのは,始めに設けた少数の仮定("公理")から出発して数学的論理の厳格な規則に従う,推論の連鎖なのである.そのような一連の推論によってのみ数学的法則,すなわち**定理**,の正当性を確立することができるのである.そしてこの手順が十分に遂行されない限り,いかなる関係も——それが観測によってどんなに頻繁に確認されたことであっても——法則にはなり得ない.**仮説**あるいは**予想**という地位は与えてもらえるかもしれないし,またそれからいろいろな仮の結果が導き出されるかもしれないが,それに基づいた決定的な結論が数学者によって出されることはない.

前章で見たように,式 $(1+1/n)^n$ は,n の非常に大きな値に対して,極限として 2.71828 という数に近づくように見える.しかしこの極限値を確実に決定するためには——あるいは第一段階として極限値の存在を証明するだけでも——個々の値を単に計算するだけではないもっと違った方法を使わなければならない.(その上,大きな n に対

して式を計算することはますます難しくなる——累乗を計算するのには対数を使う必要がある.) 幸いなことに,それには **2 項公式**を使う方法がある.

2 項式とは 2 つの項の和からなる式である;それを $a+b$ と書こう.初等代数で最初に習うことの一つに 2 項式の累乗の求め方がある.すなわち $n=0, 1, 2, \cdots$ に対して式 $(a+b)^n$ の展開式を計算することである.始めの数個の n についての結果を表にしよう:

$$
\begin{aligned}
(a+b)^0 &= 1 \\
(a+b)^1 &= a+b \\
(a+b)^2 &= a^2+2ab+b^2 \\
(a+b)^3 &= a^3+3a^2b+3ab^2+b^3 \\
(a+b)^4 &= a^4+4a^3b+6a^2b^2+4ab^3+b^4
\end{aligned}
$$

このわずかな例から展開式の一般的な形が簡単に見抜ける:$(a+b)^n$ の展開式は $n+1$ 個の項からなり,各項は $a^{n-k}b^k$(ここで $k=0, 1, 2, \cdots, n$)という形をしている.したがって,左から右へ行くにつれ a の指数は n から 0 へと減り(最後の項は a^0b^n と書ける)b の指数は 0 から n へと増える.**2 項係数**の名で知られる各項の係数は三角形の配列を作る:

この配列は，フランスの哲学者で数学者のブレーズ・パスカル (Blaise Pascal, 1623-1662) に因んで，**パスカルの三角形**と呼ばれている．パスカルはこれを彼の確率論の中で使用した（配列そのものはもっと以前から知られていた；図 2, 3, 4 を見よ）．この三角形の中で，各数は**その数のすぐ上の行でその数のすぐ左とすぐ右の二つの数の和**に等しくなっている．例えば，5 行目の数は次のようにして 4 行目の数から求められる：

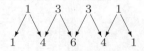

（係数の並びは左からでも右からでも同じであることに注意せよ．）

2 項係数を求めるときパスカルの三角形を使うのには一つ難点がある：求めようとする数より上のすべての行を先に計算しておかなければならないので，このやり方では n が増大するとき必要な計算時間がどんどん増える．幸いな

図2 ペトルス・アピアヌス（Petrus Apianus）の算術の本（Ingolstadt, 1527）の巻頭のページにあるパスカルの三角形

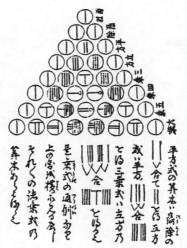

図3　1781年の日本の本にあるパスカルの三角形*

ことに，パスカルの三角形によらないでこの係数を求める公式がある．項 $a^{n-k}b^k$ の係数を $_nC_k$ と書くとき，

---

*訳注：平方式の算木は商除の ⎯⎯⎯ 合て ⎯⎯ をとる 立方式は平方の ⎯⎯⎯ 合 ⎯⎯ をとる 三乗式は立方の ⎯⎯⎯ 合 をとるべし 是乗式の通例なり 上の図式櫃に見るべし それぞれの諸乗式の算木あらばとるべし」と読む．なお，ここでの三乗，四乗，…は今の四乗，五乗，…に当る．

$$_nC_k = \frac{n!}{k!(n-k)!} \qquad (1)$$

である. 記号 $n!$ は n の**階乗**と呼ばれ, 積 $1 \cdot 2 \cdot 3 \cdots n$ を表す; $n!$ の始めのいくつかの値をあげると $1! = 1$, $2! = 1 \cdot 2 = 2$, $3! = 1 \cdot 2 \cdot 3 = 6$, $4! = 1 \cdot 2 \cdot 3 \cdot 4 = 24$ (また $0!$ は 1 であると定義する). 例えばこの公式を $(a+b)^4$ の展開に適用すると $_4C_0 = 4!/(0! \cdot 4!) = 1$, $_4C_1 = 4!/(1! \cdot 3!) = 1 \cdot 2 \cdot 3 \cdot 4/(1 \cdot 2 \cdot 3) = 4$, $_4C_2 = 4!/(2! \cdot 2!) = 6$, $_4C_3 = 4!/(3! \cdot 1!) = 4$, $_4C_4 = 4!/(4! \cdot 0!) = 1$ となるが, これらはパスカルの三角形の 5 行目の数と同じである.

2 項公式は数学的帰納法と呼ばれる手順で, すべての正整数 n に対して簡単に証明できる: すなわち, m 以下のすべての n の値に対して公式が成り立つとき, $n = m+1$ に対しても公式が成り立つことを示すという方法で ($(a+b)^1 = a+b$ だからもちろん $n = 1$ に対して成り立つ). $(a+b)^n$ の展開式はちょうど $n+1$ 項で終わりになることに注意しよう. (第 8 章で述べるように, アイザック・ニュートンの初期の偉大な業績の一つは n が負の整数あるいは分数の場合にまでこの公式を拡張したことであった: この場合, 展開式には無限個の項が含まれる.)

式 (1) は次のような形にも書けることはすぐ分かる:

$$_nC_k = \frac{n \cdot (n-1) \cdot (n-2) \cdots (n-k+1)}{k!}. \qquad (2)$$

$n! = 1 \cdot 2 \cdot 3 \cdots n$, $(n-k)! = 1 \cdot 2 \cdot 3 \cdots (n-k)$ だから, 式 (1) の分子にある 1 から $(n-k)$ までのすべての因子は分

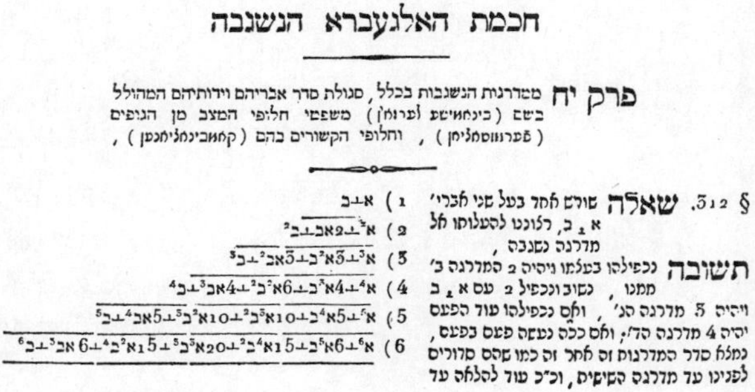

חכמת האלגעברא הנשנכה

פרק יח מטורנות הנשבות בכלל, סגולות סדר אבריהם וידותהים המהולל בשם (בינאמישע לעהרזאץ) משפטי חלופי המצב מן הנוסים (פערמוטטליאנען), וחלופי הקשורים בהם (קאמביניאצנען).

§ 312. **שאלה** שורש אחד בעל שני אברים א, ב, לרוממו להעלותו אל מדרגה נשנכה.

תשובה נכפילתו בעצמו ויהיה ב' המדרגה
1) א+ב
2) א²+2א·ב+ב²
3) א³+3א²·ב+3א·ב²+ב³
4) א⁴+4א³·ב+6א²·ב²+4א·ב³+ב⁴
5) א⁵+5א⁴·ב+10א³·ב²+10א²·ב³+5א·ב⁴+ב⁵
6) א⁶+6א⁵·ב+15א⁴·ב²+20א³·ב³+15א²·ב⁴+6א·ב⁵+ב⁶

図4 $n = 1, 2, 3, \cdots, 6$ に対する $(a+b)^n$ の展開. ハイム・セリグ・スロニムスキー (Hayim Selig Slonimski) 著のヘブライ語の代数の本 (Vilnius, 1834). 公式はヘブライ字で書かれており右から左へ読む.

母の因子と消し合い, 因子 $n \cdot (n-1) \cdot (n-2) \cdots (n-k+1)$ だけが残る. さて, 式 (2) を覚えておいて, 2項公式を式 $(1+1/n)^n$ に適用する. $a=1$, $b=1/n$ とすると

$$\left(1+\frac{1}{n}\right)^n = 1 + n \cdot \left(\frac{1}{n}\right) + \frac{n \cdot (n-1)}{2!} \cdot \left(\frac{1}{n}\right)^2 + \frac{n \cdot (n-1) \cdot (n-2)}{3!} \cdot \left(\frac{1}{n}\right)^3 + \cdots + \left(\frac{1}{n}\right)^n.$$

少し変形して

$$\left(1+\frac{1}{n}\right)^n = 1+1+\frac{1-\frac{1}{n}}{2!}+\frac{\left(1-\frac{1}{n}\right)\cdot\left(1-\frac{2}{n}\right)}{3!}+\cdots$$
$$+\frac{1}{n^n}. \tag{3}$$

$n\to\infty$ のときの $(1+1/n)^n$ の**極限**を求めているのだから，n を限りなく大きくしなければならない．そのとき展開式の項はどんどん増えていく．同時に，$n\to\infty$ のとき $1/n, 2/n, \cdots$ の極限はすべて 0 だから，各括弧の中の式は 1 に近づく．したがって

$$\lim_{n\to\infty}\left(1+\frac{1}{n}\right)^n = 1+1+\frac{1}{2!}+\frac{1}{3!}+\cdots. \tag{4}$$

付言しておかなければならないのは，この導き方でも，求める極限が本当に存在することを証明するのには十分とはいえないということである（完全な証明は付録 2 にある）．しかし今はこの極限の存在を事実として受け入れることにしよう．極限を文字 e で表す（この文字をなぜ選んだかについては後で述べる）と，

$$e = 2+\frac{1}{2!}+\frac{1}{3!}+\frac{1}{4!}+\cdots. \tag{5}$$

e を求めるには n を大きくしながら $(1+1/n)^n$ を計算するよりこの**無限級数**の多くの項をどんどん足していく方がはるかにやさしいばかりでなく，この和の方がはるかに速く極限の値に近づく．この級数の始めのいくつかの和は次のとおりである．

```
2=                                          2
2+1/2=                                      2.5
2+1/2+1/6=                                  2.666…
2+1/2+1/6+1/24=                             2.708333…
2+1/2+1/6+1/24+1/120=                       2.716666…
2+1/2+1/6+1/24+1/120+1/720=                 2.7180555…
2+1/2+1/6+1/24+1/120+1/720+1/5,040=         2.718253968…
```

各和の項は急激に減少している（各項の分母にある $k!$ が急激に増大するため）から，級数は非常に速く収束することが分かる．さらに，すべての項は正であるから，収束は**単調**である：項を追加するごとに極限に近づく（項の符号が交代する級数ではそうはいかない）．これらの事実は $\lim_{n\to\infty}(1+1/n)^n$ の存在の証明に一役果たす．しかし，当面は e の近似値が 2.71828 であること，級数の項を増すことにより必要な精度が達成されるまでこの近似を改良できること，を認めておくことにしよう．

注

1. 数列の項がすべて等しい場合，あるいは数列の一つの項として作為的に極限値を挿入した場合，等々の自明な場合は除いてある．もちろん，極限の定義そのものはこれらの場合にも成り立つ．

eに関係する風変わりな数

$$e^{-e} = 0.065988036\cdots$$

x が e^{-e} $(= 1/e^e)$ と $e^{1/e}$ の間にあるとき式 $x^{x^{x^{x^{\cdots}}}}$ は，指数の個数が無限に増えるとき，ある極限に近づくことをレオンハルト・オイラーが証明した．[1]

$$e^{-\pi/2} = 0.207879576\cdots$$

式 i^i ($i = \sqrt{-1}$) は無限に多価でそのすべてが実数であることをオイラーが1746年に証明した：$i^i = e^{-(\pi/2+2k\pi)}$，ただし $k = 0, \pm 1, \pm 2, \cdots$．この主値 ($k=0$ に対する値) は $e^{-\pi/2}$ である．

$$1/e = 0.367879441\cdots$$

$n \to \infty$ のときの $(1-1/n)^n$ の極限．この数は指数関数 $y = e^{-at}$ の減衰率を測定するときに使う．$t = 1/a$ のとき $y = e^{-1} = 1/e$ である．これはまたニコラウス・ベルヌーイ (Nicolaus Bernoulli) の"置き違えられた封筒の問題"に登場する：n 個の宛名を書いた封筒に n 個の手紙を無作為に入れるとき，すべての手紙がその宛名と違う宛名の封筒に入る確率はどれだけか？ $n \to \infty$ のとき，確率は $1/e$ に近づく．[2]

$$e^{1/e} = 1.444667861\cdots$$

ヤコブ・シュタイナー (Jacob Steiner) の問題：関数 $y = x^{1/x} = \sqrt[x]{x}$ の最大値を求めよ．$x = e$ のとき y は最大となる．これはその最大値である．[3]

$$878/323 = 2.718266254\cdots$$

1,000 以下の整数を使った e に最も近い有理数.[4] 覚えるのがやさしく, π の有理数近似 $355/113 = 3.14159292\cdots$ を連想させる.

$$e = 2.718281828\cdots$$

自然対数(歴史的には正しくないがネーピアの対数とも呼ばれている)の底, $n \to \infty$ のときの $(1+1/n)^n$ の極限値. 数字 1828 の塊が繰返しているのは紛らわしい. なぜなら, e は無理数であり循環しない無限小数で表されるからである. e が無理数であることは 1737 年にオイラーによって証明された. 1873 年シャルル・エルミート (Charles Hermite) は e が超越数であること, すなわち整係数の多項式方程式の解にはなり得ないこと, を証明した.

数 e にはいろいろな幾何学的解釈ができる. $x = -\infty$ から $x = 1$ までの $y = e^x$ のグラフの下の面積が e である. またこのグラフの $x = 1$ における勾配も e である. $x = 1$ から $x = e$ までの双曲線 $y = 1/x$ の下の面積は 1 である.

$$e + \pi = 5.859874482\cdots$$

$$e \cdot \pi = 8.539734223\cdots$$

これらの数はめったに応用には現れない. 代数的数か超越数かも分かっていない.[5]

$$e^e = 15.15426224\cdots$$

この数が代数的か超越的か分かっていない.[6]

$$\pi^e = 22.45915772\cdots$$
この数が代数的か超越的か分かっていない．[7]

$$e^\pi = 23.14069263\cdots$$
アレクサンドル・ゲリフォント（Alexandr Gelfond）は1934年，この数が超越的であることを証明した．[8]

$$e^{e^e} = 3,814,279.104\cdots$$
この数が e^e よりはるかに大きいことに注意せよ．この形の列の次にある数 $e^{e^{e^e}}$ の整数部は 1,656,521 桁ある．

◇　　◇　　◇

e に関係するもう二つの数：
$$\gamma = 0.577215664\cdots$$
この数はギリシャ文字のガンマで表され，オイラーの定数と呼ばれている；$n \to \infty$ のときの $1 + 1/1 + 1/2 + 1/3 + 1/4 + \cdots + 1/n - \ln n$ の極限値である．1781 年にオイラーはこの数を小数 16 桁まで計算した．これに極限が存在するということは級数 $1 + 1/2 + 1/3 + 1/4 + \cdots + 1/n$（調和級数）は $n \to \infty$ のとき発散するがこれと $\ln n$ との差は一定値に近づくことを意味する．γ が代数的か超越的かは分かっていない．γ が有理数か無理数かさえ分かっていない．[9]

$$\ln 2 = 0.693147181\cdots$$
符号が交代する調和級数 $1 - 1/2 + 1/3 - 1/4 + - \cdots$ の和である．ニコラウス・メルカトール（Nicolaus

Mercator) の級数 $\ln(1+x) = x - x^2/2 + x^3/3 - x^4/4 + - \cdots$ に $x=1$ を代入すると得られる. eの肩に乗せると2になる数である:$e^{0.693147181\cdots} = 2$.

注と出典

1. David Wells, *The Penguin Dictionary of Curious and Interesting Numbers* (Harmondsworth: Penguin Books, 1986), p. 35.
2. 同上 p. 27. Heinrich Dörrie, *100 Great Problems of Elementary Mathematics: Their History and Solution*, trans. David Antin (New York: Dover, 1965), pp. 19-21 も見よ.
3. Dörrie, *100 Great Problems*, p. 359.
4. Wells, *Dictionary of Curious and Interesting Numbers*, p. 46.
5. George F. Simmons, *Calculus with Analytic Geometry* (New York: McGraw-Hill, 1985), p. 737.
6. Carl B. Boyer, *A History of Mathematics*, rev. ed. (New York: John Wiley, 1989), p. 687.
7. 同上.
8. 同上.
9. Wells, *Dictionary of Curious and Interesting Numbers*, p. 28.

5 微積分の祖先たち

[あなたやデカルト (Descartes) より] 私の方が遠くを見られるとしたら，それは巨人の肩に乗っているからです．
——SIR ISAAC NEWTON（アイザック・ニュートン卿），ロバート・フック (Robert Hooke) 宛の手紙

偉大な発明は一般に二つに分類される：一つは，ただ一人の人間の創造的思考の所産で青天の霹靂のごとく突然世の中に現れるもの；もう一つは——この方が断然多いのだが——何世紀とまではいわないが何十年もの間大勢の人間が醸成してきた着想が長い進化の後に最終産物となって現れるもの．対数の発明は第1のグループに属し，微積分の発明は第2のグループに属す．

微積分は1665年から1675年までの10年間にアイザック・ニュートン (Isaac Newton, 1642-1727) とゴットフリート・ヴィルヘルム・ライプニッツ (Gottfried Wilhelm Leibniz, 1646-1716) によって発明されたといわれているが，これは全部正しいわけではない．普通の有限のものについての結果を導くのに極限操作を使うという微積分の背景にある中心的考え方はギリシャ時代に遡る．伝説的な科学者シラクサのアルキメデス（Syracuse の Archimedes, 紀元前およそ287-212）の軍事的発明は，

5 微積分の祖先たち

3年以上の間，彼の都市へのローマ人の侵入を食い止めていたといわれる．さまざまな平面図形の面積や立体の体積を求めるとき，極限の概念を最初に使った一人が彼である．彼は**極限**という言葉こそ使わなかったが，彼が考えていたことは正にそれであったことを示そう．

任意の三角形の周と面積，したがって任意の多角形（直線分でできた閉じた平面図形）の周と面積も，初等幾何で求めることができる．しかし曲がった図形になると初等幾何は無力である．一例として円を取り上げよう．幾何の始めのところで，円周と円の面積はそれぞれ簡単な公式で書けることを学ぶ．しかしこの公式が簡単だと思うのは誤りである．なぜなら，そこに現れる定数 π ——円周と直径の比——は数学で最も興味をそそる数の一つだからである．その性質は19世紀後半まで必ずしも十分に確定されず，今日でさえ未解明の疑問が残っている．

π の値はずっと前から驚くほど正確に知られていた．紀元前1650年頃のエジプトのリンドのパピルス（スコットランドの古代エジプト学者ヘンリー・リンド（A. Henry Rhind）が1858年にそのパピルスを買ったのでリンドの名に因んで名付けられた）には，円の面積はその直径の 8/9 を1辺とする正方形の面積と等しいという記述がある（図5）．直径を d とすれば，この記述を式に直せば $\pi(d/2)^2 = [(8/9)d]^2$ となる．d^2 で約して $\pi/4 = 64/81$，あるいは $\pi = 256/81 \approx 3.16049$ が得られる．[1] この結果は π の真の値（小数5桁に丸めて 3.14159）から 0.6 パーセ

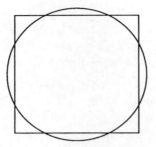

図5 リンドのパピルス（紀元前およそ 1650）によれば，円の面積はその直径の 8/9 を 1 辺とする正方形の面積に等しい．

ント以内にある——4000 年も昔に書かれたものにしては驚くほど正確だ！[2]

何世紀にもわたってπにはたくさんの値が与えられてきた．しかしギリシャ時代まで，すべてが本質的には経験による値だった：円の周を実際に測定しそれを直径で割って求めた．測定によらず**数学的手順**——算法——によって必要な精度でπの値を求める方法を最初に提案したのはアルキメデスであった．

アルキメデスの着想は円を考えてそれに正多角形を内接させ，次々と正多角形の辺の数を増していくというものであった．（正多角形は，すべての辺の長さが等しくすべての角が等しい．）各多角形の周は円周よりわずかに小さいが，辺の数をどんどん増やしていくと多角形は円にだんだん近づく（図6）．各多角形の周を求めて円の直径で割

ればπの近似値が得られ，辺の数を増すことによってこの近似は改良できる．ところで，内接多角形は内側から円に近づくから，これらすべての近似はπの真の値に足りないであろう．そこでアルキメデスは**外接**多角形も使ってその過程を繰り返した（図7）．そしてπより大きな近似値の系列を得た．こうすると，任意の与えられた辺の数に対してπの真の値は上界と下界の間に"絞り込"まれる．辺の数を増すことにより，この上界・下界の間隔をいくらでも狭くすることができる，ちょうど万力の顎で挟むように．96辺の内接・外接多角形を使って（正6角形から始めて辺の数を倍，倍としていって）アルキメデスはπの値は 3.14103 と 3.14271 の間にあると計算した——今日でも大抵の実用的な目的にはこれで十分正確である．[3] 直径 30 cm の地球儀の赤道に 96 角形を外接させても，その角は球の滑らかな表面上ほとんど認められないであろう．

アルキメデスの業績は数学史上画期的な出来事であったが，彼はそこで止まらなかった．彼はもう一つのありふれた図形である放物線——近似的には空中に投げた石が描く曲線（運動に抵抗する空気がなければ軌跡は正確な放物線になる）——にもまた興味を寄せた．放物線は多数の応用を有している．現代の遠距離通信で使われる大きな皿状のアンテナは，車のヘッドライトの銀メッキした反射面と同様，その断面は放物線をしている．アルキメデスが放物線に興味をもったのは，この曲線が次の性質をもっているからである：放物線は無限遠から来る光を反射させてただ1

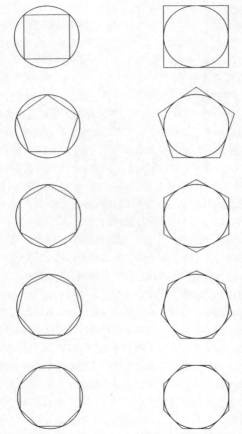

図6 円に内接する正多角形　　**図7** 円に外接する正多角形

点，すなわち**焦点**（"暖炉"を意味するラテン語），に集めることができる．彼はいくつかの巨大な放物鏡を作って，それらを彼が住んでいた都市を包囲するローマの艦隊に向け，太陽光線を各放物鏡の焦点に収斂させ，敵の船を燃やそうとしたといわれている．

アルキメデスはまた放物線のもっと理論的な側面も研究した．とくに放物線の扇形部分の面積の求め方を．彼は扇形部分を，面積が等比数列的に減少する一連の三角形に分割することによってこの問題を解いた（図8）．この数列を次々と伸ばしていくことによって，これらの三角形を好きなだけ放物線に近づける——いわば放物線から三角形を"取り尽くす"——ことができた．個々の三角形の面積を足していったとき（等比数列の和の公式を使った），アルキメデスは全面積が三角形 ABC の面積の 4/3 に近くことを発見した：もっと正確に言うと，三角形の数を増すことにより，全面積をこの値にいくらでも近づけることができたのである．[4] 現代の言葉で言えば，三角形の数が無限に大きくなるとき（三角形 ABC の面積を 1 として）三角形の面積の合計は**極限値** 4/3 に近づく．しかし，アルキメデスは有限和だけを使って注意深く彼の解法を定式化した；彼が述べた中には，しっかりとした理由があって，**無限大**という言葉は現れなかった：ギリシャ人は議論に無限を用いることを禁止し，彼らの数学体系にそれを取り入れることを拒んだ．その理由はそのうち分かるであろう．

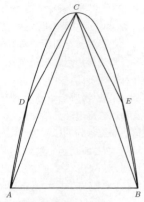

図8 放物線に対するアルキメデスの取り尽くしの方法

アルキメデスの方法は**取り尽くしの方法**という名で知られるようになった. この方法の創始者は彼ではない(その発明は紀元前約370年のエウドクソス(Eudoxus)に帰する)が, それを放物線に適用して成功を収めたのは彼が最初である. しかし, 放物線とともに**円錐曲線**の族をなす他の二つの有名な曲線, すなわち楕円と双曲線, に対しては, 彼はこの方法を生かすことができなかった.[5] 彼は楕円全体の面積が πab (ここで a と b は楕円の長径と短径)であることを正しく推測はしたが, 繰り返し試みたにもかかわらず, 楕円や双曲線の扇形部分の面積を求めることはできなかった. これについては2000年後の積分法の発明を待たなければならなかった.

取り尽くしの方法は現代の積分法の非常に近くまで来ていた．ではなぜギリシャ人は微積分法を発明できなかったのか？ 二つの理由がある：無限の概念へのギリシャ人の不安感——彼らの**無限への恐怖**と呼ばれてきた——そして彼らが代数の言語をもっていなかった事実である．第二の理由から始めよう．ギリシャ人は幾何には熟達していた——ほとんどすべての古典幾何学を彼らは創り出した．しかし，代数学には大した貢献はしなかった．代数学は本質的には"言語"である．すなわち，記号の集まりとそれらの記号を用いて計算するための規則の集まりである．そのような言語を発展させるには，よい記号体系をもたなければならないが，ギリシャ人にはそれができなかった．彼らの失敗の原因は，彼らの静的な世界観，とくに静的な幾何学観にあった：彼らはすべての幾何的量は一定の与えられた大きさをもつと考えた．我々の現代的なやり方では，一つの量に一つの文字（例えば x）のラベルをつけ，それをある範囲の値を自由にとれる変数と見なすのであるが，そのようなやり方は彼らには無縁だった．ギリシャ人は A から B への直線分を AB，頂点 A, B, C, D をもつ四辺形を $ABCD$，等々と書いた．このような記号体系は図形のいろいろな構成要素の間に存在する多くの関係——古典幾何学を形成する定理の主要部分——を確立するという目的には非常に役立った．しかし，**変動する量の間の関係**を表そうとすると，その体系は情けないほど無力だった．そのような関係を効率よく表すには，代数という言語に頼らな

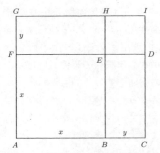

図9 公式 $(x+y)^2 = x^2 + 2xy + y^2$ の幾何的証明

ければならない．

　ギリシャ人は代数を完全に無視していたわけではない．初等代数学の公式の多くを彼らは知っていたが，それらは常に図形のいろいろな構成要素の間の幾何的関係を表すものとして理解されていた．まず，数は線分の長さと解釈され，二つの数の和は同一直線に沿って端と端をくっつけて置かれた二つの線分の結合したものの長さと解釈され，二つの数の積はこれらの線分を2辺とする長方形の面積と解釈された．お馴染みの公式 $(x+y)^2 = x^2+2xy+y^2$ は次のように解釈される：図9に示すように，直線に沿って長さが $AB = x$ の線分を描く；その端点から長さが $BC = y$ の第2の線分を描く．そして辺が $AC = x+y$ の正方形を作る．この正方形は四つの部分——面積が $AB \cdot AB = x^2$ と $BC \cdot BC = y^2$ の二つの小さな正方形と，面積が $AB \cdot BC = xy$ の二つの長方形——に分割される．

(長方形 $BCDE$ と $EFGH$ は合同だから面積は等しいというような巧妙な工夫がこの証明にはいくつか含まれている；ギリシャ人は骨を折って，証明の各段階を綿密に正当化しながら，詳細のすべてを説明した．同様の方法が，$(x-y)^2 = x^2 - 2xy + y^2$ や $(x+y)(x-y) = x^2 - y^2$ などの他の代数的な関係式の証明にも用いられた．

ギリシャ人が幾何的手段だけで初等代数学の大きな部分を築き上げることに成功したのは驚きに値する．しかしこの"幾何的代数"は効率のよい実用的な数学の道具にはならなかった．ギリシャ人はよい記号体系——現代の言葉では代数——をもっていなかったため，代数のもつ一つの最大の利点——変動する量の間の関係を簡潔に表現する能力——を奪われていたことになる．無限大の概念もその一つである．

無限大は実数ではないから，純粋に数値的意味では扱うことができない．すでに見たように，いろいろ不確定な形の値を求めるには極限操作を使わなければならないが，それには代数的技術がたくさん必要である．そのような技術がなかったので，ギリシャ人は無限大を正しく扱うことができなかった．その結果，彼らはそれを避け，恐れさえもした．紀元前 4 世紀にエレアの哲学者ゼノン（Elea の Zeno）は四つのパラドックス——彼はそれらを"論証"と呼んだ——を考え出した．彼の目的は，無限の概念にうまく対処するには数学は無能であるということを示すことだった．それらのパラドックスの一つは，運動

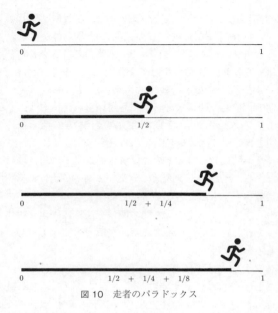

図 10 走者のパラドックス

が不可能であることを示すことを目指している:走者が点 A から点 B へ動くには,まず AB の中点に達し,次に残りの距離の中点に達し,等々と**無限**に続けなければならない(図 10).この過程には無限個の段階が必要だから,走者は決して目的地に到達しないであろうとゼノンは論じた.

極限の概念を使えば走者のパラドックスは簡単に説明できる.線分 AB を単位長とすると,走者が走らなければ

ならない全距離は無限等比級数 $1/2+1/4+1/8+1/16+\cdots$ で与えられる.この級数はどんなにたくさん項を付け加えても,その和は1を越えないし,決して1に達しない;それでも項を次々と加えていくことにより,和をいくらでも1に近づけることができる.項の数が無限大に向かうとき,級数は1に**収束する**,あるいは**極限値**1をもつという.このように走者は正確に1単位の全距離(距離 AB の長さ)を走ることになり,パラドックスは解決する.しかし,ギリシャ人には無限個の数の和が有限の極限に収束するということは受け入れ難かった.無限に進むという考えは彼らにとって御法度だった.アルキメデスが彼の取り尽くしの方法の中で**無限**という言葉を使わなかったのはこのためである.もし彼が無限の過程を考えていたならば——彼がそれを考えていたことは疑う余地がないのだが——考えていたからこそ,必要な精度が得られるまで何度も何度も繰り返す有限の過程として注意深く定式化したのである.[6] その結果,取り尽くしの方法は,精密な思考の一つのモデルではあるが,衒学的な細部に邪魔されて最も単純な幾何学的図形以外のものを扱うのには実際には役立たなかった.さらに,個々の特定の問題に対する答が前もって分かっていなければならなかった;その場合に限って結果を厳密に確立するために取り尽くしの方法を使うことができた.[7]

このようにアルキメデスは極限概念を直観的にしっかりと把握してはいたが,それを多様な例に適用可能な一般的

で体系的な手順——アルゴリズム——に変えるべく一歩踏み出すことができなかった．モーゼがネボ山から約束の地をじっと眺めながらもその中に入ることを許されなかったように，アルキメデスは新しい科学分野をほとんど発見していながら，[8] その火を後継者に手渡さなければならなかった．

注と出典

1. 256/81 は簡単に $(4/3)^4$ と書ける．
2. *The Rhind Mathematical Papyrus*, trans. Arnold Buffum Chace (Reston, Va.: National Council of Teachers of Mathematics, 1978), problems 41-43 and 50. Rhind のパピルスは現在大英博物館にある．
3. Ronald Calinger, ed., *Classics of Mathematics* (Oak Park, Ill.: Moore Publishing Company, 1982), pp. 128-131.
4. 同上, pp. 131-133.
5. 円錐曲線には円も 2 本の直線も含まれる．しかしこれらは単に楕円と双曲線の特殊な場合である．円錐曲線については後でもっと述べる．
6. 放物線の場合に，Archimedes は二重背理法（証明すべき命題が誤りであるという仮定から出発して矛盾を導くという間接的証明法）により，無限級数 $1+1/4+1/4^2+\cdots$ の和が 4/3 より大きくも小さくもないこと，したがって 4/3 に等しくなければならないことを証明した．もちろん，今日では，

無限等比級数の和の公式 $[1+q+q^2+\cdots = 1/(1-q)$, ただし $-1 < q < 1]$ を使って，$1/(1-1/4) = 4/3$ という結果を出すのが普通であろう．

7. Archimedes が結果をあらかじめ"推測する"方法を取ったということは，*The Method* という名で知られる彼の論文から確かめられる．この論文は J. L. Heiberg が 1906 年にコンスタンチノープルで中世の原稿を発見したとき，その中に見出された．その原稿の文章は，それよりずっと古いあちこち色あせた文章の上に書かれていた．その古い原稿は Archimedes のいくつかの著作を 10 世紀に複製したものであることが分かった．その中に永久に失われたと長い間考えられていた *The Method* があった．こうして世の人々は Archimedes の思考過程を垣間見ることができた――ギリシャ人は幾何の定理を証明するときその定理がどのようにして発見されたかについては何の手懸かりも残さなかったから，これはそれを知るための貴重な機会であった．Thomas L. Heath, *The Works of Archimedes* (1897; 複製版 New York: Dover, 1953)を見よ；この版には序文として 1912 年の補足 *"The Method of Archimedes"* が含まれている．

8. この話題に関しては Heath, *The Works of Archimedes*, ch. 7 ("Anticipations by Archimedes of the Integral Calculus")を見よ．

6 大躍進への序曲

> 無限大や極微量は我々の有限の理解を超える.前者は大きいがため後者は小さいがため.それらを結合したらどうなるか想像したまえ.
>
> —— GALILEO GALILEI(ガリレオ・ガリレイ),*Dialogues Concerning Two New Sciences*(新科学対話,1638)[1] の中のサルヴィアーティ(Salviati)の言葉として

アルキメデスの後 1800 年くらいして,フランスの数学者フランソワ・ヴィエート(François Viète または Vieta, 1540-1603)は三角法に関する一連の研究の中で,数 π を含むすばらしい公式に気が付いた:

$$\frac{2}{\pi} = \frac{\sqrt{2}}{2} \cdot \frac{\sqrt{2+\sqrt{2}}}{2} \cdot \frac{\sqrt{2+\sqrt{2+\sqrt{2}}}}{2} \cdots.$$

1593 年のこの**無限積**の発見は数学史上画期的な出来事であった:数学の公式として無限の過程が明示的に書かれたのは,これが最初であった.その優雅な形はさておいても,ヴィエートの公式の最もすばらしい特徴は終わりにある 3 個の点であり,これは**無限**まで続くことを語っている.この式は,初等数学の四つの演算——足し算,掛け算,割り算,開平(すべて数 2 に適用)——を繰り返し

使って,少なくとも原理的には,πを求めることができることを示している.

ヴィエートの公式は,終わりのところに単に3個の点を書くということだけで数学に無限の過程を受け入れさせる信号とし,無限の過程を広く使わせる道を開いたのだから,これは重大な心理的障害を打ち破ったことになる.無限の過程を含む他の公式がやがてこれに続くことになった.イギリスの数学者ジョン・ウォーリス(John Wallis, 1616-1703)(彼の本 *Arithmetica infinitorum*(無限の計算法,1655)は後に若きニュートンに影響を与えた)はπを含む他の無限積を発見した:

$$\frac{\pi}{2} = \frac{2}{1} \cdot \frac{2}{3} \cdot \frac{4}{3} \cdot \frac{4}{5} \cdot \frac{6}{5} \cdot \frac{6}{7} \cdots.$$

そして1671年にはスコットランド人のジェームス・グレゴリー(James Gregory, 1638-1675)が**無限級数**

$$\frac{\pi}{4} = \frac{1}{1} - \frac{1}{3} + \frac{1}{5} - \frac{1}{7} + - \cdots$$

を発見した.この公式がすばらしいのは,始め円に関して定義された数πが,無限の過程を通じてではあるが,整数だけによって表せるという点である.これらの諸公式は,今日でも,すべての数学の中で最も美しいものに入る.

美しいという点を除けば,これらの公式はπを計算する手段としてはあまり有用でない.すでに述べたように,πのいくつものよい近似が古代にすでに知られていた.幾

世紀にもわたり，よりよい近似にたどり着こうという，すなわち π の値の小数点以下の正しい桁を増やそうという，多くの企てが続けられてきた． π の小数展開がいつかは終わりになる（すなわち，あるところから 0 だけになる）か循環を始めるかを知るのが望みだった．どちらの可能性も π が**有理数**（二つの整数の比）であることを意味する（今ではそのような比が存在しないこと， π の小数展開は終わりがなく循環もしないことは分かっている）．この目的を達成しようとした多くの数学者の中にひときわ目立つ名前がある．ドイツ系オランダ人の数学者ルドルフ・ファン・ケーレン (Ludolph van Ceulen, 1540-1610) である．彼は創造力豊かな生涯のほとんどを π の計算に打ち込み，生涯の最期の年に 35 桁まで正しい値を得た．当時この功績は非常に高く評価され，オランダのライデンにある彼の墓石にはこの数が刻まれ，長い間ドイツの教科書では π のことを"ルドルフ数"と呼んだ．[2] しかし彼の業績は π の性質に何ら新しい光を当てるものではなかったし（ファン・ケーレンは多角形の辺の数を増やしてアルキメデスの方法を繰り返したに過ぎない），数学一般に何ら新しい貢献もしなかった．[3] 数学にとって幸いなことに， e についてはそんな愚かなことが繰り返されることはなかった．

このように，新しく発見された公式のすばらしさは，公式が実用的だったからではなく，無限の過程の性質への洞察力を与えたからである．数学的思考の二つの学派

——"純粋"数学と"応用"数学——の異なる哲学を表すよい例がここにある．純粋数学者は，実際に使うことなどあまり考えずに専門のことを追求する（実際の事柄からかけ離れればかけ離れるほど専門によいという人すらある）．この学派の一部の人々にとっては，数学的研究はチェスの好ゲームのようなもので，それから得られる知的刺激が主な報奨なのである．また他の人々は数学に許される自由を求めて研究を進める；勝手に定義と法則を作り，それらの法則と数学的論理のみに基づいて一つの体系を組み立てる自由を求めて．これとは対照的に，応用数学者は科学や技術から発生する広範囲の問題の方に関心を持つ．彼らは研究対象の現象を支配する自然法則に縛られるため，"純粋"数学者と同じような自由を楽しむことはない．もちろん二つの学派の境界線は必ずしもはっきりしているわけではない："純粋"の研究分野から予期せぬ実際の応用が見つかることもよくある（その一例が秘密文書の暗号化やその解読への整数論の応用である）．反対に，応用の問題から最高の格の理論的発見が導かれたこともある．さらに，数学史上の偉大な人物の中には両分野のいずれにおいても卓越した人もいた——その中にはアルキメデス，ニュートン，ガウスがいる．それでも境界線は現実にあり，前世代の普遍性に狭い専門性が置き変わった我々の時代，その境はますますはっきりとしてきた．

長年にわたり両派の境界線は前進したり後退したりしている．昔，ギリシャ以前の時代，数学は測定（面積，体

積,重さの測定),財務問題,時刻の計算など実世界の事柄を扱うために作られた,完全に実際的な職業だった.数学を実際的職業から,知識のための知識が主目的である知的職業に変えたのはギリシャ人だった.紀元前6世紀に,有名な哲学の一派を作ったピタゴラス(Pythagoras)は,純粋数学の理想を最高のレベルで具体化した.彼の霊感は自然の秩序と調和から生まれていた——我々の周りの直接の自然からではなく全宇宙から.音楽の和声の法則から惑星の運動まで,世界のすべての事柄の背後にある第一の原因は数であるとピタゴラス学派の人は信じていた."数が宇宙を支配する"が彼らのモットーだった.彼らのいう"数"とは自然数とその比であった:それ以外のものは——負の数,無理数,さらにはゼロでさえも——すべて除かれていた.ピタゴラス学派の哲学では,数はほとんど聖なる地位にあり,ありとあらゆる神秘的な意味が数に与えられていた;数が現実の世界を実際に記述するかどうかは重要でなかった.その結果,ピタゴラス学派の数学は奥義に属する主題,日常の事柄からかけ離れた主題であって,哲学や芸術や音楽と対等な立場に置かれていた.実際,ピタゴラスは多くの時間を音楽の和声の法則に費やした.彼は2:1(オクターブ),3:2(5度),4:3(4度)の"完全な"比に基づいた音階を考案したといわれている.音響の法則にはもっと複雑な音の配置が必要であることなどを気にすることはない;大切なのは音階が数学的に単純な比に基礎をおいているということである.[4]

ピタゴラス学派の哲学は 2000 年以上の間, 幾世代もの科学者達に多大の影響を及ぼした. しかし西洋文明が中世から脱け出し始めると, 重点は再び応用数学に移った. この移行の要因として二つ考えられる：14 世紀と 15 世紀の地理上の大発見によって未探検の（後に開拓されることになる）遠い島が手の届くところにまで近づき, そのため新しい改良された航海術を開発する必要が生まれた：コペルニクスの地動説のために宇宙の中での地球の位置づけと, 地球の運動を支配する物理法則とを科学者達が再検討しなければならなくなった. この両者を発展させるためには実用数学, とくに球面三角法, がますます必要になった. こうしてこの後の 2 世紀は, コペルニクスに始まりケプラー, ガリレオ, ニュートンで最高潮に達する一連の第一級応用数学者が目立つ存在になった.

ヨハネス・ケプラー (Johannes Kepler, 1571-1630) は, 科学史の中の大奇人の一人で, ケプラーの法則と呼ばれる惑星の運動の三つの法則を発見した. この法則を見つけるまでの何年もの間, 彼は実りのない研究をしていた. まず音楽の和声の法則の研究をし, 彼は和声の法則が惑星の運動を支配すると信じていた（ここから"球の音楽"という言葉が出た）. それから, 5 個の正多面体（プラトンの立体）の幾何の研究[5]をした. 彼によれば, 当時知られていた 6 個の惑星の軌道間の距離を決めるのにこの正多面体の幾何が役立ったという. ケプラーは古い世界から新しい世界への移行期の完璧な象徴だった：彼は最高級の応

用数学者であると同時に,熱烈なピタゴラス主義者でもあった.健全な科学的推論に従うと同時に,形而上学的考察によっても左右される(あるいは誤導される)神秘論者だった.偉大な天文学上の発見をしながらも盛んに占星術を行っていた.現在ではケプラーの非科学的活動は,同時代のネーピアの非科学的活動と同様,ほとんど忘れられてしまって,現代の数理的天文学の創始者として彼の名前が歴史にしっかり残っている.

ケプラーの第1法則は,各惑星は太陽の周りを楕円形に動き,太陽は各楕円の焦点にあるというものである.この発見は,惑星や星が透明な水晶球に埋め込まれていてその球が24時間に1回地球の周りを回転するという,古いギリシャの天動説宇宙観への弔鐘をならすものであった.ニュートンは,後に,この楕円(円はその特殊な場合)は天体の運動の軌道として可能なものの一つであって,その他に放物線軌道や双曲線軌道も可能であることを示すことになる.これらの曲線(これに双曲線の極限の場合として2直線も加えるべきであるが)は,**円錐曲線**(円錐を平面でいろいろな角度で切ることによって得られるのでこの名がある)の族をなす(図11).円錐曲線はすでにギリシャ人に知られており,アルキメデスと同時代のアポロニウス(Apollonius,紀元前およそ260-190)はこれらの曲線についての大きな著作をものしていた.それから2000年経って,数学者の関心が再び円錐曲線に集まったのである.

ケプラーの第2法則は,面積の法則で,惑星と太陽を

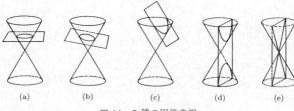

図11 5種の円錐曲線

結ぶ直線は一定の時間に一定の面積を掃くということを述べたものである．そこで，楕円の扇形部分の面積——もっと一般に円錐曲線の扇形部分の面積——を求めることが，急に大切な問題として登場した．すでに述べたように，アルキメデスは放物線の扇形部分の面積を求めるのに取り尽くし法を使って成功したが，楕円と双曲線については失敗した．ケプラーとその同時代の人々はアルキメデスの方法に再び興味を抱いた；アルキメデスは注意深く有限の過程だけを使うようにしていた——彼は無限の概念を明示的には決して使わなかった——が，近世の彼の追随者たちはそのような衒学的な細部は気にしなかった．彼らは無限の概念を無頓着に，図々しく取り入れ，いつでも自分たちに都合よく使用した．その結果は粗削りの機械仕掛けのようなもので，ギリシャ人の方法の厳格さのかけらもなかったが，それでもとにかくうまくいくように見えた：すなわち**極微量の方法**である．平面図形が無限個の無限に細い細片，いわゆる"極微量"，から成ると考えることにより，その図形の面積を求めることができる，あるいは図形に関

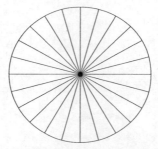

図 12 円の面積は，円の中心を頂点とし円周に沿う底辺をもつ，無限に多くの細かい三角形の和と考えることができる．

するいろいろな結論を引き出すことができる．例えば，円を円の中心を頂点とし円周に沿う底辺をもつ無限に多くの細い三角形の和と考えることにより，円の面積と円周の関係を証明できる（**実証**といった方がよいかもしれない）（図 12）．各三角形の面積は底辺と高さの積の半分であるから，すべての三角形を合わせた面積は共通の高さ（円の半径）と底辺の和（円周）の積の半分である．その結果が公式 $A = Cr/2$ である．

もちろん，この公式は古代に分かっていた（式 $A = \pi r^2$ と $C = 2\pi r$ から π を消去すれば得られる）から，極微量の方法でこの公式を導くのは後知恵を働かすようなものである．さらに，この方法にはいろいろな欠点がある：まず第一に，この"極微量"が何物であるかを正確に理解しないでそれを使って無頓着にどんどん演算を進めていたこと

である．極微量は無限に小さな量——実際には，大きさ 0 の量——であると考えられていたので，そうだとするとこれらの量を何個足しても，結果はやはり 0 である（我々はここで不定式 $\infty \cdot 0$ が現れていることに気がつく）．二番目に，この方法は——もし何とかうまくいったとしても——幾何学的な奇策を多く必要とし，問題ごとに的確な極微量を考案しなければならなかった．しかし，こういう欠陥にもかかわらず，この方法はとにもかくにもうまくいき，多くの場合に実際に新しい結果を生み出した．それを活用した最初の一人がケプラーであった．しばらくの間，彼は天文の仕事から離れて，いろいろな形のワイン樽の体積を求めるという現実的な問題に取り組んだ（彼はワイン商人が樽の中身の量を測る方法に不満だったと伝えられている）．彼の本 *Nova stereometria doliorum vinariorum* （ワイン樽の新しい立体幾何，1615）の中で，ケプラーは数多くの回転体（平面図形をその平面内にある軸の周りに回転して得られる立体）の体積を求めるのに極微量の方法を適用した．彼は極微量の方法を 3 次元に拡張し，立体を無限に多くの薄片，あるいは層，の集まりとみなした．この考えを取り入れたことで，彼は現代の積分学の一歩手前まで来ていたのである．

注と出典

1. Henry Crew, Alfonso De Salvio 訳（1914; 複製版 New York: Dover, 1954）．

2. Petr Beckmann, *A History of* π (Boulder, Colo.: Golem Press, 1977), p. 102.
3. Van Ceulen の記録はずっと後になって破られた. 1989年コロンビア大学の二人のアメリカ人研究者が,超高速計算機を使って,480,000,000 桁まで π を計算した. この数を印刷したら 600 マイルにもなるであろう. Beckmann, *A History of* π, ch. 10 も見よ.
4. Pythagoras について分かっていることは,彼の追随者たちが書いたものによっている;多くは彼の死後何世紀も経て. したがって彼の生涯についての"事実"は割り引いて聞かなければならない. 第 15 章で Pythagoras についてさらに話をする.
5. 正多面体ではすべての面は正多角形であり,各頂点で同数の辺が交わる. 正多面体はちょうど 5 個ある:正四面体 (面が 4 個,それぞれは正三角形),立方体,正八面体 (8 個の正三角形),正十二面体 (12 個の正五角形),正二十面体 (20 個の正三角形). ギリシャ人は 5 個すべてを知っていた.

極微量をどう使うか

極微量の方法の一例として，$x=0$ から $x=a$ までの放物線 $y=x^2$ の下の面積を求めてみよう．求める領域が多数（n 個）の垂直な直線で切った細片（"極微量"）から成り立っていると考える．細片の高さ y は方程式 $y=x^2$ に従って x と共に変わる（図 13）．これらの直線が一定の水平距離 d だけ離れているとすれば，その高さは d^2, $(2d)^2$, $(3d)^2$, … である．したがって求める面積は，和

$$[d^2+(2d)^2+(3d)^2+\cdots+(nd)^2]\cdot d$$
$$=[1^2+2^2+3^2+\cdots+n^2]\cdot d^3$$

で近似される．よく知られた整数の 2 乗の和の公式を使えば，この式は $[n(n+1)(2n+1)/6]\cdot d^3$ に等しいことが分かる．少しの計算の後

$$\frac{\left(1+\frac{1}{n}\right)\left(2+\frac{1}{n}\right)(nd)^3}{6}$$

を得る．$x=0$ から $x=a$ までの区間の長さは a だから $nd=a$, したがってこれは

$$\frac{\left(1+\frac{1}{n}\right)\left(1+\frac{1}{2n}\right)a^3}{3}$$

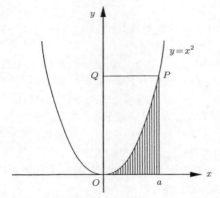

図 13 極微量の方法で放物線の下の面積を求める.

である.最後に,極微量の個数を限りなく大きくする(すなわち $n \to \infty$ とする)と,$1/n$ と $1/2n$ の項は 0 に近づき,求める面積は

$$A = \frac{a^3}{3}$$

となる.もちろんこれは,積分によって求めた結果 $A = \int_0^a x^2 \mathrm{d}x = a^3/3$ と一致する.これはまた取り尽くしの方法で求めたアルキメデスの結果とも一致する:図 13 の放物線の扇形部分 OPQ の面積は,三角形 OPQ の面積の $4/3$ である;これは簡単に確かめられる.

極微量の開拓者たちにとって"極微量"とは正確に

は何なのか明らかでなかった上に，この方法は粗削りで，場合場合に応じて適切な総和公式を見つけなければならない．例えば，整数の逆数の和の公式がないため，双曲線 $y = 1/x$ の下の面積を求めるときにこの方法は使えない．このように，この方法は多くの個々の場合にうまく働くとはいえ，現代の積分法の技術のような汎用性と算法的な性質とに欠けている．

7 双曲線の面積を求める

> グレゴワール・サン・ヴァンサン（Grégoire Saint-Vincent）は円積問題の第一人者だった…．彼は双曲線の面積の性質を発見したが，それからネーピアの対数が双曲的と呼ばれるようになった．
> ——Augustus De Morgan（オーガスタス・ド・モーガン），*The Encyclopedia of Eccentrics*（奇人百科，1915）

閉じた平面図形の面積を求める問題は**求積法**（quadrature ="正方形にすること"）という名で知られている．この言葉は問題の本性をよく表している：すなわち図形の面積を面積の単位，すなわち正方形，に換算して表すということである．このことは，ギリシャ人にとって，与えられた図形を基本的ないくつかの原理を使ってそれと面積が等しい図形に変換しなければならなかったことを物語っている．簡単な例を挙げれば，辺が a と b の長方形の面積を求めたいとする．この長方形が 1 辺 x の正方形と等面積であれば $x^2 = ab$，あるいは $x = \sqrt{ab}$ でなければならない．直線定規とコンパスを使って長さ $\sqrt{ab}$ の線分を作図することは，図 14 に示すように，やさしい．このようにして任意の長方形の求積を実行することができる．任意の

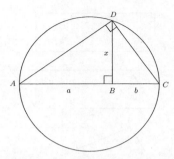

図14 直線定規とコンパスを使った，長さ $x = \sqrt{ab}$ の線分の作図．一直線上にまず長さ a の線分 AB を取り，次にその端から続けて長さ b の第2の線分 BC をとる．AC を直径とする半円を描く．B において AC に垂線を立てる．垂線を延ばして円と D で交わらせる．BD の長さを x とする．よく知られた幾何の定理により $\angle ADC$ は直角である．したがって $\angle BAD = \angle BDC$．その結果三角形 BAD と BDC は相似である．したがって $AB/BD = BD/BC$，すなわち $a/x = x/b$．これより $x = \sqrt{ab}$ が得られる．

平行四辺形，任意の三角形は簡単な作図で長方形にすることができるから（図15），求積を実行できる．多角形は常に三角形に分割できるから，多角形の求積もただちに実行できる．

時が経つにつれ，求積問題のこの純粋に幾何的な側面よりも計算的な側面が重視されるようになった．等面積の図形は**原理的**に作図可能であることが示されさえすればよく，実際の作図はもはや必要でないと考えられるようにな

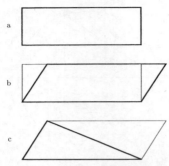

図 15 長方形 (a) と平行四辺形 (b) は等しい面積を有する．三角形 (c) はこの半分の面積をもつ．

った．この意味では，取り尽くしの方法は，無限回の行程が必要であり純粋に幾何的手段では達成されないから，真の求積法ではなかった．しかし，1600 年頃，数学に無限操作が許されるようになると，この制限さえなくなり，求積法の問題は純粋に計算の問題になった．

どんな工夫をしても求積法がうまくいかなかった頑固な図形の一つに双曲線があった．円錐をその底面と側面の間の角より大きい角をもって平面で切ると，この曲線が得られる（双曲線"hyperbola"の"hyper"は"…を超えた"を意味する接頭語）．しかしここでは，普通のアイスクリームの円錐とは違って，頂点で二つの円錐が結合したようなものを一つの円錐と考えることにする；そうすると，双曲線は二つの分離した対称な分枝をもつことになる（図 11[d] を見よ）．さらに，双曲線には 2 本の直

線,つまり無限遠での二つの接線,が関連する.中心から各分枝に沿って外側へ行くにつれ,双曲線はこの直線に近づくが到達はしない.これらの直線は双曲線の**漸近線**(asymptotes)である(このギリシャ語の"asymptotes"は"出会わない"を意味する);これらは前に述べた極限概念の幾何学的な化身である.

ギリシャ人は円錐曲線を純粋に幾何学的観点から研究した.しかし17世紀に解析幾何が発明されると,幾何学的対象,とくに曲線,の研究はだんだんと代数学の一部となった.曲線そのものの代わりに曲線上の点の x 座標と y 座標に関する**方程式**を考えた.円錐曲線のおのおのは**2次方程式**(一般形は $Ax^2 + By^2 + Cxy + Dx + Ey = F$)の特殊な場合であることが分かった.例えば,$A = B = F = 1$,$C = D = E = 0$ の場合,方程式は $x^2 + y^2 = 1$ で,そのグラフは原点を中心とし半径1の円(単位円)である.図16に示す双曲線は $A = B = D = E = 0$,$C = F = 1$ の場合であり,その方程式は $xy = 1$ (同じことだが $y = 1/x$)で,漸近線は x 軸と y 軸である.この漸近線は互いに垂直だから,この特別な双曲線は**直角双曲線**と呼ばれる.

前にも述べたように,アルキメデスは双曲線の求積を試みたが成功しなかった.極微量の方法が17世紀初頭に開発されたとき,数学者たちはこの試みを再び取り上げ,目的を達成した.円や楕円と異なり,双曲線は無限に延びる曲線であるから,この場合の求積の意味をはっきりさせ

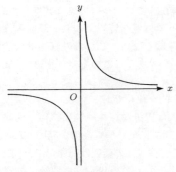

図16 直角双曲線 $y = 1/x$

なければならない．図17は双曲線 $xy=1$ の一つの分枝を示す．x 軸上に定点 $x=1$ と任意の点 $x=t$ をとる．**双曲線の下の面積**とは，$xy=1$ のグラフ，x 軸，縦線 $x=1$ と $x=t$ で囲まれる部分の面積を指す．もちろん，この数値は t の選び方に関係し，したがって t の関数である．この関数を $A(t)$ としよう．双曲線の求積の問題はこの関数を求めること，すなわち変数 t を含む式として面積を表すことになる．

17世紀の始め頃，何人かの数学者が独立にこの問題を解こうと企てた．その中で有名なのがピエール・ド・フェルマー（Pierre de Fermat, 1601-1665）とルネ・デカルト（René Descartes, 1596-1650）である．この二人とブレーズ・パスカル（Blaise Pascal, 1623-1662）を一緒にして，微積分の発明直前のフランスの大数学者三人組

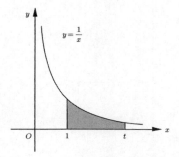

図 17　$x=1$ から $x=t$ までの直角双曲線の下の面積

という．音楽界のバッハ (Bach) とヘンデル (Händel) のように，デカルトとフェルマーは一緒にして数学界の双子のようによくいわれる．しかし，フランス人でほとんど同時代人であるということを除いて，二人に似たところはほとんど見出せない．デカルトは職業兵士として人生を歩み始め，当時ヨーロッパを吹き荒れた地域戦争での戦闘行動を見た．彼はどちらの側でも自分を必要とする方に乗り換えて，一度ならず忠誠を誓う相手を変えた．その頃のある夜，彼は神から宇宙の不可思議を解く鍵を預けられたという啓示を得た．まだ軍務につきながらも，彼は哲学に転向し，ほどなくヨーロッパで最も影響力のある哲学者の一人になった．"我思う故に我あり" という彼の金言は，理性と数学的構想に支配される合理的世界の存在についての彼の信念の要約であった．しかし，哲学

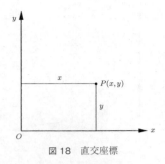

図18 直交座標

に没頭していたのに比べて彼の数学への興味は二の次だった．彼は意義ある数学の本をたった一冊だけ出版した——しかしその本が数学の流れを変えた．彼の主な哲学書 *Discours de la méthode pour bien conduire sa raison et chercher la vérité dans les sciences*（正しく推論し科学の真理を探究する方法についての論考）の三つの付録の一つとして1637年に出版された *La Géométrie*（幾何学）の中で，彼は解析幾何をこの世の中に導入した．

解析幾何の基本概念——デカルトがある朝遅くまで寝床にいて，蠅が天井を横切って飛ぶのを見ていて思いついたといわれている——は，平面上の各点を2本の定直線からの距離を表す2数で記述することであった（図18）．各点の**座標**を表すこれらの数により，デカルトは幾何学的な関係を代数的な式に翻訳することができた．とくに，彼は曲線をある与えられた共通の性質をもつ点の軌跡とみなした．すなわち，曲線上の点の座標を変数と考えることによ

り，その共通の性質をこれらの変数に関する方程式として表すことができた．簡単な例を挙げると，単位円は，中心から単位距離だけ離れたすべての（平面上の）点の軌跡である．座標系の原点に中心を選べば，ピタゴラスの定理を用いて，単位円を表す方程式 $x^2+y^2=1$ が得られる（すでに述べたように，これは一般の 2 次方程式の特別な場合である）．注意すべきことは，デカルトの座標系が直交座標系でなく斜交座標系であったことと，正の座標だけ，つまり第 1 象限の点だけ，を考えていたことである．このことは今日の慣行とは相当な隔たりがあった．

La Géométrie は次の世代の数学者達に多大の影響を与えた．その中に若いニュートンがいた．彼はケンブリッジの学生だったとき，その本のラテン語訳を買い自分で勉強した．デカルトの本は，幾何的な作図と証明とを本質とする古典ギリシャ幾何に終焉をもたらした．その時以来，幾何学は代数学とは不可分なものとなり，また，やがて微積分学とも不可分なものとなった．

ピエール・ド・フェルマーはデカルトと正反対な人物であった．移り気なデカルトが絶えず，落ち着き場所，仕える相手，仕事を変えていたのに対して，フェルマーは不動の典型であった；実際，彼の生涯が大変平穏であったため，彼についての逸話はほとんどない．彼は公務員としての仕事を始め，1631 年にツールーズ市の**高等法院**の一員となり，生涯その地位にあった．彼は自由時間に語学，哲学，文学，詩を学んだ；しかし主に専念したのは数学だっ

た．彼は数学を一種の知的娯楽とみなしていた．彼の時代の数学者の多くは同時に哲学者あるいは天文学者であったが，フェルマーは純粋数学の権化だった．彼の主たる興味は，数学のあらゆる分野の中で"最も純粋な"分野である，整数論だった．彼はこの分野で多くの貢献をしたが，その中に，方程式 $x^n + y^n = z^n$ は $n = 1$ と 2 の場合を除き正整数の解をもたないという命題がある．$n = 2$ の場合の解はピタゴラスの定理と関連して，すでにギリシャ人に知られていた．ある直角三角形の辺の長さが整数の値の長さをもつことを彼らは知っていた：例えば 3，4，5 あるいは 5，12，13 のように（確かに $3^2 + 4^2 = 5^2$，$5^2 + 12^2 = 13^2$）．そこで，x, y, z の高次の累乗に対する同様の方程式が整数解をもつかどうかと問うのはごく自然であった（0，0，0 と 1，0，1 の明白な場合を除く）．フェルマーの答は否であった．3 世紀にアレキサンドリアで書かれた整数論についての古典書，ディオファントス (Diophantos) の *Arithmetica*（算術），をフェルマーは所有していたが，その余白に彼は次のように書いていた："3 乗を二つの 3 乗に分けること，4 乗を二つの 4 乗に，あるいは一般に任意の累乗を二つの同じ累乗に分けることは 3 乗以上では不可能である．私はこのことのすばらしい証明を発見したが，それを書くにはこの余白は狭すぎる"と．多くの試み，多くの誤った"証明"がなされ，何千もの n の特殊な値に対してフェルマーの命題が真であることが示されたにもかかわらず，この一般的な命題は

7 双曲線の面積を求める

証明されないままである．フェルマーの最終定理（"定理"というのはもちろん誤り）という名で知られているこの命題は，数学における最も有名な未解決問題である．[1]

本書の主題にもっと近いところでは，フェルマーは方程式が一般に $y = x^n$（ただし n は正の整数）という形をした曲線の求積に興味をもった．これらの曲線は一般化された放物線と呼ばれることがある（放物線は $n=2$ の場合）．フェルマーは底辺が減少等比数列をなす一連の長方形によって，各曲線の下の面積を近似した．もちろんこれはアルキメデスの取り尽くしの方法と非常によく似ている；しかし先輩とは違って，フェルマーは無限級数の和を求めるのを躊躇しなかった．図19は曲線 $y = x^n$ の $x=0$ から $x=a$ までの部分を示す．$x=0$ から $x=a$ までの区間を点 $\cdots, K, L, M, N$（ここで $ON = a$）により無限個の部分区間に分けることを考えよう．N から始めて後ろ向きに，部分区間が減少等比数列をなすようにすると，$ON = a$, $OM = ar$, $OL = ar^2$, 等々（ここで r は1より小）．すると，これらの点での曲線の高さ（縦座標）は a^n, $(ar)^n$, $(ar^2)^n$, $\cdots$ である．このことから各長方形の面積が求まり，その面積の和が無限等比級数の和の公式を使って簡単に求まる．その結果は公式

$$A_r = \frac{a^{n+1}(1-r)}{1-r^{n+1}} \tag{1}$$

である．ここで，A の下付の添え字 r は，この面積が r の選び方に関係することを示している．[2]

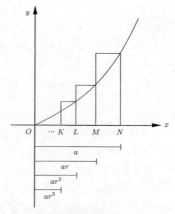

図 19 底辺が減少等比数列をなす一連の長方形で関数 $y = x^n$ の下の面積を近似するフェルマーの方法

フェルマーは, 本当の曲線と長方形とのくい違いを小さくするには, 各長方形の幅を小さくしなければならないと考えた (図 20). これを達成するには公比 r を 1 に近くしなければならない——近ければ近いほど良く合う. 悲しいかな, $r \to 1$ のとき, 式 (1) は不定形 0/0 になる. フェルマーは式 (1) の分母 $1 - r^{n+1}$ が $(1-r)(1+r+r^2+\cdots+r^n)$ と因数分解した形に書けることに注目して, この困難を避けることができた. 分子と分母に共通な因子 $1-r$ を消去すると式 (1) は

$$A_r = \frac{a^{n+1}}{1+r+r^2+\cdots+r^n}$$

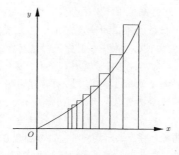

図20 長方形の数を増し長方形の大きさを小さくすることにより,よい近似が得られる.

となる.$r \to 1$ とすると,分母の各項は1に近づき,その結果,公式

$$A = \frac{a^{n+1}}{n+1} \tag{2}$$

が得られる.微積分を学ぶ学生なら,式 (2) が積分公式 $\int_0^a x^n \mathrm{d}x = a^{n+1}/(n+1)$ に他ならないことに気が付くであろう.しかし忘れてならないのは,フェルマーの仕事は1640年頃なされたのであって,ニュートンやライプニッツが積分法の一部としてこの公式を導いたときより三十数年も前のことだということである.[3]

フェルマーの仕事は,1個の曲線だけでなく,正の整数 n に対して方程式 $y = x^n$ で表されるような曲線の族全体の求積を行ったという意味で,大きな前進であった(確認

のため, $n=2$ に対しては上の公式から $A=a^3/3$ が得られるが, これは放物線に対するアルキメデスの結果と一致する). さらに彼の手順を少し修正して, フェルマーは, n が負の整数のときでも, $x=a$ $(a>0)$ から無限大までの面積を考えるとすると, 式 (2) がやはり成り立つことを示した.[4] n が**負**の整数, 例えば $n=-m$ (m は正), のとき, 曲線族 $y=x^{-m}=1/x^m$ が得られる. これを一般化された双曲線と呼ぶことがある. この場合もフェルマーの公式が成り立つということはやはり素晴らしい. なぜなら, 式 $y=x^m$ と $y=x^{-m}$ は, 式で見たところ似ているが, まったく異なる型の曲線を表すからである:前者は至る所連続であるが後者は $x=0$ で無限大となり常にそこで"切れている"(垂直な漸近線をもつ). 始めの結果を得たときの制限 (n は正整数) を取り除いても同じ結果が成り立つと気が付いたとき, フェルマーはどんなに喜んだことであろう.[5]

悲しいかな, 思わぬ障害があった. フェルマーの公式はこの曲線族全体の名前の由来になっている 1 本の曲線——双曲線 $y=1/x=x^{-1}$——に対しては成り立たない. それは, $n=-1$ に対して式 (1) の分母 $n+1$ が 0 となるからである. この大切な場合の説明ができないことへのフェルマーの失望は大きかったに相違ないが, 彼は次のような単純な言葉の裏にそれを隠した:"アポロニウスの双曲線, すなわち 1 次の双曲線 $y=1/x$, を除くこれらすべての無限個の双曲線は, 一貫した一般的な手順に従って等比

数列の方法で求積できるのですよ."[6]

この頑固な例外は,フェルマーよりは有名でない同時代の一人が解決することになる.ベルギーのイエズス会士グレゴワール・サン・ヴァンサン(Grégoireまたは Gregorius de Saint-Vincent, 1584-1667)はいろいろな求積問題の仕事に多くの時間を費やした.とくに円の求積について,彼は仲間に円積屋として知られるようになっていた(この場合の彼の求積法は誤りであることが後に判明するのだが).彼の主要な本 *Opus geometricum quadraturae circuli et sectionum coni*(円と円錐曲線の求積の幾何学的研究,1647)は,サン・ヴァンサンが残して去った何千もの科学論文をまとめたものであった.サン・ヴァンサンは1631年にスウェーデン人が侵攻して来る前に慌ててプラハを逃れるときこの論文を残してきた;彼の同僚の一人がこの論文を回収し10年後に著者に返した.この出版の遅れがサン・ヴァンサンの先取権を確実に認めさせるには障害となったが,$n = -1$ のとき双曲線の下の面積を近似するのに使う長方形が皆**等面積**であることを最初に指摘したのが彼であることは明らかなようである.実際(図21を見よ),N を出発点とし相続く長方形の幅は $a - ar = a(1-r)$,$ar - ar^2 = ar(1-r)$,… であり,N,M,L,… での高さは $a^{-1} = 1/a$,$(ar)^{-1} = 1/(ar)$,$(ar^2)^{-1} = 1/(ar^2)$,… であるから,面積は $a(1-r) \cdot 1/a = 1-r$,$ar(1-r) \cdot 1/ar = 1-r$,等々.このことは,O からの距離が等比数列的に増大するとき,対応す

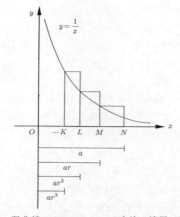

図 21 双曲線へのフェルマーの方法の適用.長方形の底辺が等比数列をなすとき,これらの長方形は等面積となるので,双曲線の下の面積は水平距離の対数に比例するということに,サン・ヴァンサンは気付いた.

る面積は増加分が等しい状態で——すなわち,**算術的**(等差数列的)に——増大することを意味している.そしてこのことは,$r \to 1$ で極限に達するとき(すなわち,離散的な長方形から連続的な双曲線に移行するとき)でも成り立つ.これはさらに,面積と距離の関係が**対数的**であることを意味する.より詳しくは,ある基準定点 $x > 0$(便宜上,普通は $x = 1$ を選ぶ)から変動点 $x = t$ までの双曲線の下の面積を $A(t)$ と書くとき,$A(t) = \log t$ である.サン・ヴァンサンの学生の一人アルフォンソ・アントン・

of Religion. 155

Problem $\frac{n}{n-1} - 1 = a$, which gives $n = \frac{a+1}{a}$; so the Equation to the Hyperbola sought, is $\overline{yx}\Big|^{\frac{a+1}{a}} = 1$.

Let (as before) AC, AH be the Asymtotes of any Hyperbola DLF defined by this Equation $yx^n = 1$, in which the Abscissa $AK = x$, and Ordinate $KL = y$, and n is supposed either equal to, or greater than Unity. 1°. It appears that in all Hyperbola's the interminate Space $CAKLD$ is infinite, and the interminate Space $HAGLF$ (except in the *Apollonian* where $n = 1$) is finite. 2°. In every Hyperbola, one Part of it continually approaches nearer and nearer to the Asymptote AC, and the other part continually nearer to the other Asymptote AH; that is, LD meets with AC at a Point infinitely distant from A, and LF meets with AH at a Point infinitely distant from A.

3°. In two different Hyperbola's DLF, dlf, if we suppose n to be greater in the Equation of dlf, than it is in the Equation of DLF, then LD shall meet sooner with AC than

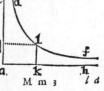

図22 ジョージ・シャイアン（George Cheyene）の本 *Philosophical Principles of Religion*（宗教の哲学原理，London，1734）の中の1ページ．双曲線の求積について論じている．

デ・サラサ（Alfonso Anton de Sarasa, 1618-1667）が
この関係を明白に書き下した.[7] その時まで単に計算の道
具とみなされていた対数に対して，対数**関数**を利用した最
初の記録の一つであった.[8]

このように双曲線の求積は，ギリシャ人が初めてこの問
題に挑んでから約 2000 年後，遂に完成した. しかし，一
つの問題がまだ未解決で残っていた：式 $A(t) = \log t$ は双
曲線の下の面積を変数 t の関数として実際に与えはする
が，何を底とするかが明らかでないからその関数の数値
計算には入れない. 式を実用可能にするには，底を定めな
ければならない. どんな底でもよいのか？ 答は否である.
それは，双曲線 $y = 1/x$ とその下の面積（例えば $x = 1$ か
ら $x = t$ まで）とは底の特別な選び方に無関係に存在する
からである. 状況は円の場合と似ている：面積と半径の間
の一般的な関係は $A = kr^2$ であることは分かっていても，
k の値を任意に選ぶ自由はない. 双曲線の場合も，この面
積を数値的に定めるにはある特別の"自然な"底がなくて
はならない. 第 10 章で述べるように，その底が数 e なの
である.

◇　　◇　　◇

1600 年代の中頃までに，積分の基となる主な概念は数学
界にかなりよく知られていた.[9] 極微量の方法は，不安定
な基盤の上に立ってはいたけれども，多くの曲線や立体に
適用して成功を収めてきた；またアルキメデスの取り尽く

しの方法も，近代的に改良された形で，曲線族 $y = x^n$ の求積問題を解いた．しかし，これらの方法は個々には成功はしたが，まだ一つの統一体系に融合されてはいなかった：それぞれの問題が異なるやり方を必要とし，幾何学的創意，代数的熟練，およびかなりの幸運がないと成功しなかった．望まれていたのは，容易にかつ効率よくこれらの問題を解くことができるような一般的で系統だった手順——アルゴリズム——であった．ニュートンとライプニッツにより，そのような手順が提供されたのである．

注と出典

1. 1994 年に，プリンストン大学の Andrew Wiles が遂にこの定理を証明した．
2. Ronald Calinger, ed., *Classics of Mathematics* (Oak Park, Ill.: Moore Publishing Company, 1982), pp. 336-338 を見よ．
3. 無限積のところですでに出会った John Wallis は，Fermat とほとんど同じ頃，独立に同じ結果に到達した．正整数 n に対する同じ公式はそれ以前に知っていた数学者も何人かいた——Bonaventura Cavalieri (1598-1647 頃), Gilles Personne de Roberval (1602-1675), Evangelista Torricelli (1608-1647) ——彼らはすべて極微量の方法の先駆者だった．この主題については D. J. Struik, ed., *A Source Book in Mathematics, 1200-1800* (Cambridge, Mass.: Harvard University Press, 1969), ch. 4 を見よ．

4. 実際, $n = -m$ に対して式 (2) は負の符号が付いた面積を与える:これは,左から右へ行くとき関数 $y = x^n$ は, $n > 0$ なら増大し $n < 0$ なら減少するからである. 面積を絶対値で考える(距離の場合とまったく同じ)限り,負の符号はいっこうにかまわない.

5. Fermat と Wallis は両方とも後に,式 (2) を n が分数 p/q の場合に拡張した.

6. Calinger, ed., *Classics of Mathematics*, p. 337.

7. Margaret E. Baron, *The Origins of the Infinitesimal Calculus* (1969; 複製版 New York: Dover, 1987), p. 147.

8. 双曲線の面積と対数の関係の歴史については Julian Lowell Coolidge, *The Mathematics of Great Amateurs* (1949; 複製版 New York: Dover, 1963), pp. 141-146 を見よ.

9. 微分の起源については次章で述べる.

8 新しい科学の誕生

[ニュートンの]特異な才能は純粋に知的な問題をその本質を見抜くまでずっと考え続けることができることだった.
——JOHN MAYNARD KEYNES（ジョン・メイナード・ケインズ）

アイザック・ニュートン（Isaac Newton）はガリレオが死んだ年，1642年，のキリスト降誕祭の日（ユリウス暦による）にイギリス，リンカーンシャーのウルスソープで生まれた．この一致には象徴的意味がある．なぜなら，ガリレオがそれより半世紀前に力学の基礎を築いていて，その上にニュートンが雄大な宇宙の数学的記述を建設したのだから．聖書の詩 "一代過ぎればまた一代が起こり，永遠に耐えるは大地"（旧約聖書伝導の書 1:4）がこれ以上的確に予言した現象はなかったといえよう．[1]

ニュートンの幼児時代は，家族の不幸が続いた．アイザックが生まれる数カ月前，父が死んだ；母はやがて再婚したが，第二の夫も間もなく亡くした．若いニュートンは祖母の保護下に置かれた．13歳の時，彼はグラマースクールに行かされ，ここでギリシャ語とラテン語を学んだが，数学はごくわずかしか学ばなかった．1661年ケンブリッジ大学のトリニティ・カレッジの学生となったが，彼の生

涯は決して順調ではなかった.

新入生として彼は語学,歴史,宗教に重点が置かれた当時の伝統的な履修課程を学んだ. いつどのようにして彼の数学に対する興味に火がついたか,正確には分からない. 自分に入手可能だった数学の古典——ユークリッド (Euclid) の *Elements* (幾何学原論),デカルトの *La Géométrie* (幾何学),ウォーリスの *Arithmetica infinitorum* (無限の計算法),ヴィエートやケプラーの著作等——を独力で勉強した. これらの著作に含まれている事実がよく知られている今日でも,どの一冊をとっても読むのはやさしくない. ごく一握りの人にしか数学的教養がなかったニュートンの時代にあっては,確かにそれはやさしいことではなかった. 他人の助けもなく,自分の考えを話す友人もなく,独力でこれらの著作を学んだという事実が,ニュートンという,外界からの刺激なしに偉大な発見をし続ける孤独な天才を作り出す素地を与えていた.[2]

1665年,ニュートンが23歳の時,ペストの発生でケンブリッジ大学は閉ざされた. ほとんどの学生にとってはこれは正規の学業の中断を意味し,将来の履歴を損なうことになるかもしれなかった. この状況は,ニュートンにとっては正反対のことを意味した. 彼はリンカーンシャーの自分の家に戻り,二年間,まったく自由に,宇宙について考え,独自の宇宙観を形造ることができた. この"極上の年月"(彼自身が言った言葉)は彼の生涯で最も実り豊かな年月であった. そしてそれが以後の科学の流れを変える

ことになるのである.[3]

ニュートンの最初の大きな数学的発見の一つに無限級数があった. 第4章で見たように, n が正整数のとき $(a+b)^n$ の展開式は $n+1$ 項の和からなり, その係数はパスカルの三角形から求められる. 1664年から65年にかけての冬, ニュートンはこの展開式を n が分数の場合にまで拡張し, 次の秋, n が負の場合にまで拡張した. ところで, これらの場合, 展開式は無限に多くの項を含む; すなわち**無限級数**となる. これを見るため, パスカルの三角形を前とはちょっと違う形で書いてみよう.

$n=0$: 1 0 0 0 0 0 …
$n=1$: 1 1 0 0 0 0 …
$n=2$: 1 2 1 0 0 0 …
$n=3$: 1 3 3 1 0 0 …
$n=4$: 1 4 6 4 1 0 …

(この "階段状" の三角形は1544年ミハエル・シュティーフェルの *Arithmetica integra* に初めて登場した. この本についてはすでに第1章で触れた.) 念のためもう一度述べると, 覚えていると思うが, 任意の行の j 番目と $j-1$ 番目の数の和がその下の行の j 番目の数となる; すなわち, ⌐↓ という形をなす. 各行の終わりのゼロは展開が有限であることを示しているに過ぎない. n が負の整数の場合を扱うため, ニュートンは逆向き (我々の表では上向き) に表を展開した. すなわち, 各行の j 番目の数とその一つ上の行の $j-1$ 番目の数の**差**を計算して**上**の行の

j 番目の数とするという ↙ という形をとった．各行が 1 から始まるということは知っているとして，彼は次のような配列を得た：

$n = -4$:　1　−4　10　−20　35　−56　84　⋯
$n = -3$:　1　−3　6　−10　15　−21　28　⋯
$n = -2$:　1　−2　3　−4　5　−6　7　⋯
$n = -1$:　1　−1　1　−1　1　−1　1　⋯
$n = 0$:　1　0　0　0　0　0　0　⋯
$n = 1$:　1　1　0　0　0　0　0　⋯
$n = 2$:　1　2　1　0　0　0　0　⋯
$n = 3$:　1　3　3　1　0　0　0　⋯
$n = 4$:　1　4　6　4　1　0　0　⋯

例えば，$n = -4$ の行の 84 はその下の 28 と左の −56 との差である：$28 - (-56) = 84$．この逆向きの展開で得られた結果が n が負の場合に当たり，展開はいつまでも終わらない；有限和でなくて無限級数が得られる．

n が分数の場合を扱うため，ニュートンはパスカルの三角形の数値のパターンを注意深く調べて，ついに "行間を読んで" $n = 1/2$, $3/2$, $5/2$, 等々のときの係数を補うことができるようになった．例えば，$n = 1/2$ に対して彼は係数 1, $1/2$, $-1/8$, $1/16$, $-5/128$, $7/256$, ⋯ を得た．[4] したがって $(1+x)^{1/2}$, すなわち $\sqrt{1+x}$ の展開は無限級数 $1 + (1/2)x - (1/8)x^2 + (1/16)x^3 - (5/128)x^4 + (7/256)x^5 - + \cdots$ である．

ニュートンは負や分数の n に対する 2 項展開の一般化

の証明は与えていない；ただ推測をしただけだった．検証のため，彼は $(1+x)^{1/2}$ の級数をそれ自身に項別に掛けてみた．嬉しいことに結果は $1+x$ になった．[5] またこのようなやり方が間違っていないと知るもう一つの手がかりも得た．$n=-1$ に対してパスカルの三角形の係数は $1, -1, 1, -1, \cdots$ である．式 $(1+x)^{-1}$ を x の累乗に展開するときこれらの係数を使うと，無限級数

$$1-x+x^2-x^3+-\cdots$$

が得られる．ところでこれは初項が1で公比が $-x$ の無限等比級数に過ぎない．初等代数によれば，**公比が -1 と 1 の間にあれば級数は正確に $1/(1+x)$ に収束する**．そこでニュートンは自分の推測が少なくともこの場合には正しいに違いないと思った．同時に，ここでは収束の問題が重要だから，無限級数を有限和と同じように扱うことはできないという警鐘も与えられた．彼は**収束**という言葉は使わなかったが――極限とか収束とかの概念は当時まだ知られていなかった――結果が正しいためには x が十分小さくなければならないということは，はっきりと知っていた．

さてニュートンは2項展開を次のように定式化した：

$$(P+PQ)^{\frac{m}{n}} = P^{\frac{m}{n}} + \frac{m}{n}\cdot AQ + \frac{m-n}{2n}\cdot BQ + \frac{m-2n}{3n}\cdot CQ + \cdots$$

ここで A は展開の初項（すなわち $P^{\frac{m}{n}}$）を表し，B は第2項，等々（これは第4章にある公式と同じである）．ニ

ュートンは 1665 年より以前にこの公式を得ていたが，それを公表したのは 1676 年に英国学士院の事務局長ヘンリー・オルデンバーグ（Henry Oldenburg）宛の手紙の中で，この問題に関するライプニッツからの情報依頼に答えるという形でであった．自分の発見を公表することを渋るのは，ニュートンの生涯を通しての特徴であった．そして，そのことが後にライプニッツとの苦い先取権論争をもたらすことになる．

さて，ニュートンはいろいろな曲線の方程式を変数 x の無限級数として——今日の言い方をすれば x のべき級数として——表すのに 2 項定理を用いた．彼はこれらの級数を単に多項式とみなし，普通の代数の法則に従ってそれを扱った．（これらの法則が必ずしも無限級数に当てはまらないことを今日我々は知っている．しかしニュートンはこの潜在的困難に気付いていなかった．）級数の各項にフェルマーの公式 $x^{n+1}/(n+1)$ を適用（今日の言葉で言えば項別積分）することにより，多数の新しい曲線の面積を求めることができた．

ニュートンが特に興味を持ったのは，図 23 に示す双曲線をグラフとする方程式 $(x+1)y = 1$ であった（これは $xy = 1$ のグラフとまったく同じであるが 1 単位だけ左に平行移動したもの）．この方程式を $y = 1/(x+1) = (1+x)^{-1}$ と書き x の累乗で展開すると，すでに見たように，級数 $1 - x + x^2 - x^3 + - \cdots$ が得られる．双曲線 $y = 1/x$，x 軸，縦線 $x = 1$ と $x = t$ で囲まれる面積が $\log t$ である

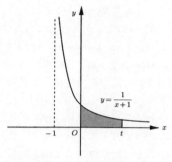

図 23　$x = 0$ から $x = t$ までの双曲線 $y = 1/(x+1)$ の下の面積は $\log(t+1)$ で与えられる.

というサン・ヴァンサンの発見をニュートンは知っていた. これは,双曲線 $y = 1/(x+1)$, x 軸,縦線 $x = 0$ と $x = t$ で囲まれる面積が $\log(t+1)$ であることを意味している(図 23 を見よ). したがって,式
$$(1+x)^{-1} = 1 - x + x^2 - x^3 + - \cdots$$
の各項にフェルマーの公式を適用し,結果を面積の間の等号と考えることにより,ニュートンは注目すべき公式

$$\log(1+t) = t - \frac{t^2}{2} + \frac{t^3}{3} - \frac{t^4}{4} + - \cdots$$

を発見した. この級数は区間 $-1 < t \leqq 1$ のすべての t の値に対して収束するので,理論的には種々の数の対数を計算するのに使うことができる——収束速度が遅いので,そのような計算は実際的ではないが.[6] 例によって,ニュートンは自分の発見を公表しなかったが,今回はそれなり

の理由があった．ホルスタイン（当時デンマーク領）で生まれイギリスで生涯のほとんどを過ごしたニコラウス・メルカトール（Nicolaus Mercator, 1620-1687 頃）[7] は，1668 年に *Logarithmotechnia*（対数術）という題の本を出し，その中にこの級数が初めて現れた（サン・ヴァンサンも独立に発見していた）．ニュートンはメルカトールのこの本のことを知って，この発見に対する栄誉を奪われたと感じ，ひどくがっかりした．人々は，この出来事によって，ニュートンがそれからは彼の発見をただちに公表する気になったはずだと思うであろう．しかし，実際はまるきり逆だった．その時以来，彼は限られた範囲の友人や仲間以外には自分の仕事の成果を打ち明けなくなった．

対数級数の発見者はもう一人いる．メルカトールが本を出したのと同じ年，英国学士院の創始者で初代会長だったウィリアム・ブランカー（William Brouncker, 1620-1684 頃）は，双曲線 $(x+1)y=1$，x 軸，縦線 $x=0$ と $x=1$ で囲まれる面積が，無限級数 $1-1/2+1/3-1/4+-\cdots$，あるいは二つずつまとめた級数 $1/(1\cdot2)+1/(3\cdot4)+1/(5\cdot6)+\cdots$ によって与えられることを示した（前者の級数を 2 項ずつ足すと後者の級数が得られる）．この結果はメルカトールの級数の特殊な場合 ($t=1$) である．ブランカーは実際にこの級数の非常に多数の項を足して 0.69314709 という値に達し，それが $\log 2$ に"比例"しているということを認識した．現在我々は，双曲線の求積の際の対数は自然対数（すなわち e を底とする対数）だ

から，"比例"というが実は"等しい"ということを知っている．

対数級数の発見者が誰かについての混乱は，微積分法の発明直前の時代をよく表している．当時は多くの数学者が独立に同じような着想をもって研究をし，同じ結果に到達していた．その発見の多くが本や雑誌に公表されず，小グループの仲間や学生にパンフレットや個人的書簡の形で伝えられていた．ニュートン自身もこのようにして自分の発見の多くを知らせていたが，それが彼にとって，また広く科学界にとって不幸な結果をもたらすことになるのだった．幸いにも，対数級数の場合は深刻な先取権争いは起きなかった．ニュートンの気持ちがすでにもっと大きな発見——微積分法——に移っていたからである．

"微積分法（calculus）"という名前はその二つの主な分野である"微分計算と積分計算"の省略である（微小量解析とも呼ばれる）．**計算法**（calculus）という語は数学のこの特別な分野とは関係がない；広い意味で，数にしろ抽象的な記号にしろ数学的対象物を体系的に扱うことを表す．ラテン語の *calculus* は小石という意味で，数学とのつながりは数を数えるとき石を使ったことから来ている——馴染みのそろばんの原型．（この語の語源は calc または calx で石灰という意味．カルシウム（calcium）やチョーク（chalk）という語もここから来ている．）calculus を微分計算と積分計算という限られた意味に用いたのはライプニッツである．ニュートンはこの語を使わず，代わり

に自分の発明を"流率法"と呼ぶのを好んだ.

微分法とは，変動する量の変化，もっと具体的にいうと**変化率**，を研究するものである．我々の周りの物理現象のほとんどは，動く車の速度，温度計の温度の読み，電気回路を流れる電流のように，時間と共に変化する量を含んでいる．今日ではそのような量を変数，変量などと呼ぶ；ニュートンはそれに**流れ**（fluent）という用語を使った．微分法は変数の変化率，ニュートンの言い方をすれば与えられた流れの**流率**，を求めることを目的としている．彼の言葉の選び方から彼の考え方が分かる．ニュートンは数学者であるとともに物理学者でもあった．彼の世界観は動力学的で，すべてのものは既知の力の作用によって引き起こされる連続的な運動の状態にあるとした．もちろん，こういう見方はニュートンに始まるのではない；すべての運動を力の作用によって説明しようという企ては古代に遡る．そして 1600 年代の初頭，ガリレオが力学の基礎を築いた時，最高潮に達した．しかし，おびただしい観測事実を一つの大理論——万有引力の法則——にまとめたのはニュートンであった．彼は 1687 年に初めて出版された彼の *Philosophiae naturalis principia mathematica* （自然哲学の数学的諸原理）の中で万有引力の法則について明確に述べた．彼の微分法の発明は，物理における彼の仕事とは直接関係ない（*Principia* の中ではそれをほとんど使わず，使うときには推論を注意深く幾何学的な形式に整えていた)[8] が，動力学的な宇宙観に影響されて微分法を発

明したことは疑いない.

ニュートンの出発点は，互いに関係し合う二つの変数を方程式によって考えることであった．例えば $y = x^2$（今日，このような関係を**関数**と呼び，y が x の関数であることを示すために $y = f(x)$ と書く）．そのような関係は，xy 平面のグラフで表される（上の例では，放物線）．ニュートンは関数のグラフを動点 $P(x, y)$ が作り出す曲線と考えた．P が曲線を辿るとき，x 座標と y 座標は両方共時間と共に連続的に変化する；時間そのものは一様な速さで"流れる"と考えた——ここから**流れ**という語が生まれた．ニュートンはこうして時間に関する x と y の変化率，すなわち流率，を求める仕事に取りかかった．"隣り合う"二つの瞬間に x の値と y の値がどれだけ変化するか，すなわちそれぞれの差，を考えて，これを経過時間で割った．最後の重要なステップが経過時間を 0 に等しいとおくこと——あるいは，もっと正確に言うと，無視できるほど小さいとおくこと——であった．

関数 $y = x^2$ についてこれを考えてみよう．小さな時間 ε を考える（ニュートンは実際には文字 O を使ったが，この記号はゼロに似ているので我々は ε を使うことにする）．この時間の間に，x 座標は $\dot{x}\varepsilon$ だけ変化する，ここで $\dot{x}$ は x の変化率，すなわち流率，を表すニュートンの記号である（この記号は"ドット記号"という名で知られるようになった）．y の変化も同様に $\dot{y}\varepsilon$ である．方程式 $y = x^2$ の x に $x + \dot{x}\varepsilon$ を，y に $y + \dot{y}\varepsilon$ を代入すると，$y +$

$\dot{y}\varepsilon = (x + \dot{x}\varepsilon)^2 = x^2 + 2x(\dot{x}\varepsilon) + (\dot{x}\varepsilon)^2$ となる. $y = x^2$ だから, 左辺の y と右辺の x^2 を打ち消して $\dot{y}\varepsilon = 2x(\dot{x}\varepsilon) + (\dot{x}\varepsilon)^2$ が得られる. 両辺を ε で割ると, $\dot{y} = 2x\dot{x} + \dot{x}^2\varepsilon$ となる. 最後に ε を 0 に等しいとおくと, $\dot{y} = 2x\dot{x}$ が残る. これがそれぞれ時間の関数である二つの流れ x と y の流率の間の関係, あるいは今風にいえば 2 変数 x と y の変化率の間の関係, である.

ニュートンは"流率法"がどう働くかについて, いくつかの例を与えている. この方法は完全に一般的である: 方程式により互いに関係し合う任意の二つの流れに適用できる. 上に示した手順に従い, 変数の流率, すなわち変化率, の間の関係が得られる. 練習問題として読者もニュートンの例の中の一つ, 3 次方程式 $x^3 - ax^2 + axy - y^3 = 0$ の場合を試してみるとよい. x と y の流率に関して得られる式は

$$3x^2\dot{x} - 2ax\dot{x} + ax\dot{y} + ay\dot{x} - 3y^2\dot{y} = 0$$

である. この式は放物線の場合より少し複雑であるが, 同じ目的に役立つ: 曲線上の各点 $P(x, y)$ において x の変化率を y の変化率で表すこと (あるいはその反対) ができる.

ところで, 流率法には変数の時間に関する変化率を求めるということ以上のことが含まれている. y の流率を x の流率で割る (すなわち, 比 $\dot{y}/\dot{x}$ を計算する) と, x に関する y の変化率が求まる. ところで, この量は幾何学的に簡単な意味を持つ: 曲線上の各点における曲線の傾

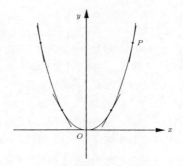

図 24 放物線 $y = x^2$ の接線

斜の程度を表す尺度である．もう少し正確に言うと，比 $\dot{y}/\dot{x}$ は点 $P(x, y)$ における曲線の接線の傾きである．ここで**傾き**という語でその点における勾配（縦横比）を表す．例えば，放物線 $y = x^2$ に対して二つの流率の間の関係は $\dot{y} = 2x\dot{x}$ であった．したがって $\dot{y}/\dot{x} = 2x$. このことは，この放物線上の各点 $P(x, y)$ における接線はその点の x 座標の値の 2 倍に等しい傾きをもつ，ことを表している．$x = 3$ のとき，傾きすなわち勾配は 6 である；$x = -3$ のとき，傾きは -6 である（負の傾きは我々が左から右に移動するとき曲線が下降することを示す）；$x = 0$ のとき，傾きは 0 である（これは放物線が $x = 0$ で水平な接線をもつことを表している）；等々（図 24 を見よ）．

最後の点を重視しよう．ニュートンは時間と共に変化する x と y を考えたにもかかわらず，最後には時間に関係しない純粋に幾何学的な流率の解釈に至った．考えを整理

するための補助として時間の概念を必要としただけだった．ニュートンは数多くの曲線に自分の方法を適用して，傾き，最高点と最低点（最大点と最小点），曲率（曲線の方向の変化率），変曲点（曲線が上に凹から下に凹に変わる点，あるいはその逆）等々，接線に関係するすべての幾何学的性質を求めた．接線に関係しているため，流れの流率を求める過程は，ニュートンの時代には**接線法**と呼ばれた．今日ではこの過程を**微分**と呼び，関数の流率のことを**導関数**と呼ぶ．ニュートンのドット記号も生き残らなかった；物理ではまだ時々使うことがあるが，それ以外では今日もっと効率のよいライプニッツの微分記法を使う．これについては次の章で述べる．

ニュートンの流率法はまったく新しい考えというわけではなかった．積分の場合と同様，それはすでにかなりの間何となく使われていた．フェルマーやデカルトもいくつか特別な場合にそれを使った．ニュートンの発明が大事なのは，実用上すべての関数の変化率を求められる**一般的手順**——アルゴリズム——を用意した点にある．現在標準的な微積分コースの一部になっている微分法則のほとんどは彼が発見したものである；例えば，$y = x^n$ のとき $\dot{y} = nx^{n-1}\dot{x}$（ここで n は任意の数，正でも負でも，整数でも分数でも，無理数でもよい）．先輩達が道を敷いたのであったが，その考えを強力で普遍的な道具に変え，それがたちまち科学のほとんどすべての分野に適用されて多大の成功を収めるようにしたのはニュートンであった．

次に，ニュートンは接線問題の逆を考えた：流率が与えられたとき流れを求める問題．一般的にいって，これはもっともむずかしい問題である——割り算が掛け算よりむずかしく，平方根を求める方が2乗するよりむずかしいように．簡単な場合には"推測"で結果を求めることができる；例えば流率 $\dot{y} = 2x\dot{x}$ が与えられたとき，流れ y を求めよ．一つの明らかな答が $y = x^2$ であるが，$y = x^2 + 5$ もまた答であるし，$x^2 - 8$ も答である；実際，c を任意の定数として $x^2 + c$ が答である．理由は，これらすべての関数のグラフが $y = x^2$ を上下に移動することによって得られるので，x の与えられた値における傾きは等しいからである（図25）．このように，ある与えられた流率には任意定数だけ異なる無限に多くの流れが対応する．

$y = x^n$ の流率は $\dot{y} = nx^{n-1}\dot{x}$ であることを示した後，ニュートンは次にこの公式を逆にして次のように使った：流率が $\dot{y} = x^n\dot{x}$ であるとき，流れ（加法的定数を除いて）は $y = x^{n+1}/(n+1)$ である（微分によりこの結果を確かめることができる．その結果は $\dot{y} = x^n\dot{x}$）．この公式はまた，n が整数の場合だけでなく分数の場合にも成り立つ；ニュートンの例の中の一つに，$\dot{y} = x^{1/2}\dot{x}$ に対する $y = (2/3)x^{3/2}$ がある．しかし，$n = -1$ に対しては，分母が0になるから，この公式は成り立たない．それは流率が $1/x$ に比例する場合であり，フェルマーが双曲線の面積を求めようとしてできなかったのとちょうど同じ場合に当たる．ニュートンはこの場合の結果が対数を含むこ

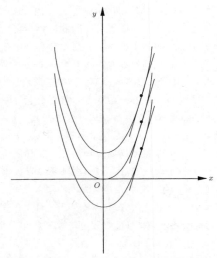

図 25 曲線が上下に移動しても接線の傾きは変わらない.

とを知っていた(どのようにして知ったかはすぐ説明する);彼はこれを"双曲線の対数"と呼び,ブリッグズの"常用"対数と区別した.

今日では,与えられた流率に対する流れを求める過程を**不定積分**,あるいは**逆微分**と呼ぶ.与えられた関数を積分した結果が不定積分,あるいは逆微分である("不定"というのは,任意の積分定数の存在に関係する).ニュートンは微分と積分の法則をただ用意しただけではなかった.曲線 $y = x^n$ の下で $x = 0$ から $x > 0$ までの面積が式

$x^{n+1}/(n+1)$ で表されるというフェルマーの発見を思い出そう——$y = x^n$ の不定積分にも同じ式が現れる.面積と不定積分の間のこの関係が偶然の一致でないことに,ニュートンは気が付いた;いいかえれば,接線の問題と面積の問題という二つの微積分の基本的な問題は逆の問題であることを,ニュートンは理解した.これが微分積分学の最も重要な点である.

関数 $y = f(x)$ が与えられると,x の与えられた一定の値 $x = a$ からある変化する値 $x = t$ までの $f(x)$ のグラフの下の面積を表す新しい関数 $A(t)$ を定義することができる(図26).この新しい関数を元の関数の**面積関数**と呼ぼう.t の値が変化するとき——すなわち,点 $x = t$ を右や左に動かすとき——グラフの下の面積も変わるから,面積関数は t の関数である.ニュートンが気が付いたことは結局次の通りである:**各点 $x = t$ における t に関する面積関数の変化率は元の関数のその点における値に等しい**.現代の言葉で言うなら,$A(t)$ の導関数は $f(t)$ に等しいということになる.しかし,これはまた $A(t)$ が $f(t)$ の不定積分であることも意味している.このように,グラフ $y = f(x)$ の下の面積を求めるためには,$f(x)$ の不定積分を求めなければならない(ここで変数 t を x で置き換えた).この意味で二つの過程——面積を求めることと導関数を求めること——は互いに逆である.今日この逆の関係は**微積分学の基本定理**と呼ばれている.2項定理の時と同様,ニュートンは基本定理について形式的な証明は与えな

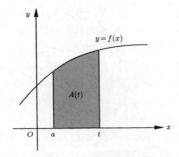

図26 $x=a$ から $x=t$ までの $y=f(x)$ のグラフの下の面積は t の関数であり,それを $A(t)$ で表す.

かったが,彼は十分に本質を摑んでいた.ニュートンの発見は実際に微積分学の二つの分野——その時まで別々で関係のない主題と思われていた——をただ一つの統一された分野に合体させたのである(基本定理の証明の概略を付録3に記す).

このことを一つの例で説明しよう.$x=1$ から $x=2$ までの放物線 $y=x^2$ の下の面積を求めたいとする.まず必要なことは $y=x^2$ の不定積分を求めることである;x^2 の不定積分(複数個あることに注意)が $y=x^3/3+c$ で与えられ,したがって面積関数は $A(x)=x^3/3+c$ であることをすでに知っている.c の値を定めるとき,$x=1$ が区間の始めの点だから,$x=1$ における面積は 0 でなければならないことに注意する.したがって $0=A(1)=1^3/3+c=1/3+c$,ゆえに $c=-1/3$.この値を $A(x)$ の式に入

れ直すと，$A(x) = x^3/3 - 1/3$ となる．この最後の式に $x = 2$ を代入すると，$A(2) = 2^3/3 - 1/3 = 8/3 - 1/3 = 7/3$ と求める面積が得られる．取り尽くし法，あるいは極微量の方法を使ってこの結果を得るにはどのくらい骨が折れるか考えてみると，積分法の大きな利点が分かる．

微積分の発明は，2000 年前にユークリッドが *Elements*（幾何学原論）の中で古典幾何学の主要部分を編纂して以来の，数学における唯一最重大の出来事であった．これが数学者の考え方，研究の方法を永久に変えることになる．そして，この強力な方法は，純粋科学・応用科学のほとんどすべての分野に影響を及ぼすことになる．それにもかかわらず，論争に巻き込まれることを一生涯嫌ったニュートンはこの発明を公表しなかった（光の性質についての彼の考えに対する批判で，彼はすでに傷ついていた）．ケンブリッジの彼の学生や身近な仲間達に非公式に伝えるだけだった．1669 年，彼は学術論文 *De analysi per aequationes numero terminorum infinitas*（無限個の項をもつ方程式による解析）を書いた．そしてそれを彼のケンブリッジの先生であり同僚でもあるアイザック・バロー（Isaac Barrow, 1630-1677）に送った．ニュートンが学生としてケンブリッジに来たとき，バローはケンブリッジの数学のルカス講座教授だった．その光学と幾何学の講義は若い科学者ニュートンに大きな影響を与えた（接

線問題と面積問題の逆の関係についてバローは知っていたが,ニュートンの解析的方法と対照的に,厳密に幾何学的な方法を使っていたため,逆の関係の意義を十分には理解していなかった).バローは後にこの名誉ある講座を辞すことになる.その表面上の理由は,ニュートンがその講座を占めることができるようにということであったが,本当は,大学の管理運営や政治に携わりたかったからしい(その名誉ある講座の教授職にある者は大学行政に携わることを禁じられていた).バローに勇気づけられ,ニュートンは1671年に自分の発明の改良版 *De methodis serierum et fluxionum*(級数と流率の方法について)を書いた.1704年になってやっとこの重要な仕事の概要が出版されたが,それもニュートンの主著 *Opticks*(光学)の付録としてであった(主題と無関係な題材について本に付録を付けることは,当時ごく普通に行われていた).しかし,主題の十分な解説が一冊の本として初めて出版されたのは,ニュートンが85歳で死んでから9年後の1736年だった.

このように半世紀以上もの間,現代数学の最も重要な発展がイギリスではケンブリッジを中心とする学者や学生の小さなグループだけに知られていた.ヨーロッパ大陸では,微積分の知識——およびそれを使う能力——は始めはライプニッツと二人のベルヌーイ兄弟に限られていた.[9] したがって,ヨーロッパの第一流の数学者で哲学者の一人ライプニッツが1684年に彼の流儀の微積分学の本を出版

したとき，ヨーロッパ大陸の数学者で彼の発明が本当に独創的なのかどうかを疑う人はほとんどいなかった．ライプニッツがニュートンの着想の一部を借りたのではないかという疑問が起きたのは約 20 年後だった．ニュートンがぐずぐずしていたため何が起こったのかは今や明らかになっている．先取権論争が噴出せんばかりとなり，衝撃波となってその後の 200 年間科学界に鳴り響くことになった．

注と出典

1. 大変有名なこの現代の数学者の生涯と業績については，あらゆる角度から完全に研究され文書に記録されている．そのため，Newton の数学的発見を扱う本章では特別な注を挙げない．Newton に関するたくさんの本の中で最も権威があるのは，おそらく Richard S. Westfall, *Never at Rest: A Biography of Isaac Newton* (Cambridge: Cambridge University Press, 1980) であるが，これには長い文献に関する評も含まれている．また *The Mathematical Papers of Isaac Newton*, ed. D. T. Whiteside, 全 8 巻 (Cambridge: Cambridge University Press, 1967-84) もある．

2. もう一人の最近の隠遁者 Albert Einstein が思い出される．Newton も Einstein も晩年になって世の中に著名な人物となり，科学的業績が減ると共に政治的社会的事柄に巻き込まれるようになった．Newton は 54 歳のとき王立造幣局監事の職を提供され受け入れた．(後に王立造幣局長にもなる．) また 61 歳の時には英国学士院会長に選ばれ，死ぬまで

その地位にあった．Einstein は 73 歳の時イスラエル大統領の職に就くよう申し出を受けたがその名誉を断った．

3. 再び Einstein のことが想起される．彼はベルンにあるスイス特許局での隠遁的な日常の仕事を楽しんでいるとき，特殊相対性理論を作った．

4. この係数は $1, 1/2, -1/(2\cdot4), (1\cdot3)/(2\cdot4\cdot6), -(1\cdot3\cdot5)/(2\cdot4\cdot6\cdot8), \cdots$ と書ける．

5. 実際には，Newton は級数 $(1-x^2)^{1/2}$ を使った（これは $(1+x)^{1/2}$ の級数の x を $-x^2$ で置き換えれば得られる）．この特別な級数への興味は，関数 $y=(1-x^2)^{1/2}$ が単位円 $x^2+y^2=1$ の上半分を表していることから生じた．この級数はすでに Wallis には知られていた．

6. しかし，この級数の変種 $\log(1+x)/(1-x) = 2(x+x^3/3+x^5/5+\cdots), (-1<x<1)$ はもっと速く収束する．

7. この Mercator は，Mercator 図法で有名なフランドルの地図学者 Gerhardus Mercator (1512-1594) とは関係ない．

8. その理由については，W. W. Rouse Ball, *A Short Account of the History of Mathematics* (1908; 複製版 New York: Dover, 1960), pp. 336-337 を見よ．

9. 同上，pp. 369-370. 再び Einstein のことが想起される．彼が 1916 年に一般相対性理論を発表したとき，わずか 10 人の科学者にしか理解されなかったといわれている．

9 大 論 争

　もし一つの記号体系に限らなければならないとしたら，流率の記号よりライプニッツが発明したものの方が微小量計算が適用される大抵の目的にもっとよく適合することは間違いない．（変分計算のように）ライプニッツの記号が欠くことのできないものもある．
　　——W. W. ROUSE BALL（ラウス・ボール），*A Short Account of the History of Mathematics*（数学史略説，1908）

　ニュートンとライプニッツは一緒にして微積分学の共同発明者といわれるのが常である．しかし，二人は性格的にはほとんど似たところがなかった．ゴットフリート・ヴィルヘルム・フォン・ライプニッツ（Gottfried Wilhelm von Leibniz あるいは Leibnitz）男爵は 1646 年 7 月 1 日ライプチッヒで生まれた．哲学の教授の息子だった若いライプニッツは，やがて強い知的好奇心を示すようになった．彼の興味は，数学の他に，言語学，文学，法律，とりわけ哲学，などを含む広範囲にわたった．（数学と物理学以外のニュートンの興味は神学と錬金術だった．ニュートンの業績として我々がよく知っているのは科学の研究であるが，彼はそれにかけたのと同じくらい多くの時間をこれら科学

以外の主題に費やした.）隠遁的なニュートンとは違って，ライプニッツは社交的で，よく人と交わり，人生の喜びを味わうことを好んだ．彼は一度も結婚しなかった．これはおそらく，数学への興味を別にすれば，ニュートンと共通する唯一の特徴である．

ライプニッツの数学への貢献の中で，微積分学の他に，組合せ論の研究，2進法（二つの数字0と1だけを使うシステムで，今日の計算機の基礎）に気付いたこと，掛け算と足し算のできる計算器を発明したこと（その約30年前パスカルは足し算だけができる機械を作っていた）を挙げておかなければならない．哲学者として彼は，すべてが理性と調和に従う合理的な世界の存在を信じていた．すべての推論がアルゴリズムに従って計算で進められるような形式的論理体系を開発しようと試みた．およそ2世紀後この考えをイギリスの数学者ジョージ・ブール（George Boole, 1815-1864）が取り上げ，記号論理学として今日知られているものの基礎を築いた．これらのさまざまな興味を通して共通の糸，すなわち形式的に記号化に没頭すること，が一本貫いているのが見られる．数学においては，よい記号や記号体系の選択が記号で表現すべき内容と同様に大切である．微積分学もその例外ではない．これから見ていくように，ライプニッツの方が形式的記号の使い方に一日の長があったため，彼の微積分法の方がニュートンの流率法より優れたものとなったのであろう．

ライプニッツの若い頃の職業は法律家と外交官だった．

マインツの選帝侯は彼をその両方の資格で雇い，いろいろな使命で彼を外国に派遣した．1670 年，ドイツがフランスのルイ XIV 世が侵入してくるという恐怖に捕われていたとき，外交官ライプニッツは少し変わった策を考え出した：すなわち，フランスの注意をヨーロッパから逸らせてエジプトを占領させ，そこから東南アジアのオランダの領地を攻めさせるという策である．この計略は彼の主人の賛同を得られなかったが，1 世紀以上後ナポレオン・ボナパルト（Napoléon Bonaparte）がエジプトに侵攻したときには似たような策が実際に行われた．

フランスとの緊張関係にもかかわらず，ライプニッツは 1672 年にパリに行き，以後 4 年間，この美しい都市に溢れる知的な，そして社交的な快楽を十分に吸収した．ここで，彼はヨーロッパの第一流の数理物理学者クリスチアン・ホイヘンス（Christiaan Huygens, 1629-1695）に会った．ライプニッツはホイヘンスから幾何学を学ぶよう奨められた．1673 年 1 月，彼は外交の使命を帯びてロンドンに派遣され，そこでニュートンの仲間何人かと会った．この中には英国学士院事務局長ヘンリー・オルデンバーグ（Henry Oldenburg，およそ 1618-1677）と数学者ジョン・コリンズ（John Collins, 1625-1683）もいた．1676 年 2 度目の短期訪問の際，コリンズはアイザック・バロー（p. 147 を見よ）から入手したニュートンの *De analysi*（解析について）の写しをライプニッツに見せた．このことがニュートンとライプニッツの間の先取権

論争の焦点となるのである.

ライプニッツは 1675 年頃初めて彼の微分法と積分法を思いつき, 1677 年までには十分発展した, 実用的な体系を有していた. 彼のやり方はニュートンとはその出発点から異なっていた. すでに見たように, ニュートンの考えは物理学に根ざしていた: 彼は, 流率を, 曲線 $y = f(x)$ を描いて連続運動する動点の変化率, すなわち速度とみなした. 物理学というより哲学に近いところにいたライプニッツは, もっと抽象的に自分の考えを形作っていた. 彼は**微分**(変数 x と y の値の小さな増分)を用いて考えを進めていた.

図 27 は関数 $y = f(x)$ のグラフとその上の点 $P(x, y)$ を示す. P においてグラフに接線を引き, 接線上に隣接点 T を考える. すると小さな三角形 PRT ができる. これをライプニッツは**特性三角形**と呼んだ; 辺 PR と RT は P から T へ動くときの x 座標と y 座標の増分である. ライプニッツはこれらの増分を, それぞれ, dx と dy と記した. dx と dy が十分小さければ, P におけるグラフの接線は P の近くでグラフそのものとほとんど同じになるであろうと彼は論じた; もっと正確には, **線分 PT は曲線分 PQ とほとんど一致する**(ここで, Q は, T の真上か真下にあるグラフ上の点)と. P における接線の傾きを求めるには, 特性三角形の縦横比, すなわち比 dy/dx, を求めさえすればよい. dx と dy は小さな量(無限に小さいと考えたこともある)だから, その比は P における

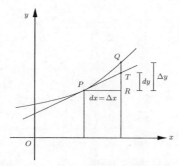

図 27 ライプニッツの特性三角形 PRT. 比 RT/PR, すなわち dy/dx, は P における曲線の接線の傾きである.

接線の傾きを表すだけでなく, P における**グラフそのもの**の傾きも表すとライプニッツは論じた. したがって, 比 dy/dx は, ニュートンの曲線の流率すなわち変化率に対応するライプニッツのものであった.

ライプニッツのこの論法には根本的な欠点がある. 接線は P の近くで曲線とほとんど同じになるが, **一致はしない**. 両者が一致するのは, 点 P と T が一致するとき, すなわち特性三角形が 1 点に縮むとき, だけである. しかし, そのときには辺 dx と dy は両方とも 0 になり, その比は不定形 $0/0$ となる. 今日では傾きを**極限**によって定義することにより, この難点をうまく切り抜けている. 再び図 27 を参照して, グラフ上に隣接する 2 点 P と Q を選び, 擬似三角形 PRQ (実際には曲線図形) の辺 PR

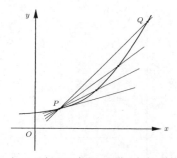

図 28 点 Q が点 P に向かって動くとき,割線 PQ は P における接線に近づく.

と RQ を,それぞれ,Δx と Δy と書く(Δx は dx に等しく,Δy は dy とわずかに異なることに注意せよ;図 27 において Q が T の上にあるから Δy は dy より大きい).ところで,P と Q の間のグラフの縦横比は $\Delta y/\Delta x$ である.Δx と Δy の両者を 0 に近づけると,この比はある極限値に近づくであろう.今日 dy/dx と書くのがこの極限である.記号的には $dy/dx = \lim_{\Delta x \to 0} (\Delta y/\Delta x)$.

要約しよう.ライプニッツが dy/dx と書き,二つの小さな増分の比と考えたものを,今日では $\Delta y/\Delta x$ と書く.幾何学的には,比 $\Delta y/\Delta x$ ——**差商**——は P と Q の間の**割線**の傾きである(図 28 を見よ).Δx が 0 に近づくとき,点 Q はグラフに沿って P に向かって戻り,割線はわずかに回転しながら,ついには極限で接線に一致する.[1] 我々が dy/dx と記すのは接線の傾きであり,***x*** に関する

y の**導関数**と呼ばれる.[2]

このように,関数の傾き,あるいは変化率,を定義するには極限の概念が欠かせないことが分かる.しかしライプニッツの時代には極限の概念はまだ知られていなかった.いくら小さくとも,有限である二つの量の比というものと,それら二つの量が0に近づくときの比の**極限**とは異なるものであるが,その違いが大きな混乱を引き起こし,微分法の基礎そのものについて深刻な問題を呼び起こした.この問題がすっかり解決したのは,19世紀になって極限の概念に確固たる基礎づけがなされてからであった.

ライプニッツの考えがどのように働くか説明するため,現代的な記号を使って関数 $y = x^2$ の導関数を求めてみよう.x が Δx だけ増加するとき,y の対応する増分は $\Delta y = (x + \Delta x)^2 - x^2$ で,展開して整理すると $\Delta y = 2x\Delta x + (\Delta x)^2$ となる.したがって差商 $\Delta y/\Delta x$ は $[2x\Delta x + (\Delta x)^2]/\Delta x = 2x + \Delta x$ に等しい.Δx が 0 に近づくとき,$\Delta y/\Delta x$ は $2x$ に近づく.我々が dy/dx と書くのはこの最後の式である.この結果を一般化することができる:$y = x^n$(ここで n は任意の数)のとき,$dy/dx = nx^{n-1}$.これはニュートンが流率法を使って得た結果と同じである.

ライプニッツの次のステップは,いろいろな関数の組み合わせの導関数を求める一般法則を導くことであった.今日これらは微分法則という名で知られ,標準的な微積分学の教科の核心をなしている.ここで現代的な記号を使って

これらの法則を要約しておく.
1. 定数の導関数は 0 である. 定数関数のグラフは水平な直線でその傾きは至る所 0 であることから明らかである.
2. 関数を定数倍したものを微分するには, もとの関数を微分しその結果に定数を掛ければよい. 記号で書くなら, $y = ku$ (ここで $u = f(x)$) のとき, $dy/dx = k(du/dx)$. 例えば, $y = 3x^2$ のとき $dy/dx = 3 \cdot (2x) = 6x$.
3. y が二つの関数 $u = f(x)$ と $v = g(x)$ の和であるとき, 導関数は個々の関数の導関数の和になる. 記号で書くなら, $y = u + v$ のとき $dy/dx = du/dx + dv/dx$. 例えば, $y = x^2 + x^3$ のとき $dy/dx = 2x + 3x^2$. 二つの関数の差についても同様の法則が成り立つ.
4. y が二つの関数の積 $y = uv$ であるとき, $dy/dx = u(dv/dx) + v(du/dx)$.[3] 例えば, $y = x^3(5x^2 - 1)$ のとき $dy/dx = x^3 \cdot (10x) + (5x^2 - 1) \cdot (3x^2) = 25x^4 - 3x^2$ (もちろん, $y = 5x^5 - x^3$ と書き各項を別々に微分しても同じ結果が得られる). 二つの関数の比に対してはもう少し複雑な法則が成り立つ.
5. y が変数 x の関数で x 自身が他の変数 t (たとえば時間) の関数であるとしよう: 記号で書けば $y = f(x)$, $x = g(t)$. これは y が t の間接的関数, すなわち**合成関数**であることを意味する: $y = f(x) = f(g(t))$. このときには, t に関する y の導関数は二つの成分関数の導関

数を掛けることにより求められる：$dy/dt = (dy/dx) \cdot (dx/dt)$. これが有名な"鎖律"である. 見掛け上は使い慣れた分数の約分に過ぎないように見えるが，"比" dy/dx と dx/dt は実は比の**極限**であって，それぞれの分子と分母を0に近づけることによって求まるということを忘れてはならない. 鎖律はライプニッツの記号が大変有用であることを示している：我々は記号 dy/dx を**あたかも二つの量の実際の比であるかのごとくに扱う**ことができるからである. ニュートンの流率法はこれだけの表現力をもっていない.

鎖律を利用する例として，$y = x^2$, $x = 3t + 5$ を考えよう. dy/dt を求めるには，単に"成分"導関数 dy/dx と dx/dt を求めそれらを掛ければよい. $dy/dx = 2x, dx/dt = 3$ であるから，$dy/dt = (2x) \cdot 3 = 6x = 6(3t+5) = 18t + 30$ である. もちろん，式 $x = 3t + 5$ を y に代入して，その結果を展開し，項別に微分することによっても同じ結果が得られる：$y = x^2 = (3t+5)^2 = 9t^2 + 30t + 25$, したがって $dy/dt = 18t + 30$. この例では二つの方法はほとんど同じくらいの長さである. しかし，もし $y = x^2$ の代わりに例えば $y = x^5$ とすると，dy/dt を直接計算したのでは長ったらしい. これに反して，鎖律を適用すれば $y = x^2$ の場合とまったく同じように簡単にできる.

この法則が実際的な問題を解くのにどう使われるか説明しよう. 船が正午に港を離れ，船首を真西に向けて時速10マイルで進む. 港の北5マイルに灯台がある. 午後

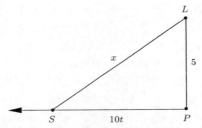

図 29 微積分法の助けを借りて簡単に解ける数多く
の問題の一つ：与えられた方向に与えられた速度で進
む船 S が灯台 L から遠ざかる速度を求める．

1 時にどれだけの速度で船は灯台から遠ざかっているか？
時刻 t における灯台から船までの距離を x と書けば（図 29），ピタゴラスの定理により $x^2 = (10t)^2 + 5^2 = 100t^2 + 25$ であるから $x = \sqrt{100t^2+25} = (100t^2+25)^{1/2}$．この式において，距離 x は時刻 t の関数になっている．t に関する x の変化率を求めるため，x を二つの関数 $x = u^{1/2}$ と $u = 100t^2 + 25$ の合成とみなす．鎖律により $dx/dt = (dx/du) \cdot (du/dt) = (1/2u^{-1/2}) \cdot (200t) = 100t \cdot (100t^2 + 25)^{-1/2} = 100t/\sqrt{100t^2+25}$．午後 1 時には $t = 1$ だから時速 $100/\sqrt{125} \approx 8.944$ マイルという変化率が得られる．

微積分法の第二部は積分法であるが，ここで再びライプニッツの記号はニュートンの記号より優れていることが分かった．関数 $y = f(x)$ の不定積分に対する彼の記号は $\int y dx$ である．ここで長く伸びた S は（不定）**積分**と

呼ばれる（dx は積分の変数が x であることを示しているに過ぎない）．例えば，$\int x^2 dx = x^3/3 + c$（結果を微分することにより確かめられる）．積分定数 c は，与えられた任意の関数が無限に多くの不定積分をもつ（任意定数を足すことによって，一つの関数から他の関数が得られる；p.143 を見よ）という事実に由来する；したがって名前も"不定"積分なのである．

微分でやったのと同じように，ライプニッツは積分用の形式的法則を開発した．例えば，$y = u + v$（ここで u と v は x の関数）のとき，$\int y dx = \int u dx + \int v dx$ である．$y = u - v$ についても同様．引き算の結果を足し算で確かめることができるのと同じように，結果を微分することによりこの法則を確かめることができる．残念ながら二つの関数の積を積分する一般法則はない．このことが積分を微分よりはるかにむずかしくしている．

ライプニッツの積分の概念がニュートンのと異なるのは記号だけではない．ニュートンが積分を微分の逆（流率が与えられたとき流れを求めること）と考えたのに対して，ライプニッツは面積問題——関数 $y = f(x)$ が与えられたとき，$f(x)$ のグラフの下の x のある定まった値，例えば $x = a$，から変化する値 $x = t$ までの面積を求めること——から始めた．彼は面積を，幅が dx で高さが y（方程式 $y = f(x)$ に従って x と共に変化する）であるような多くの細長い短冊状のものの和，と考え（図30），これら

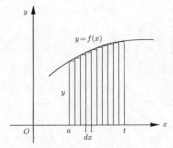

図 30 ライプニッツは $y = f(x)$ のグラフの下の面積を，底辺が dx で高さが $y = f(x)$ の多数の細長い長方形の和と考えた．

の短冊の面積を足すことによって，グラフの下の全面積を得た：$A = \int y\,dx$. 彼の積分用の記号 $\int$ は長く伸ばした S（"和（sum）"）を連想させるものである．ちょうど彼の微分記号が"差（difference）"を表したように．

すでに見たように，与えられた図形を小さな多数の図形の和と考えることにより図形の面積を求めるという発想は，ギリシャ人に始まった．フェルマーはそれを使って曲線族 $y = x^n$ の求積に成功した．しかし，新しい微積分法を強力な道具にしたのは微積分学の基本定理「微分と積分は互いに逆の関係にある」である．これを体系的に編み出したのは，もっぱらニュートンとライプニッツの功績である．第 8 章で見たように，この定理には $f(x)$ のグラフの下の面積が含まれている．この面積を $A(x)$ と書くと（面

積は x の関数だから), [4] その定理がいうところは, 各点 x における $A(x)$ の変化率, すなわち導関数, は $f(x)$ に等しいということである;記号で書くと, $dA/dx = f(x)$. これはまた逆に, $A(x)$ が $f(x)$ の**不定積分**であることを意味している: $A(x) = \int f(x)dx$. これら二つの逆の関係が微積分法全体の肝心な点である. 簡略記号では,

$$\frac{dA}{dx} = y \iff A = \int y\,dx$$

と書ける. ここで y は $f(x)$ の略記であり, 記号 $\iff$ ("のとき, そしてそのときに限り") は一方の命題が成り立てばもう一方の命題も成り立つ (すなわち, 二つの命題は等価である) ことを表す. ニュートンも同じ結果に到達してはいたが, 微分と積分の間の (すなわち接線問題と面積問題の間の) 逆の関係をこれほどはっきりと簡潔に表現したのは, ライプニッツの優れた記号法であった.

第8章では $y = x^2$ のグラフの下で $x=1$ から $x=2$ までの面積を求めるのに基本定理を使うことを説明した (p.146). ライプニッツの記号を使ってこの例を再び取り上げ, $x=0$ から $x=1$ までの面積を求めよう. $A(x) = \int x^2 dx = x^3/3 + c$ である. $x=0$ は積分の始点であるから, $A(0) = 0$; これより $0 = 0^3/3 + c$, したがって $c = 0$. これより面積関数は $A(x) = x^3/3$ となり, 求める面積は $A(1) = 1^3/3 = 1/3$ である. 現代的な記号で書けば

$$A = \int_0^1 x^2 dx = (x^3/3)_{x=1} - (x^3/3)_{x=0} = 1^3/3 - 0^3/3 =$$

1/3.⁵ このようにして，ほとんど努力せず，アルキメデスが取り尽くし法を使ってあのように大変な工夫と労力を要して得た結果と同じ結果に到達できる（p. 87）.⁶

　ライプニッツは彼の微分法をドイツ最初の科学雑誌 *Acta eruditorum*（学者達の雑誌）の 1684 年 10 月号に発表した．この雑誌はその 2 年前，彼と彼の同僚オットー・メンケ（Otto Mencke）が創刊したものである．ライプニッツの積分法は 2 年後，同じ雑誌に発表された．もっとも**積分**という用語は 1690 年になって作られたものではあるが（ヤコブ・ベルヌーイによる；この人については後でもっと詳しく述べる）.

◇　　◇　　◇

1673 年にはもうライプニッツはヘンリー・オルデンバーグを通してニュートンと文通していた．この文通を通してライプニッツはニュートンの流率法を垣間見た——ほんの一目だけ．秘密主義のニュートンは代数曲線の接線と面積を求める新しい方法を発見したことを漠然とほのめかすだけだった．ライプニッツがそれ以上の詳細を欲しがったのに対して，ニュートンは，オルデンバーグやコリンズに散々催促された後，当時としては普通のやり方で答えた：すなわち，彼はライプニッツにアナグラムを送った．それは，ごちゃ混ぜにした文字と数字の暗号文で，誰もこれを解読できなかったが，しかし，彼が発明者であることの"証明"として後に役立つことになる．

9 大論争

$$6accd\ae13eff7i3l9no4qrr4s8t12vx$$

この有名なアナグラムはラテン語の文章 "Data æquatione quotcunque fluentes quantitates involvente, fluxiones invenire: et vice versa"(任意の数の流れを含む方程式が与えられたとき,流率を求めること,またその逆)に含まれる異なる文字の数を与えている("u" は "v" と一緒に数えられている).

ニュートンは 1676 年 10 月にオルデンバーグに手紙を出し,この内容をライプニッツに伝えてくれるよう依頼した.ライプニッツは 1677 年の夏それを受け取り,ただちに,再びオルデンバーグを通して,自分の微分法についての完全な説明を添えて返事を出した.彼はニュートンが同じように開放的に応答すると期待したが,ニュートンは自分の発明の権利を他人が主張するのではという疑いをますます強くして,文通を続けることを拒んだ.

それにもかかわらず,二人の間には誠意ある関係が続いた;互いに相手の業績を尊重し,ライプニッツは仲間に賞賛の言葉を惜しまなかった:"この世の始めからニュートンの時代までの数学を考えてみると,ニュートンはその大半をやったことになる" と.[7] 1684 年のライプニッツの微積分法の出版でさえ,二人の関係にただちには影響を与えなかった.力学の原理に関する偉大な論文 *Principia* の初版の中で,ニュートンはライプニッツの貢献を認めたが,しかし,ライプニッツの方法は,用語や記号の形式を除いて,私のものとほとんど変わらないとも付け加えた.

その後の 20 年も二人の関係はそんなには変わらなかった. 1704 年 *Opticks* の付録の中でニュートンの流率法が始めて公にされた. この付録の前書きの中で, ニュートンは 1676 年のライプニッツへの手紙について触れ, 次のように付け加えた. "何年か前[微積分法についての]それらの定理を含む原稿を貸し出した；それ以降その原稿を書き写したものを時々見たので, この機会に私の微積分法を公にすることにした"と. もちろん, ニュートンは, 1676 年にライプニッツがロンドンを 2 回目に訪問した時コリンズが *De analysi* の写しをライプニッツに見せたことを指していたのである. ライプニッツがニュートンの着想を写したという薄いベールを掛けたような仄めかしにライプニッツが気付かずにいたわけではなかった. 1705 年 *Acta eruditorum* に発表された, 面積についてのニュートンの初期の論文に対する匿名の論評の中で, ライプニッツは "この微積分法の基礎はこの *Acta* の中で発明者ヴィルヘルム・ライプニッツ博士により公にされたものである" と読者に注意した. ニュートンが流率法を独立に発明したことを否定しない一方で, ライプニッツは二つの形の微積分法は記号だけが異なり, 内容は違わないことを指摘し, 実際にはニュートンがライプニッツの着想を借りたのだと仄めかした.

これはニュートンの友人達には聞き捨てならなかった. 彼らはニュートンの名声を守るために結集した（ニュートン自身はこの段階では舞台の後ろにいた）. 彼らは公

然とライプニッツがニュートンの着想を盗んだと非難した．彼らにとって最も効果ある武器はコリンズによる *De analysi* の写しだった．ニュートンはこの論文の中でほんの少ししか流率法のことを論じていない（論文のほとんどの部分は無限級数を扱っている）が，ライプニッツが1676年ロンドンを訪問中にそれを見たばかりでなくそこから広範な覚え書きを作ったという事実によって，ライプニッツはニュートンの着想を実際に自分の仕事の中で使ったという非難に曝された．

それからはイギリス海峡を渡って非難が投げ交わされ，そのうちにやりとりが苛烈になった．ますます多くの人が争いに加わった．自分たちの尊敬すべき師の名声を守ろうとする純粋な望みをもっていたものもいたし，また個人的な義理を果たす目的のものもいた．予想される通り，イギリスはこぞってニュートン支持に回り，ヨーロッパ大陸はライプニッツの後ろ盾となった．ライプニッツの最も信頼できる支持者の一人がヨハン・ベルヌーイ（ヤコブ・ベルヌーイの弟）であった．この二人のベルヌーイはライプニッツの微積分法をヨーロッパ中に知らしめるのに力を貸した．1713年に発表した手紙の中で，ヨハンはニュートンの個人的な性格を問題とした．ヨハン・ベルヌーイは後にこの非難を引っ込めたが，ニュートンは傷つき，ヨハンに個人的に答えた："私は外国では名声を得なかったが，正直でありたいという性格は持ち続けたいと心から願う——あの手紙の著者が，あたかも大裁判官の権威によるがごと

く，私からもぎ取ろうとした性格を．もう私は歳をとって数学の研究もあまり楽しくなくなった．私は世の中に自分の意見を広めようとしたことはなく，むしろそれらの意見のゆえに論争に巻き込まれないように注意してきた."⁸

ニュートンは言葉ほどには控えめでなかった．確かに彼は論争からは尻込みしたが，敵を追及するのに容赦はしなかった．1712年，盗用の汚名を晴らしてほしいというライプニッツからの要求に応えて，英国学士院はその事柄を取り上げた．その著名な学者の団体のその当時の会長はニュートンその人だったが，学士院は紛争を調査し，きっぱりと解決するための委員会を設けた．委員会は完全にニュートンの支持者で構成された．その中にはニュートンの最も身近な友人の一人のエドモンド・ハレー (Edmond Halley) も含まれていた (ニュートンを強く促して *Principia* を出版させたのはハレーだった)．同じ年に出された委員会の最終報告書は，盗用の問題点を避けたが，ニュートンの流率法はライプニッツの微分法より15年早かったとの結論を出した．このように，外見は学術的客観性を装いながら，この問題は一応決着したと思われた．

しかし，そうはいかなかった．二人の主役の死後も，論争は長い間学術界の雰囲気を害し続けた．ライプニッツの死後6年の1721年に，80歳のニュートンは英国学士院の報告書の第2刷の監修をし，ライプニッツの信用を密かに傷つけることを意図した数々の変更を加えた．し

かし,それでもなお,問題を決着させたいというニュートンの望みは満たされなかった.死の1年前の1726年,ニュートンは *Principia* の第3版と最終版の発行を見たが,その中から彼はライプニッツへの言及をすべて削除した.

二人の偉大な競争相手は生き方も死に方も違っていた.長い先取権論争によって苦々しい思いをさせられたライプニッツは晩年をほとんど無視されて過ごした.彼はなお哲学的な事柄についての著作はしていたが,数学的創造力はもうなくなっていた.彼の最後の雇い主である,ハノーファの選帝侯ゲオルゲ・ルートヴィヒ (George Ludwig) は,彼に王室の歴史を書く仕事を割り当てた.1714年,この選帝侯はイギリス王ジョージⅠ世となったので,ライプニッツは王と共にイギリスに招かれるかもしれないと思った.しかし,その時までに選帝侯はライプニッツの働きに興味を失っていた.あるいはおそらく,ニュートンの人気が最高潮であったイギリスにおいて,ライプニッツの存在が引き起こすであろう悶着を避けたかったのであろう.ライプニッツは1716年70歳で完全に忘れられたまま死んだ.彼の秘書だけが葬儀に列席した.

ニュートンは,すでに見たように,ライプニッツとの論争を追求しながら晩年を過ごした.しかし,ニュートンは,忘れ去られるどころか,国民的英雄になった.先取権論争はかえって彼の人気を高めた.当時もう,そのことは,ヨーロッパ大陸からの"攻撃"に対してイギリスの名誉を守る問題だと思われていたからである.ニュートンは

1727年3月20日85歳で死んだ. 国葬が行われ, 政治家や将軍に与えられるのが通例の儀礼をもって, ロンドンのウエストミンスター寺院に葬られた.

始めは微積分法の知識は, ごく少数の数学者のグループだけが有していた：イギリスにおけるニュートンの仲間, およびヨーロッパ大陸におけるライプニッツとベルヌーイ兄弟である. ベルヌーイ兄弟は, 何人かの数学者に個人的に教えることにより, ヨーロッパ中に微積分法を広めた. その中には, これを主題にした最初の教科書 *Analyse des infiniment petits* (無限小の解析, 1696)[9] を書いたフランス人ギヨーム・フランソワ・アントワーヌ・ロピタル (Guillaume François Antoine de L'Hospital, 1661-1704) がいた. 大陸の他の数学者も追いつき, やがて微積分法は18世紀の主要な数学の話題となった. 微積分法は素早く広まり, 関連する多数の話題, とくに微分方程式や変分法, をカバーするようになった. これらの主題は**解析学**という幅広い部類に属するもので, 変化, 連続性, 無限過程を扱う数学の一分野を成している.

発祥の地イギリスでは, 微積分法はあまりうまくいかなかった. ニュートンがあまりにも偉大であったため, イギリスの数学者達はその主題を精力的に追究する勇気を失った. さらに悪いことに, 先取権論争で完全にニュートンの

側に立つことによって，彼らは大陸における発展から切り離されてしまった．彼らはライプニッツの微分記号の利点を認めずに，ニュートンの流率のドット記号に頑固にこだわった．その結果，次の100年間，ヨーロッパではかつてなく数学が繁栄したのに，イギリスでは一流の数学者を一人も出さなかった．その不振の時代が1830年頃遂に終わったとき，イギリスの新しい世代の数学者が大きな業績を残したのは，解析学においてではなく代数学においてであった．

注と出典

1. この議論では，関数が P で連続である——すなわち，グラフがそこで切れていない——ことを仮定している．不連続な点においては，関数は導関数をもたない．

2. "導関数"という名は Joseph Louis Lagrange に由来する．彼はまた $f(x)$ の微分に記号 $f'(x)$ を導入した；p. 175 を見よ．

3. x の増分 Δx によって，u を Δu だけ増加し，v を Δv だけ増加する；したがって y は $\Delta y = (u + \Delta u)(v + \Delta v) - uv = u\Delta v + v\Delta u + \Delta u \Delta v$ だけ増加するということから，これがいえる．(Leibniz 流にいいかえれば) Δu と Δv は小さいから，その積 $\Delta u \Delta v$ は他の項に比較してさらに小さく，したがって無視できる．こうして $\Delta y \approx u\Delta v + v\Delta u$ が得られる，ここで $\approx$ は"近似的に等しい"を表す．この式の両辺を Δx で割り Δx を 0 に近づける（その結果 Δ は d に変

わる）と，所望の結果が得られる．

4. 厳密にいうと，関数 $y = f(x)$ の独立変数としての x と，面積関数 $A(x)$ の変数としての x との区別をしなければならない．p. 145 では t という文字を書くことにより，この区別をした；そのとき基本定理によれば $dA/dt = f(t)$ である．しかし，混同が起きる危険がない限り，両変数に同じ文字を使うのが慣習となっている．ここではその慣習に従った．

5. 記号 $\int_a^b f(x)dx$ は $f(x)$ の $x=a$ から $x=b$ までの**定積分**と呼ばれる．"定"は任意定数が含まれないことを示す．もちろん，$F(x)$ が $f(x)$ の不定積分ならば $\int_a^b f(x)dx = (F(x)+c)_{x=b} - (F(x)+c)_{x=a} = (F(b)+c) - (F(a)+c) = F(b) - F(a)$ であり，定数 c は消える．

6. ここで得られた結果は，放物線 $y = x^2$ の下で，x 軸，縦線 $x=0$ と $x=1$ の間の面積を与えることに注意せよ．一方，Archimedes の結果（p. 87）は放物線の**内側**にある扇形の面積を与える．少し考えれば，これら二つの結果が矛盾しないことが分かるであろう．

7. Forest Ray Moulton, *An Introduction to Astronomy* (New York: Macmillan, 1928), p. 234 に引用.

8. W. W. Rouse Ball, *A Short Account of the History of Mathematics* (1908; 複製版 New York: Dover, 1960), pp. 359-360 に引用.

9. Julian Lowell Coolidge, *The Mathematics of Great Amateurs* (1949; 複製版 New York: Dover, 1963), pp. 154-163 および D. J. Struik, ed., *A Source Book in*

Mathematics, 1200-1800 (Cambridge, Mass.: Harvard University Press, 1969), pp. 312-316 を見よ.

記号の進化

数学の話題について実際に使える知識をもつためには,良い記号体系が必要になる.ニュートンが"流率法"を発明したとき,流率(導関数)を求めたい量の文字の上にドット(点)をつけてその量の流率を表した.このドット記号——ニュートンは"付点文字"記号と呼んだ——は扱いにくい.$y = x^2$ の導関数を求めるとき,まず x と y の時間に関する流率の関係を求めなければならない(ニュートンは各変数は時間と共に一様に"流れる"と考え,ここから**流率**という語を使った).この場合は $\dot{y} = 2x\dot{x}$ である(p.140を見よ).y の x に関する導関数,すなわち変化率,は二つの流率の比,すなわち $\dot{y}/\dot{x}$ である.

ドット記号はイギリスで1世紀以上存在し続け,今なお物理の教科書の中に時間に関する微分を表すのに使われている.しかし,大陸のヨーロッパでは,もっと効果的なライプニッツの微分記号,dy/dx,を採用した.ライプニッツは dx と dy を変数 x と y の小さな増分と考えた:その比は x に関する y の変化率の尺度を与えた.今日では,文字 Δ(ギリシャ語の大文字のデルタ)を使ってライプニッツの微分を表す.彼の dy/dx は今日では $\Delta y/\Delta x$ と書く.一方 dy/dx は Δx と Δy が 0 に近づくときの $\Delta y/\Delta x$ の

極限を表す.

導関数の記号 dy/dx には長所がたくさんある. その記号は非常に示唆に富んでいて, 普通の分数のように振る舞うことが多い. 例えば, $y = f(x)$, $x = g(t)$ のとき, y は t の間接的な関数 $y = h(t)$ である. この**合成関数**の導関数を求めるには"鎖律"が使われる: $dy/dt = (dy/dx) \cdot (dx/dt)$. 各導関数は比の**極限**であるけれども, あたかも有限な二つの量の実際の比のように振る舞う. 同様に, $y = f(x)$ が一対一の関数（p. 309 を見よ）のとき, 逆 $x = f^{-1}(y)$ が存在する. この逆関数の導関数は元の導関数の逆数である: $dx/dy = 1/(dy/dx)$. この式もまた普通の分数の振る舞いによく似ている.

さらに, 簡潔であるという長所をもつ, もう一つの導関数記号がある: $y = f(x)$ の導関数を $f'(x)$ あるいは単に y' と書く. 例えば, $y = x^2$ のときは $y' = 2x$ である. これをさらに短く一つにまとめて $(x^2)' = 2x$ と書くこともできる. この記号は 1797 年にジョゼフ・ルイ・ラグランジュ（Joseph Louis Lagrange, 1736-1813）が論文 *Théorie des fonctions analytiques*（解析的な関数の理論）の中で公にした. この論文の中で彼はまた x の関数を表すのに記号 fx を提案している——我々が親しんでいる $f(x)$ という記号の先駆者である. 彼は $f'x$ を "fx から**導かれた関数**" と呼んだが, そこから現代の用語**導関数**がで

きた．y の 2 次導関数（p. 189 を見よ）に対して彼は y'' あるいは $f''x$ と記した．

u が二つの独立変数の関数 $u = f(x, y)$ であるとき，x か y のどちらの変数で微分しようとしているかを指定しなければならない．このためローマ字の d の代わりにドイツ文字の ∂ を使う．そして二つの**偏導関数** $\partial u/\partial x$ と $\partial u/\partial y$ が得られる．この記号では，指定した変数以外はすべて一定に保たれる．例えば，$u = 3x^2 y^3$ のとき，$\partial u/\partial x = 3(2x)y^3 = 6xy^3$，$\partial u/\partial y = 3x^2(3y^2) = 9x^2 y^2$ で，始めの式では y が定数として扱われ，次の式では x が定数として扱われている．

実際に演算を実行せずに演算について論じたいときもある．$+, -, \sqrt{}$ のような記号は演算記号，あるいは単に**演算子**，と呼ばれる．演算子はそれが適用できる量に適用されて初めて意味を持つ；例えば，$\sqrt{16} = 4$．微分を表すには，演算子の記号 d/dx を使い，演算子の**右**に現れるものすべてを微分し，左のものはしないと了解する．例えば，$x^2 \mathrm{d}/\mathrm{d}x(x^2) = x^2 \cdot 2x = 2x^3$．2 次微分は d/d$x$(d/d$x$)，略して d^2/(d$x^2$)，と記される．

ここでさらに短い記号が工夫された：微分演算子 D である．この演算子はすぐ右の関数に作用し，左のものには影響しない；例えば，$x^2 \mathrm{D} x^2 = x^2 \cdot 2x = 2x^3$．2 次微分に対して D^2 と書く；したがっ

て $D^2 x^5 = D(Dx^5) = D(5x^4) = 5 \cdot 4x^3 = 20x^3$. 同様に, D^n (ここで n は任意の正の整数) は n 回続けて微分することを表す. さらに, n を負の整数まで許すことにより, 記号 D を逆微分 (すなわち不定積分; p. 144 を見よ) を表すことにまで拡張できる. 例えば, $D^{-1} x^2 = x^3/3 + c$ である. このことは右辺を微分してみれば簡単に確かめられる (ここで c は任意の定数).

関数 $y = e^x$ は自分自身の導関数に等しいから, 式 $Dy = y$ が得られる. もちろん, この式は単なる微分方程式であり, その解は $y = e^x$, あるいはもっと一般に $y = Ce^x$, である. しかし, 方程式 $Dy = y$ を普通の代数方程式とみなして, あたかも記号 D が y に掛かった普通の量であるかのごとく, 両辺の y を消去したくなる. この誘惑に負けるとしたら, $D = 1$ というそれ自身では意味を持たない演算子の方程式が得られる; この方程式は両辺に y を "再び掛けた" ときのみ意味をもつ.

さらに, この種の形式的な取り扱いのおかげで, ある型の微分方程式を解くとき演算子 D が役に立つ. 例えば, 微分方程式 $y'' + 5y' - 6y = 0$ (定数係数の線形方程式) は $D^2 y + 5Dy - 6y = 0$ と書ける. この方程式のすべての記号が普通の代数的量であるかのように思うと, 左辺は未知関数 y という因子を "括り出す" ことができて $(D^2 + 5D - 6)y = 0$

が得られる．二つの因数の積が0に等しくなるのはどちらかの因子（あるいは両方）が0の場合に限る．したがって $y=0$（これは自明の解で，興味がない），あるいは $D^2+5D-6=0$ である．再び D を代数的量であるかのごとく見て，最後の式を因数分解し $(D-1)(D+6)=0$ が得られる．各因子を0に等しいとおいて，"解" $D=1$ と $D=-6$ が得られる．もちろん，これらの解は演算子による記述でしかなくて，このままでは無意味である：意味をもたせるには，両辺に y を"掛け"なければならない．こうして，$Dy=y$, $Dy=-6y$ を得る．第1の式は解 $y=e^x$，もっと一般的には $y=Ae^x$（ここで A は任意定数），をもつ．第2の式は解 $y=Be^{-6x}$（ここで B は別の任意の定数）をもつ．元の方程式が線形で右辺が0に等しかったから，二つの解の和，すなわち $y=Ae^x+Be^{-6x}$，もまた解である．実際，これが方程式 $y''+5y'-6y=0$ の**一般解**である．

演算子としての記号 D は最初1800年にフランス人ルイ・フランソワ・アントワーヌ・アルボガスト（Louis François Antoine Arbogast, 1759-1803）によって使われた．もっともヨハン・ベルヌーイはもっと前に非演算子的な意味でそれを使っていたが．演算子法の使用を固有の権利をもった一つの技術にまで高めたのはイギリスの電気工学者オリヴァー・ヘヴィサイド（Oliver Heaviside, 1850-1925）であった．記

号Dを器用に操り,それを代数的な量として扱うことにより,ヘヴィサイドは多くの応用問題,とくに電気理論に登場する微分方程式,を明快に効率よく解いた.ヘヴィサイドは本式の数学教育は受けなかった.気ままにDを操る彼の妙技に,職業数学者達は眉をひそめた.ヘヴィサイドは,目的は手段を正当化すると言い張って,自分の方法の正当性を主張した:その方法で正しい結果が得られるので,彼にとっては方法の厳密な正当化など,そんなに大事なことではなかった.しかし,その後,ラプラス変換と呼ばれるもう少し高級な方法を用いて,ヘヴィサイドの考えに対して然るべき形式的な正当化がなされた.[1]

注

1. Murray R. Spiegel, *Applied Differential Equations*, 3d ed. (Englewood Cliffs, N.J.: Prentice-Hall, 1981), pp. 168-169 と pp. 204-211 を見よ.微分記号の進化のもう少し完全な記述については Florian Cajori, *A History of Mathematical Notations*, vol. 2, *Higher Mathematics* (1929; 複製版 La Salle, Ill.: Open Court, 1951), pp. 196-242 を見よ.

10 e^x：導関数と等しい関数

> 自然指数関数とその導関数は同一である．このことから指数関数のあらゆる性質が導き出されるし，指数関数が応用上重要である基本的な理由もここにある．
> ——RICHARD COURANT AND HERBERT ROBBINS（リチャード・クーラント，ハーバート・ロビンズ），*What Is Mathematics?*（数学とは何か，1941）

ニュートンとライプニッツが新しい微積分法を開発したとき，彼らはまず**代数曲線**（式が多項式あるいは多項式の比であるような曲線）にその方法を適用した．（**多項式**というのは $a_n x^n + a_{n-1} x^{n-1} + \cdots + a_1 x + a_0$ という形の式である：ここで定数 a_i は**係数**，多項式の**次数** n は非負整数である．例えば，$5x^3 + x^2 - 2x + 1$ は次数 3 の多項式である．）これらの式が簡単であること，そしてその多くが応用に登場するという事実（放物線 $y = x^2$ は簡単な例である）から，新しい微積分法の試験用にこれらの式が選ばれたのは自然である．しかし，応用には代数曲線の部類に属さない曲線もたくさん現れる．それらが**超越曲線**である（この用語はライプニッツが作り出したもので，その式が初等代数で学ぶものを超えていることを意味する）．その中で最も重要なのが指数曲線である．

第2章でヘンリー・ブリッグズが,底10を導入してその底の累乗を考えることにより,ネーピアの対数表を改良したことを見た.原理的には1以外の任意の正の数は底となりうる.底をb,その指数をxと書くとき,**bを底とする指数関数**,$y = b^x$,が得られる.ここで,xは正あるいは負の任意の実数を表す.しかし,xが整数でないときb^xが何を意味するかを明らかにしなければならない.xが有理数m/nのとき,b^xは$\sqrt[n]{b^m}$あるいは$(\sqrt[n]{b})^m$であると定義する——m/nが既約分数になっていれば二つの式は等しい;例えば,$8^{2/3} = \sqrt[3]{8^2} = \sqrt[3]{64} = 4$あるいは$8^{2/3} = (\sqrt[3]{8})^2 = 2^2 = 4$.しかし$x$が**無理数**のとき——二つの整数の比として書けないとき——この定義は使えない.この場合,xの値をxに収束するような**有理数列**で近似する.一例として$3^{\sqrt{2}}$を取り上げよう.指数$x = \sqrt{2} = 1.414213\cdots$(無理数)を,各項が有理数で,$x_1 = 1$, $x_2 = 1.4$, $x_3 = 1.41$, $x_4 = 1.414$, $\cdots$のように小数部分を途中で切った無限数列の極限と考えることができる.これらのx_iの各々は3^{x_i}の値を一意的に定めるから,$3^{\sqrt{2}}$を数列3^{x_i}の$i \to \infty$のときの極限として定義する.電卓を使ってこの数列の最初の数項の値が簡単に求まる:$3^1 = 3$, $3^{1.4} = 4.656$, $3^{1.41} = 4.707$, $3^{1.414} = 4.728$, 等々(小数第3位に丸めてある).極限では4.729が得られ,これが求める値である.

もちろん,この考えの背後には微妙で重大な仮定がある:すなわちx_iが極限$\sqrt{2}$に収束するとき,3^{x_i}の対応

する値も極限 $3^{\sqrt{2}}$ に収束する．いいかえれば，関数 $y = 3^x$ ——もっと一般には，$y = b^x$——は x の**連続**関数で，y は滑らかに変化し切れ目も飛びもない，という仮定である．連続性の仮定は微分法の核心にある．$\Delta x \to 0$ のときの比 $\Delta y / \Delta x$ の極限を計算するとき，Δx と Δy は同時に0に近づくと仮定しているのであるから，導関数の定義のときにすでにこの連続性の仮定が含まれている．

指数関数の一般的な特徴を見るため，底2を選ぶことにする．x の値を整数に限ると，次のような表が得られる：

x	-5	-4	-3	-2	-1	0	1	2	3	4	5
2^x	1/32	1/16	1/8	1/4	1/2	1	2	4	8	16	32

これらの値を座標系を用いてプロットしていくと，図31に示すグラフが得られる．x が増加するとき y も無限大まで増加する——始めはゆっくり，それからは次第に速く．逆に，x が減少するとき，y は次第に遅く減少する；決して0に到達しないが，0にどんどん近くなる．このようにして，負の x 軸は，この関数が漸近する水平線であり，第4章で議論した極限値の概念を等価的にグラフで表したものである．

指数関数が増加する速度は驚くべきものである．チェスゲームの発明者について有名な話がある．彼が王の前に呼ばれ，発明の褒美に何を望むかと聞かれたとき，謙虚にも，チェス盤の第1の枡目に1粒の小麦を，第2の枡目に2粒を，第3の枡目に4粒を，等々，64個の枡目

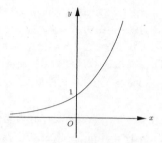

図 31 　増加する指数関数のグラフ

が全部埋まるまでお願いしますと言った．王は要求が控えめなのに驚いて，ただちに一袋の小麦をもってくるよう命じ，召使いがこつこつと小麦の粒を盤の上に置き始めた．驚いたことに，国中の小麦をもってしてもその要求を満たすには足りないということが間もなく分かった．なぜなら，最後の枡目上に置くべき粒の数 2^{63} は 9,223,372,036,854,775,808 である（これにそれまでの枡目に置いた粒を皆足さなければならないから，総数はこの約 2 倍になる）からである．この膨大な数の粒を隙間なく一直線上に並べたとすると，2 光年くらいの長さ——太陽系外で最も近い所にある星，ケンタウルス座のアルファ星までの距離の約半分——になるであろう．

図 31 に示すグラフは，底に関係なくすべての指数関数の特徴を表している．[1] このグラフの単純さは目を見張らせるものがある：x 切片（グラフが x 軸と交わる点），極大点，極小点，変曲点等々の代数関数のグラフがもってい

る共通の特徴をほとんどもっていない.さらに,このグラフには**垂直**な漸近線——xのある値の近くで関数が際限なく増えたり減ったりするところ——はない.実際,指数関数のグラフはあまりにも単純なので,独特の一つの特徴——変化率——がなかったら見向きもされないところであったろう.

第9章で見たように,関数 $y = f(x)$ の変化率,すなわち導関数,は $dy/dx = \lim_{\Delta x \to 0} \Delta y / \Delta x$ で定義される.我々の目標は関数 $y = b^x$ の変化率を求めることである.x の値を Δx だけ増すと,y は $\Delta y = b^{x+\Delta x} - b^x$ だけ増すであろう.指数法則を使うと,これは $b^x b^{\Delta x} - b^x$ あるいは $b^x(b^{\Delta x} - 1)$ と書ける.したがって,求める変化率は

$$\frac{dy}{dx} = \lim_{\Delta x \to 0} \frac{b^x(b^{\Delta x} - 1)}{\Delta x} \tag{1}$$

である.ここで記号 Δx を便利なように一つの文字 h で置き換えると,式 (1) は

$$\frac{dy}{dx} = \lim_{h \to 0} \frac{b^x(b^h - 1)}{h} \tag{2}$$

となる.さらに因数 b^x を極限の記号の外に出して簡略化することができる:式 (2) の極限は変数 h だけを含み,x はそれに対して一定とみなせるからである.こうして式

$$\frac{dy}{dx} = b^x \lim_{h \to 0} \frac{b^h - 1}{h} \tag{3}$$

に到達する.もちろん,この時点では式 (3) に極限が存在するという保証は全然ない;極限が実際に存在すること

は上級の教科書で証明されているので，[2] ここではそれを受け入れることにしよう．その極限値を文字 k と記すと，次の結果が得られる：

$$y = b^x \quad \text{ならば}, \quad \frac{\mathrm{d}y}{\mathrm{d}x} = kb^x = ky. \tag{4}$$

この結果は基本的に重要なので言葉で述べておく：**ある指数関数の導関数はもとの関数に比例する**．

今まで，b の選び方はまったく任意だったから，**特定の指数関数といわずある指数関数**といっていることに注意せよ．しかしここで疑問が起きる：とくに便利な特別の b の値があるだろうか？ 式（4）に戻り，もし b を比例定数 k が 1 になるように選ぶことができるなら，式（4）はとくに簡単になることは明らかである；実際，それが b の"自然な"選び方であろう．したがって我々の課題は，k が 1 になるような b の値を定めることである．すなわち

$$\lim_{h \to 0} \frac{b^h - 1}{h} = 1 \tag{5}$$

となるような b を定めることである．この方程式を b について"解く"ために，ちょっとばかり代数的操作（および巧妙な数学的小細工）を使う．ここでは詳細は省略するが付録 4 に発見的な導出法が与えられている．結果は

$$b = \lim_{h \to 0} (1 + h)^{1/h} \tag{6}$$

である．この式の $1/h$ を文字 m で置き換えると，$h \to 0$ のとき m は無限大に近づくであろう．したがって

$$b = \lim_{m \to \infty} (1+1/m)^m \tag{7}$$

となる．式 (7) の極限値が数 $e = 2.71828\cdots$ に他ならない．[3] こうして次のような結論に達する：**数 e を底として選ぶと，その指数関数はそれ自身の導関数に等しくなる．**記号で書くと

$$y = e^x \quad \text{ならば} \quad \frac{dy}{dx} = e^x. \tag{8}$$

もっということがある．関数 e^x が自分自身の導関数に等しいばかりでなく，このような性質をもつのはこの関数だけなのである（掛ける定数は別にして）．別の言い方をすれば，式 $dy/dx = y$（微分方程式）を関数 y について解くと，C を任意定数として解 $y = Ce^x$ が得られる．この解は一群の指数曲線を表し（図 32），各曲線は C の異なる値に対応する．

関数 e^x——これからはこれを自然指数関数，あるいは単に**指数関数**と呼ぶことにする——が数学や科学において中心的役割を果たすのは，これらの事実があるからである．応用においては，ある量の変化率が量そのものに比例するような現象はたくさんある．そのような現象はいずれも微分方程式 $dy/dx = ay$ に従う（定数 a がそれぞれの場合の変化率を定める）．その解は $y = Ce^{ax}$ である．ここで任意定数 C はその系の**初期条件**——$x = 0$ のときの y の値——から決まる．a が正であるか負であるかによって，y は x と共に増大するか減少するかする．すなわち，

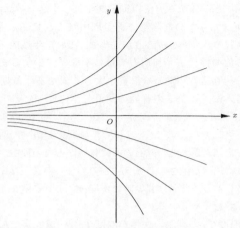

図 32　指数曲線群 $y = Ce^x$. 各グラフは C の一つの値に対応する.

指数的増大あるいは**指数的減少**である.（a が負のときには $-a$ と書き換えるのが普通である. そうすれば, a は正としておける.）そのような現象の例をいくつか挙げておこう.

1. 放射性物質の量——およびそれが発する放射線量——の減衰率は, いつもその物質の質量 m に比例する：$dm/dt = -am$. この微分方程式の解は $m = m_0 e^{-at}$ である. ここで m_0 はその物質の初期質量（$t=0$ のときの質量）である. この解から, m は次第に 0 に近づくが決して 0 にはならない——物質が完全に崩壊することはな

い——ことが分かる．核物質がゴミとして処理された後，何年経ってもなお危険物である理由がこれである．aの値が物質の減衰率を決めるが，普通，それは**半減期**——すなわち放射性物質が初期の質量の半分に減少するまでの時間——で測る．異なる物質は大きく異なる半減期をもつ．例えば，ウランの普通の同位元素（U^{238}）の半減期は約 50 億年，普通のラジウム（Ra^{226}）は約 1600 年，一方 Ra^{220} はたったの 23 ミリ秒の半減期をもつ．周期律表の不安定元素が天然の鉱石の中に見つからない理由がこれである：地球が誕生したときにどのくらいの量が存在していたとしても，それは長い時間が経ってより安定な元素に変わってしまっている．

2. 温度 T_0 の高温の物体を温度 T_1（一定に保たれると仮定する）の外界に置いたとき，物体が冷える速度は時刻 t における物体の温度と周囲の温度の差 $T-T_1$ に比例する：$dT/dt = -a(T-T_1)$．これはニュートンの冷却の法則と呼ばれている．解は $T = T_1 + (T_0 - T_1)e^{-at}$ であり，T は次第に T_1 に近づくが T_1 にはならない．

3. 音波が空気中（あるいは他の任意の媒体）を伝わるとき，音波の強さは微分方程式 $dI/dx = -aI$ に従う．ここで x は伝わった距離である．解 $I = I_0 e^{-ax}$ は，強さが距離と共に指数的に減少することを示している．透明な媒体の中での光の吸収に関しても，ランベルト（Lambert）の法則と呼ばれる同じような法則が成り立つ．

4. 年利 r の**連続的な**（すなわち各瞬間の）複利で金を

預けるとき，t 年後の元利合計は式 $A = Pe^{rt}$ となる．ただし P は元金である．このように，元利合計は時間と共に指数的に増大する．

5. 人口の増加は近似的に指数法則に従う．

方程式 $dy/dx = ax$ は **1 階の微分方程式**である：未知関数とその導関数だけを含む．しかし，たいていの物理法則は **2 階の微分方程式**——関数の**変化率の変化率**，すなわち **2 次導関数**を含む方程式——で表される．例えば，運動している物体の加速度は速度の変化率である；そして速度は距離の変化率であるから，加速度は距離の変化率の変化率，すなわち 2 次導関数，といえる．古典力学の法則はニュートンの運動の 3 法則——その第 2 法則は質量 m の物体に働く力 F と加速度 a に関するものである（$F = ma$）——に基づいているから，これらの法則は 2 階の微分方程式で表される．電気でも同じようなことがいえる．

関数 $f(x)$ の 2 次導関数を求めるには，まず $f(x)$ を微分して 1 次導関数を得る；この導関数は x の関数であり $f'(x)$ と書く．さらに $f'(x)$ を微分して 2 次導関数 $f''(x)$ を得る．例えば，$f(x) = x^3$ のとき，$f'(x) = 3x^2$ で $f''(x) = 6x$ である．もちろんここで止める必要はない；3 次導関数 $f'''(x) = 6$，4 次導関数 （0），等々と求めていく．n 次の多項式の関数は，n 回続けて微分すると定数になり，それ以後の導関数はすべて 0 である．他の型の関数に対しては，微分を繰り返すと複雑な式になるかもしれ

ない．しかし，実際問題では2次導関数より高次のものが必要になることはめったにない．

2次導関数に対するライプニッツの記号は$\mathrm{d}/\mathrm{d}x(\mathrm{d}y/\mathrm{d}x)$，あるいは（dをあたかも代数的量であるかのごとく考えて）$\mathrm{d}^2y/(\mathrm{d}x)^2$．1次導関数$\mathrm{d}y/\mathrm{d}x$の記号同様，この記号もまた，お馴染みの代数法則のように振る舞う．例えば，二つの関数$u(x)$と$v(x)$の積$y = u \cdot v$の2次導関数を計算するとき，積の法則を2度適用して

$$\frac{\mathrm{d}^2 y}{\mathrm{d}x^2} = u\frac{\mathrm{d}^2 v}{\mathrm{d}x^2} + 2\frac{\mathrm{d}u}{\mathrm{d}x}\frac{\mathrm{d}v}{\mathrm{d}x} + v\frac{\mathrm{d}^2 u}{\mathrm{d}x^2}$$

が得られる．ライプニッツの法則として知られるこの結果は，2項展開$(a+b)^2 = a^2 + 2ab + b^2$に驚くほど似ている．実際，$u \cdot v$の**n**次導関数まで拡張できる；係数は$(a+b)^n$の展開の2項係数にぴったり一致することが分かる（p. 70を見よ）．

力学でしばしば登場するのが，周りの媒体の抵抗を考慮に入れた振動系の運動を記述する問題である——例えば質点にスプリングがついている場合．この場合は定数係数の2階微分方程式になる．その一例が

$$\frac{\mathrm{d}^2 y}{\mathrm{d}t^2} + 5\frac{\mathrm{d}y}{\mathrm{d}t} + 6y = 0$$

である．この方程式を解くため，ちょっと気のきいた見当をつけてみよう：すなわち，Aとmをまだ未定の定数であるとして，仮に解が$y = Ae^{mt}$という形をしているとしてみよう．この仮の解を微分方程式に代入すると，

$$e^{mt}(m^2+5m+6)=0$$

となるが, これは未知数 m に関する代数方程式である. e^{mt} は 0 にはならないから消去して, 方程式 $m^2+5m+6=0$ が得られるが, これは与えられた微分方程式の**特性方程式**と呼ばれる (もとの微分方程式とこの代数方程式とが同じ係数をもつことに注意せよ). 因数分解して $(m+2)(m+3)=0$, 各因子を 0 に等しいと置いて求める m の値 -2 と -3 が得られる. こうして, 二つの異なる解, Ae^{-2t} と Be^{-3t} が得られ, その和 $y=Ae^{-2t}+Be^{-3t}$ もまた解であることが簡単に証明できる——実際, これが微分方程式の**完全**な解である. 定数 A と B (これまで任意であった) は, 系の初期条件 ($t=0$ のときの y と dy/dt の値) から求められる.[4]

この方法は, 今解いたのと同種類の微分方程式なら, どれにでも有効である: 解を求めるには特性方程式を解きさえすればよい. しかし, 思わぬ障害がある: 特性方程式は**虚**の解 (-1 の平方根を含む解) をもつかもしれない. 例えば, 方程式 $d^2y/dx^2+y=0$ の特性方程式は $m^2+1=0$ であるが, その二つの解は虚数 $\sqrt{-1}$ と $-\sqrt{-1}$ である. これらの数を i と $-i$ と記すと, 微分方程式の解は $y=Ae^{ix}+Be^{-ix}$ である (ここで A と B は上と同様に任意定数である). これまでに出会った指数関数では, 指数は実数であると常に仮定してきた. では, e^{ix} のような式は何を意味するのであろうか? 第 13 章で見るように, m が虚数のときでも関数 e^{mx} に意味を与えたのは 18

世紀の数学の偉大な功績であった.

指数関数のもう一つの側面も考えなければならない. 適当な定義域で定義された関数 $f(x)$ はたいてい逆関数をもつ：すなわち, 定義域にある x のすべての値に対してただ 1 個の y の値が決まるだけでなく, 許容されるすべての y に対してただ 1 個の x が求まる. y から x に戻る規則を $f(x)$ の逆関数と定義し, $f^{-1}(x)$ と記す.[5] 例えば, 関数 $y = f(x) = x^2$ はすべての実数 x にただ 1 個の $y \geqq 0$, すなわち x の 2 乗, を割り当てる. $f(x)$ の定義域を非負数と限れば, この過程を逆にしてすべての $y \geqq 0$ に対してただ 1 個の x (y の**平方根**, すなわち $x = \sqrt{y}$) を割り当てることができる.[6] x が独立変数で y が従属変数となるように, この最後の式の文字を交換するのが習慣である；逆関数を f^{-1} と書けば, このようにして $y = f^{-1}(x) = \sqrt{x}$ が得られる. $f(x)$ と $f^{-1}(x)$ のグラフは, 図 33 に示すように, 直線 $y = x$ に関してお互いの鏡像になっている.

我々の目標は指数関数の逆を求めることである. 式 $y = e^x$ から出発し, y が与えられているとしよう；そして, この方程式を x について解く, すなわち x を y で表す. 数 $y > 0$ の（ブリッグズの対数, すなわち）**常用対数**は $10^x = y$ が成り立つような数 x のことであった. まったく同様にして, 数 $y > 0$ の**自然対数**は $e^x = y$ が成り立つような数 x のことである. 常用対数（10 を底とする対数）に対して $x = \log y$ と書いたように, 自然対数（e

10 e^x：導関数と等しい関数

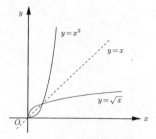

図33 式 $y=x^2$ と $y=\sqrt{x}$ は逆関数である；それらのグラフは直線 $y=x$ に関して互いに鏡像になっている．

を底とする対数）に対して $x=\ln y$ と書く．したがって，指数関数の逆は自然対数関数であり，x と y を入れ換えればその式は $y=\ln x$ である．図34は $y=e^x$ と $y=\ln x$ のグラフを同じ座標系に描いたものである．二つのグラフは直線 $y=x$ に関して互いの鏡像になっている．

自然対数を指数関数の逆として定義した今，次にその変化率を求めたい．ここで再びライプニッツの微分記号が大変役に立つ．それによれば，逆関数の変化率は元の関数の変化率の**逆数**である；記号で書けば，$dx/dy = 1/(dy/dx)$．例えば，$y=x^2$ の場合は $dy/dx = 2x$，したがって $dx/dy = 1/2x = 1/(2\sqrt{y})$．$x$ と y を入れ換える：$y=\sqrt{x}$ のとき $dy/dx = 1/(2\sqrt{x})$；さらにもっと簡単に $d(\sqrt{x})/dx = 1/(2\sqrt{x})$．

この例では，指数法則を使って $y=\sqrt{x}=x^{1/2}$ と書き，直接微分しても同じ結果が得られる：$dy/dx =$

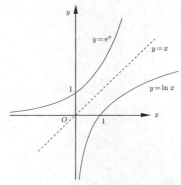

図34 式 $y=e^x$ と $y=\ln x$ とは互いに逆関数を表す.

$(1/2)x^{-1/2}=1/(2\sqrt{x})$. しかしこれができるのは,累乗関数の逆がまた累乗関数であり,これに対する微分法則を知っているからである.指数関数の場合には出発点からやり直さなければならない.$y=e^x$ とすると $dy/dx=e^x=y$, したがって $dx/dy=1/e^x=1/y$. これによれば,y の関数としての x の変化率は $1/y$ に等しい.しかし,y の関数としての x とは一体何か? $y=e^x$ は $x=\ln y$ に等しいから,正確には $\ln y$ である.以前やったように,文字の書き換えをすれば我々の式はこう読める:$y=\ln x$ のとき $dy/dx=1/x$;さらにもっと簡潔に書けば $d(\ln x)/dx=1/x$. これは $\ln x$ が $1/x$ の**不定積分**であることを表している:$\ln x=\displaystyle\int(1/x)dx.$ [7]

第8章で x^n の不定積分は $x^{n+1}/(n+1)+c$, 記号で書けば $\int x^n \mathrm{d}x = x^{n+1}/(n+1)+c$ (c は積分定数), であることを見た. この式は -1 を除くすべての n の値に対して成り立つ ($n=-1$ のときは分母が 0 になる). $n=-1$ のときは, 我々が不定積分を探している関数は双曲線 $y=x^{-1}=1/x$——フェルマーがその求積に失敗した双曲線——である. 公式 $\int (1/x) \mathrm{d}x = \ln x + c$ は今や"これまで空白であった場合"を補っている. このことからただちに「双曲線の下の面積は対数法則に従う」というサン・ヴァンサンが発見した事実が説明される (p.123). この面積を $A(x)$ と書けば, $A(x)=\ln x + c$ である. 面積を測る始点を $x=1$ と選ぶとき, $0 = A(1) = \ln 1 + c$. しかし $\ln 1 = 0$ ($\mathrm{e}^0 = 1$ だから), したがって $c=0$. こうして次のような結論が得られる: **双曲線 $y=1/x$ の下の $x=1$ から任意の $x>1$ までの面積は $\ln x$ に等しい**.

$x>0$ のときの $y=1/x$ のグラフは全部 x 軸より上にあるから, 右の方へ行けば行くほどグラフの下の面積は連続的に増える; 数学の言葉で言えば, 面積は x の**単調増大関数**である. それならば, $x=1$ を出て右の方へ動くと, 面積がちょうど 1 に等しくなるような点 x にいつか到達するであろう. この特別な x に対して $\ln x = 1$ すなわち ($\ln x$ の定義を思い出すと) $x = \mathrm{e}^1 = \mathrm{e}$ である. このことからちょうど π が円に関係するように, 双曲線に関係する数 e の幾何学的な意味づけがなされる. 文字 A を使っ

て面積を表せば,

円： $A = \pi r^2 \Rightarrow r = 1$ のとき $A = \pi$

双曲線： $A = \ln x \Rightarrow x = e$ のとき $A = 1$

しかし, この類似性は完全ではない：π が単位円の面積と解釈されるのに対して, e は双曲線の下の面積が1になるような長さの次元をもつ. それにもかかわらず, 数学で最も有名なこの二つの数の類似した役割を見ていると, これら二つの数の間にもっと深い結びつきがあるのではないかと思えてくる. 第13章で見るように, 実はその通りなのである.

注と出典

1. 底が0と1の間の数のとき, 例えば0.5のとき, そのグラフは図31のグラフの鏡像である：左から右へ移動するにつれて減少し $x \to \infty$ で正の x 軸に近づく. これは式 $y = 0.5^x = (1/2)^x$ が 2^{-x} と書け, このグラフが $y = 2^x$ のグラフの y 軸に関する鏡像だからである.

2. 例えば, Edmund Landau, *Differential and Integral Calculus* (1934), Melvin Hausner and Martin Davis 訳 (1950; 複製版 New York: Chelsea Publishing Company, 1965), p. 41 を見よ.

3. 第4章では, 確かに, n の整数値に対する $n \to \infty$ のときの $(1 + 1/n)^n$ の極限として e を定義した. しかし, n がすべての実数値をとりながら（すなわち, n は連続な変数）無限大に近づくときでも同じ定義が成り立つ. 関数 $f(x) =$

$(1+1/x)^x$ はすべての $x>0$ に対して連続であるということから，これがいえる．

4. 特性方程式が **2 重解**（すなわち，二つの等しい解）の m をもつとき，微分方程式の解は $y=(A+Bt)\mathrm{e}^{mt}$ であることを示すことができる．例えば，微分方程式 $\mathrm{d}^2y/\mathrm{d}t^2 - 4\mathrm{d}y/\mathrm{d}t+4y=0$ の特性方程式は $m^2-4m+4=(m-2)^2=0$ で，2 重解をもち，微分方程式の解は $y=(A+Bt)\mathrm{e}^{2t}$ である．詳しくは常微分方程式の教科書を見よ．

5. この記号は $1/f(x)$ と混同しやすいので少々都合が悪い．

6. $y=x^2$ の定義域を $x\geqq 0$ に限る理由は，二つの x の値が同じ y にならないようにするためである；そうしないと，例えば $3^2=(-3)^2=9$ であるから，関数はただ一つの逆をもたない．代数の言葉を使えば，$x\geqq 0$ に対する方程式 $y=x^2$ は一対一の関数を定義する．

7. 付録 5 に示すように，この結果は自然対数関数のもう一つの定義になっている．

パラシュート降下

解に指数関数が含まれるような数多くの問題の中で，次の問題はとくに面白い．ある人がパラシュートを使って飛行機から飛び降り，$t=0$ でパラシュートを開くとする．彼はどれだけの速度で地上に達するだろうか？

速度が比較的小さいときは，大気の抵抗力は降下速度に比例すると仮定できる．比例定数を k とし，人の質量を m としよう．人には二つの反対向きの力が働いている：彼の重量 mg（ここで g は重力の加速度で，約 $9.8 \, \text{m/sec}^2$）と空気抵抗 kv（ここで $v = v(t)$ は時刻 t における下向きの速度）．したがって，運動方向の正味の力は $F = mg - kv$ である．ここでマイナスの記号は，抵抗力が運動の方向と逆の方向に働くことを表している．

ニュートンの運動の第 2 法則によれば $F = ma$ である．ただし $a = dv/dt$ は加速度，すなわち時間に関する速度の変化率である．こうして

$$m \frac{dv}{dt} = mg - kv \tag{1}$$

が得られる．式 (1) がこの問題の**運動方程式**である；これは $v = v(t)$ を未知関数とする線形微分方程式である．式 (1) を m で割り比 k/m を a と書くこ

とにより，式 (1) は次のように簡単化できる：
$$\frac{\mathrm{d}v}{\mathrm{d}t} = g - av \quad \left(a = \frac{k}{m}\right). \tag{2}$$
式 $\mathrm{d}v/\mathrm{d}t$ を二つの微分の比と考えれば，式 (2) の二つの変数 v と t を分離して，それぞれが方程式の両側に来るように書き直すことができる：
$$\frac{\mathrm{d}v}{g - av} = \mathrm{d}t. \tag{3}$$
式の両辺を積分する——すなわち，不定積分を求める．すると
$$-\frac{1}{a}\ln(g - av) = t + c. \tag{4}$$
ここで ln は自然対数（e を底とする対数）を表し，c は積分定数である．**初期条件**，すなわちパラシュートが開く瞬間の人の降下速度から c を定めることができる．この速度を v_0 と書くと，$t = 0$ のとき $v = v_0$ である；これを式に代入して，$-1/a \ln(g - av_0) = 0 + c = c$ を得る．c のこの値を式 (4) に代入し直して，少し変形すると，
$$-\frac{1}{a}[\ln(g - av) - \ln(g - av_0)] = t.$$
対数法則により $\ln x - \ln y = \ln x/y$ であるから，最後の式は
$$\ln\left[\frac{g - av}{g - av_0}\right] = -at \tag{5}$$

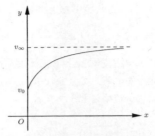

図 35 大気中をパラシュートで降下する人は極限速度 v_∞ に達する.

と書ける. 最後に, t についての式 (5) を v に関して解いて

$$v = \frac{g}{a}(1-e^{-at}) + v_0 e^{-at} \qquad (6)$$

を得る. これが求める解 $v = v(t)$ である.

式 (6) から二つの結論を引き出せる. 第 1 に, 人が飛行機から飛び出してすぐパラシュートを開くとしたら, $v_0 = 0$ であり, 式 (6) の最後の項は消える. しかし, パラシュートを開く前に人がしばらく自由落下したときでも, 初速 v_0 の効果は時間が経過するにつれて指数的に減少する; 実際, $t \to \infty$ に対して, 式 e^{-at} は 0 に近づき, **極限速度** $v_\infty = g/a = mg/k$ に達するであろう. この極限速度は v_0 と無関係である; 極限速度はパラシュートで降下する人の重量 mg と抵抗係数 k とだけに関係する. 安全な着地が

できるのは，こういう事実があるからである．関数 $v=v(t)$ のグラフを図 35 に示す．

知覚は定量化できるか？

1825年にドイツの生理学者エルンスト・ハインリッヒ・ヴェーバー（Ernst Heinrich Weber, 1795-1878）は，いろいろな物理的刺激に対する人間の反応の度合いを表す数学的法則を立てた．目隠しした人に錘を持って立ってもらい，その錘に小さな錘をだんだんと加えていき，重さが増えたと最初に気がついたときそう応答するよう頼むという，一連の実験をヴェーバーは行った．ヴェーバーは，応答が重さの絶対的増加に比例するのではなく**相対的増加**に比例することを発見した．すなわち，その人が10ポンドから11ポンドへの重さの増加（10パーセントの増加）を初めて感じられるとしたら，元の錘が20ポンドに変わったとき，対応する応答閾は2ポンドである（これでも10パーセントの増加）；40ポンドに対する応答閾は4ポンド，等々．数学的に表現すると

$$ds = k\frac{dW}{W}. \tag{1}$$

ここで，ds は応答の増加閾（識別可能な最小の増加），dW は対応する重さの増加，W はすでに人がもっている錘，k は比例定数である．

それから，ヴェーバーは，物理的圧力に反応して感じる痛み，光源によって引き起こされる明るさの

認識,音源からの音の大きさの認識のような,**あらゆる種類**の生理学的感覚を含むように法則を一般化した.ヴェーバーの法則は後にドイツの物理学者グスタフ・テオドール・フェヒナー (Gustav Theodor Fechner, 1801-1887) によって広められ,ヴェーバー–フェヒナーの法則として知られるようになった.

数学的には,式 (1) で表されるヴェーバー–フェヒナーの法則は微分方程式である.これを積分すると,

$$s = k \ln W + C \quad (2)$$

である ($\ln$ は自然対数,C は積分定数).かろうじて応答を引き起こす物理的刺激の最低水準(限界レベル)を W_0 と書けば,$W = W_0$ のとき $s = 0$ であるから,$C = -k \ln W_0$.これを式 (2) に入れ直し,$\ln W - \ln W_0 = \ln W/W_0$ に注意すれば,最終的に

$$s = k \ln \frac{W}{W_0} \quad (3)$$

が得られる.これは,応答がある種の対数法則に従うことを表している.言い換えれば,一定間隔で増える応答に対して,対応する刺激は一定の**比**で,すなわち等比数列的に,増えるはずである.

ヴェーバー–フェヒナーの法則は広い範囲の生理学的応答に当てはまるように見えるが,それが普遍的に成り立つものであるかどうかについては論争が続いていた.物理的刺激は正確に測定できる客観的量であ

るのに対して，人間の応答は主観的なものである．痛みの感覚をどうやって測定するのか？ あるいは暑さの感覚は？ しかし，非常に正確に測定できる感覚が一つある：音の高さである．人間の耳は非常に敏感な器官で，たった 0.3 パーセントの周波数の変化によって引き起こされる音の高さの変化にも気づくことができる．職業音楽家は正しい音の高さからのごくわずかなずれでも敏感に感じるし，訓練を受けていない耳でさえ，音符の音がたかだか 4 分の 1 音外れると，容易に分かる．

ヴェーバー‐フェヒナーの法則を音の高さに適用すると，音程（音高の増分）が等しいのは**分数**で表した周波数の増分が等しいことに対応するということになる．したがって，音程は周波数比に対応する．例えば，1 オクターブは 2：1 の周波数比に対応し，5 度は 3：2 の比に，4 度は 4：3 の比に，等々．オクターブずつ隔てられた一連の音を聞くとき，周波数は実際に数列 1, 2, 4, 8 のように増えていく，等々（図 36）．その結果，音符を書く五線は実際には垂直距離（音高）が周波数の対数に比例するような対数目盛なのである．

周波数の変化に対する人間の耳の素晴らしい感度は，可聴周波数範囲の広さに匹敵している——約 20 Hz（サイクル/秒）から約 20,000 Hz まで（正確な限界は歳と共に幾分変化する）．音高でいえば，これは

図36 等間隔に並んだ音符は等比数列の周波数に対応する．図中の周波数の単位は"サイクル毎秒"である．

約10オクターブに対応する（オーケストラが7オクターブ以上使うことはほとんどない）．目と比較すると，目は4,000から7,000オングストローム（1オングストローム $= 10^{-8}$ cm $= 0.1$ nm）までの波長の範囲にしか感じない；これは2"オクターブ"より少ない範囲である．

対数目盛に従う多くの現象の中で，音の大きさのデシベル（dB）目盛り，星の明るさの等級の目盛り，[1] 地震の強さを測るリヒター・スケール（マグニチュード）についても触れておくべきであろう．

注

1. John B. Hearnshow, "Origins of the Stellar Magnitude Scale," *Sky and Telescope* (November 1992); Andrew T. Young, "How We Perceive Star Brightnesses," *Sky and Telescope* (March 1990); S. S. Stevens, "To Honor Fechner and Repeal his Law",

Science（January 1961）も見よ．

11 e^θ：驚異の螺旋

変わっても，同じものに私は生き返る．
　　——JAKOB BERNOULLI（ヤコブ・ベルヌーイ）

名門の人々には常に神秘的な気が漂うものである．兄弟間の抗争，権力闘争，代々伝わる家族の人相・特徴は，小説や歴史物語の材料として数限りなく登場する．イギリスには王室がある；アメリカでいえばケネディー家やロックフェラー家．しかし，知の世界では，何世代にもわたり全員が同じ分野で最高級の創造力のある頭脳をもった人を輩出する家系はめったにない．それについて思い出されるのは次の二つの名前である：音楽のバッハ家と数学のベルヌーイ家である．

　ベルヌーイ家の先祖は，1583 年にフランス新教徒ユグノー達のキリスト教徒迫害を逃れ，オランダから避難してきた．彼らはスイス，ドイツ，フランスの国境が会するライン川のほとりの静かな大学町バーゼルに落ち着いた．家族の人々はまず商人として成功してその地位を固めたが，若いベルヌーイたちは否応なく科学に引き入れられていった．彼らは 17 世紀の終わりから 18 世紀の間中，ヨーロッパにおける数学界を牛耳ることになった．

　ベルヌーイ家とバッハ家はどうしても比較してみたく

なる．両者はほとんどぴったり同じ時代の家族で，約150年間活躍した．しかし目立った違いもある．とくに，バッハ家では，ヨハン・ゼバスティアンだけが他の誰よりも偉大である．彼の先祖と息子達は皆優秀な音楽家だったし，カルル・フィリップ・エマヌエルやヨハン・クリスティアンのように独力で有名な作曲家になった人もいた；しかし彼らは皆ヨハン・ゼバスティアン・バッハの偉大さの影に隠されている．

　ベルヌーイ家の場合は，1人でなく3人が他より突出している：すなわち，ヤコブとヨハンの兄弟，ヨハンの次男ダニエル．バッハ家では父，叔父，息子達と一緒に皆が平穏に音楽の仕事に携わりながら仲良く暮らしたのに対して，ベルヌーイ家は激しい不和と抗争——家族内でも外部とも——で知られていた．微積分法の発明に関する先取権論争ではライプニッツに味方したため，彼らは数多くの紛争に巻き込まれた．しかし，いずれの紛争も家族の活力に何ら影響を及ぼさなかったように見える；この家の人々——少なくとも8人は数学で名を挙げた——は尽きることない創造性に恵まれ，当時知られていた数学と物理のほとんどすべての分野に貢献した（図37を見よ）．そして，ヨハン・ゼバスティアン・バッハはバロック時代の全盛を集約し，およそ2世紀続いた音楽の一時代の最後の幕引きをしたのに対して，ベルヌーイ家の人々は数学のいくつもの新領域の基礎を築いた．それらの中には確率論や変分法がある．バッハ家同様，ベルヌーイ家の人も偉大な教師

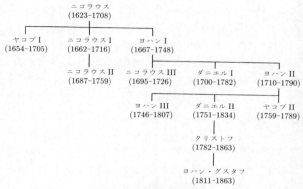

図37 ベルヌーイ家の家系図

であり,新しく発明された微積分法は彼らの努力を通じてヨーロッパ中に広まった.

数学で名を挙げたベルヌーイ家の最初の人は,ヤコブ (Jacob; Jacques あるいは James と呼ばれることもある) であった.ヤコブは1654年に生まれ,1671年にバーゼルの大学から哲学の博士号を得た.父ニコラウスが希望していた事務職につくことを断り,ヤコブは数学,物理,天文への興味を追求し,"父の意向に逆らって星を学ぶのだ"と宣言した.彼は広く旅行し,文通し,当時の第一流の科学者何人かにも会った.その中にはロバート・フック (Robert Hooke) やロバート・ボイル (Robert Boyle) がいた.これらの出会いを通じて,ヤコブは物理学や天文学における最新の発展について学んだ.1683年に生まれ

故郷のバーゼルに戻り，大学で教職に就き，1705年に死ぬまでその職にあった．

ヤコブの2番目の弟ヨハン（Johann; Johannes, John, Jeanne と呼ばれることもある）は1667年に生まれた．ヤコブ同様，家族の事業に引き入れようという父の望みを拒んだ．彼は最初医術や古典（ギリシャ・ラテン）語を学んだが，やがて数学に引き入れられた．1683年にヤコブの所へ引っ越して一緒に住み，それ以来二人の仕事は緊密に結ばれた．新しく発明された微積分法を約6年間一緒に研究した．当時の微積分はまったく新しい分野で，職業数学者でも理解するのが非常にむずかしかったということを忘れてはならない——それを主題にした教科書がその時にはまだ書かれていなかったことも，理解をむずかしくした．そのため，二人の兄弟が頼れるものといえば，自分たちの忍耐力とライプニッツとの活発な文通だけだった．

その主題に精通すると，彼らは一流の数学者達何人かに個人授業するなどして他人にもそれを伝達し始めた．ヨハンの学生の中にギヨーム・フランソワ・アントワーヌ・ロピタル（Guillaume François Antoine de L'Hospital, 1661-1704）がいて，彼は微積分の最初の教科書 *Analyse des infiniment petits*（無限小の解析，1696年パリで出版）を書いた．この本の中でロピタルは 0/0 の形の不定形を計算する規則を提示した（p.68を見よ）．これはロピタルの法則と呼ばれるようになった（現在では標準的な微積分学コースの一部を成している）が，実際はヨハンが発

明したものである．他人のした発明を自分の名前で出版した科学者は普通盗作者という烙印を押されるが，この場合はすべてが合法的に行われた．というのは，ヨハンの講義にロピタルが授業料を払う代わりにヨハンの発明をロピタルが勝手に使うことを許すという契約書に，二人はサインしていたのだから．ロピタルの教科書はヨーロッパに広く行き渡り，学者の間に微積分学を広めるのに大いに貢献した．[1]

ベルヌーイ兄弟の名声が上がるにつれ，彼らの間には不和も生じた．ヤコブはヨハンの成功に苛立つようになったらしい．一方ヨハンは長兄の恩着せがましい態度に怒った．ヨハン自身が 1696 年に提起した力学の問題「粒子が重力を受けて曲線に沿って転がり落ちるとき，できるだけ短い時間で転がり落ちる曲線を求めよ」を兄弟それぞれが独立に解いたとき，不和は頂点に達した．この有名な問題は**最速降下線**（brachistochrone）("最短時間 (shortest time)"を表すギリシャ語に由来する語）の問題と呼ばれる；すでにガリレオがこれに取り組み，求める曲線は円の弧であると間違って信じていた．ヨハンは"世界中の最も賢そうな数学者"にこの問題を投げかけ，解を見つけるまで 6 カ月待とうといった．正しい解が 5 個寄せられた――ニュートン，ライプニッツ，ロピタル，およびベルヌーイ 2 兄弟から．求める曲線は**サイクロイド**（車輪が水平面を転がるとき，車輪の縁の一点が描く曲線）であることが分かった（図 38）．

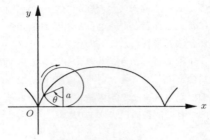

図38 サイクロイド

サイクロイドの優美な形と独特な幾何学的性質は，すでにそれより以前の何人かの数学者の興味をそそっていた．ほんの数年前，1673年に，クリスチアン・ホイヘンスはサイクロイドが他の有名な問題「粒子が重力を受けながらある曲線に沿って動くとき，出発点に関係なく与えられた最終点に到達するまでに同じ時間がかかるような曲線を求めよ」の解，すなわち**等時曲線**，であることに気がついていた．（ホイヘンスは実際にこの結果を使って，振り子の上の端がサイクロイドの二つの分枝の間を振動するように拘束し，振幅に関係なく周期が等しくなるような時計を作った．）ヨハンは同じ曲線が二つの問題の解であることを発見して興奮して言った："しかし，この同じサイクロイドが，ホイヘンスの等時曲線が，我々の求めている最速降下線だと言ったら，誰もが驚きで呆然とするだろう．"[2] ところが彼らの興奮は個人的な激しい憎悪に変わった．

二人の兄弟は独立に同じ解に到達したのだが，彼らはま

ったく別の方法を使っていた．ヨハンは光学における類似の問題「密度がだんだん増えていくような幾層にもなった物体を光線が通り抜けるとき描く曲線を求めよ」を頼りにした．この解法は「光は常に最短時間の道をとる」というフェルマーの原理を利用している（この場合，道は最短距離の道，直線，と同じとは限らない）．今日，数学者達は物理の原理に大幅に頼る解には難色を示すかもしれない；しかし17世紀の終わりには純粋数学と物理科学との差はそれほど深刻ではなく，二つの分野の発展はお互いに強く影響しあっていた．

ヤコブのやり方はもっと数学的だった．彼は自分が発展させた数学の新しい部門——変分法，普通の微積分法の拡張——を使った．普通の微積分法における基本的な問題の一つは，与えられた関数 $y = f(x)$ を最大あるいは最小にする x の値を求めることである．変分法は，これを拡張して，定積分（例えば，与えられた面積）を最大または最小にするような関数を求めるという問題を扱う．この問題は，求める関数が解になるようなある微分方程式を作り出す．最速降下線は変分法が適用された初めての問題の一つであった．

ヨハンの解そのものは正しかったが，導き方が正しくなかった．後になってヨハンはヤコブの正しい導き方を自分のものと置き換えようとした．この結果，批判の浴びせ合いとなり，それはやがて醜いものとなった．オランダのフローニンゲン大学に教授の席を確保していたヨハンは，兄

が生きている限りバーゼルには戻らないと宣言した. ヤコブが 1705 年に死んだとき, ヨハンは亡き兄の大学での教授の席を引き継ぎ, 1748 年に死ぬまでその職に居た.

ベルヌーイ家の人々の数々の業績の表を作ろうとしたら, 内容に深入りしないでもまるまる本一冊になってしまうであろう.³ ヤコブの最も偉大な業績は, おそらく, 著者の死後 1713 年に出版された確率論に関する論文 *Ars conjectandi* (推論の技法) であろう. この影響力の大きい仕事は, 確率論にとって, 幾何学にとってのユークリッドの *Elements* (幾何学原論) のようなものである. ヤコブはまた無限級数に関しても重要な仕事をした. 無限級数の収束という重要な問題を初めて取り扱った人でもあった. (すでに見てきたように, ニュートンは無限級数の収束の問題に気付いてはいたが, 級数を純粋に代数的に扱っていた.) ヤコブは級数 $1/1^2 + 1/2^2 + 1/3^2 + \cdots$ が収束することを証明したが, その和を求めることはできなかった (1736 年になってやっとオイラーが $\pi^2/6$ になると定めた). ヤコブは微分方程式に関する重要な仕事をした. そして, 微分方程式を使って幾何学や力学の問題をたくさん解いた. 彼は解析幾何学に極座標を導入し, 螺旋型の曲線を表すのにそれを使った (これについては後にもっと述べる). ライプニッツが始め "和の計算" と名付けた微積分法の分野に対して, 初めて**積分**という言葉を使った

のも彼である．ヤコブはまた，$\lim_{n\to\infty}(1+1/n)^n$ と連続複利の問題の関連を初めて指摘した．さらに 2 項定理に従って式 $(1+1/n)^n$ を展開することにより（p. 75 を見よ），極限は 2 と 3 の間にあるはずだということを示した．

ヨハン・ベルヌーイの仕事はヤコブと同じ広い領域をカバーしていた：微分方程式，力学，そして天文学と．吹き荒れるニュートンとライプニッツの論争の中で，彼はライプニッツの広報係のような役をした．彼はまたニュートンの最新の重力理論に対抗して古いデカルトの渦理論を支持した．ヨハンは連続体力学——弾性力学および流体力学——に重要な貢献をし，1738 年に *Hydraulica*（水力学）という本を出版した．しかしこの仕事は同じ年に出版された息子ダニエルの論文 *Hydrodynamica*（流体力学）のためにたちまち影が薄れてしまった．この本の中でダニエル（Daniel Bernoulli, 1700–1782）は運動する流体の圧力と速度の間の有名な関係——空気力学の学生なら誰でも知っているベルヌーイの法則；飛翔の理論の基礎をなしている——を定式化した．

ヨハンの父ニコラウスが息子を商人にさせようとしていたのと同様に，ヨハン自身もダニエルを商人にさせようとしていた．しかしダニエルは数学や物理への興味を追求する決心をしていた．ヨハンとダニエルの関係はヨハンと兄ヤコブとの関係と同様悪かった．ヨハンは人が欲しがる 2 年ごとのパリの科学アカデミーの賞を 3 回獲得したが，3 度目の賞は息子ダニエルとの共同受賞だった（ダニエル自

身は10回その賞を得た). ヨハンは, 息子と賞を分け合わなければならないことが面白くなかったので, ダニエルを家から追い出した. ベルヌーイ家は再び, 数学における抜群の力と個人的反目とが入り交じっているという世評の通りになった.

ベルヌーイ家の人々はさらに100年間数学界で活躍し続けた. 家族の創造力が遂に尽きるのは1800年代の中頃になってであった. ベルヌーイ家の最後の数学者は, ダニエルの弟ヨハンII世の曾孫ヨハン・グスタフ (Johann Gustav Bernoulli, 1811-1863) だった；彼は父クリストフ (Christoph Bernoulli, 1782-1863) と同じ年に死んだ. 面白いことに, バッハ家の最後の音楽家である, オルガン奏者で画家のヨハン・フィリップ・バッハ (Johann Philipp Bach, 1752-1846) もその頃死んでいる.

偉大な人間についてたくさんある話のように, 真偽のほどは明らかでない逸話を一つ挙げて, ベルヌーイ家のこの短い点描を締めくくることにしよう. ある日旅行中に, ダニエルは見知らぬ人と会いはずんだ会話を始めた. しばらくして彼は遠慮がちに自己紹介をした："私はダニエル・ベルヌーイです" と. からかわれていると思ったその見知らぬ人は "私はアイザック・ニュートンです" と答えた. ダニエルはこのさりげない敬意の表現を聞いて喜んだ.[4]

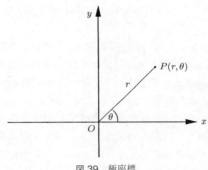

図39 極座標

デカルトが1637年に解析幾何学を始めて以来,数学者の興味をそそった多くの曲線の中に,特別なものが二つあった:サイクロイド(すでに述べた)と対数螺旋である.この後者の曲線はヤコブ・ベルヌーイのお気に入りだった;しかしその話をする前に,極座標について少し話をしなければならない. 2直線(x軸とy軸)からの距離を与えることによって平面上の点Pの位置を指定する方法はデカルトの発想だった.しかしまた,**極**と呼ぶ定点O(座標系の原点に選ぶのが普通)からの距離rおよびある定まった基準線,例えばx軸,と直線OPとの間の角θを与えることによって点Pの位置を指定することもできる(図39). (x, y)がその点の直交座標であるといわれるのと同じように,二つの数(r, θ)はPの**極座標**といわれる.一見,このような座標系は妙に見えるかもしれないが,実際にはまったく普通のものである——航空管制官がレーダ

ーのスクリーンの上で飛行機の位置をどうやって決めているか考えてみるとよい.

方程式 $y = f(x)$ が直交座標 (x, y) を使って動点が描く曲線を表していると幾何学的に解釈できるのと同様, 方程式 $r = g(\theta)$ は極座標 (r, θ) を使って動点が描く曲線を表しているとみなすことができる. しかし, 注意しなければいけないのは, 直交座標で解釈するか極座標で解釈するかによって, 同じ方程式がまったく違った曲線を表すということである：例えば, 式 $y = 1$ は水平線を表すし, 一方, 式 $r = 1$ は原点を中心とする半径 1 の円を表す. また逆に, 同じグラフが直交座標で表すか極座標で表すかによってまったく違った方程式になる：今述べた円は, 極座標の式は $r = 1$ であるが直交座標の式は $x^2 + y^2 = 1$ である. どちらの座標系を使うかは主に便利さによる. 図 40 はベルヌーイのレムニスケート (ヤコブに因んで付けられた名) と呼ばれている 8 の字形の曲線を示す. この極座標による式 $r^2 = a^2 \cos 2\theta$ は, 直交座標による式 $(x^2 + y^2)^2 = a^2(x^2 - y^2)$ よりはるかに簡単である.

極座標はベルヌーイの時代より前にも時々使われていた. ニュートンは自分の本 *Method of Fluxions* (流率法) の中で, 螺旋状の曲線を記述するのに適した 8 個の異なる座標の一つであるといった. しかし, 極座標を広範囲に使用し, 多くの曲線に適用してさまざまな性質を最初に見つけたのはヤコブ・ベルヌーイだった. まず彼はこれらの性質——曲線の傾き, 曲率, 弧長, 面積, 等々——を極座

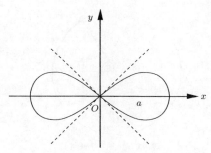

図40 ベルヌーイのレムニスケート

標を使って表さなければならなかった(ニュートンとライプニッツはこれらの性質をすでに直交座標で表していた).今日なら,これは微積分学の1年目の授業における定番の練習問題になるようなやさしい課題である.しかし,ベルヌーイの時代には,これには新生面を開く必要があった.

極座標に変換することで,ヤコブは多くの新しい曲線を調べることができるようになった.彼は夢中でそれをやった.彼のお気に入りの曲線は,すでに述べたように,対数螺旋であった.その式は $\ln r = a\theta$ である(a は定数):$\ln$ は自然対数——当時の呼び方では"双曲線"対数).今日ではこの方程式を逆に $r = e^{a\theta}$ と書くのが普通であるが,ベルヌーイの時代には指数関数はまだ一人前の関数とはみなされていなかった(数 e にはまだ特別の記号すらなかった).微積分では常に,角 θ を°(度)で

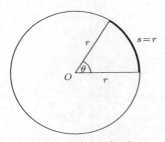

図 41 ラジアン (rad)

はなく rad(ラジアンすなわち弧度)で測るのが習慣になっている.1 rad というのは,半径 r の円の円周に沿っての長さが r である弧を中心から見た角度のことである(図 41).円の周は $2\pi r$ だから,1 回転がちょうど 2π(≈ 6.28) rad となる;すなわち,2π rad $= 360°$,これより 1 rad は $360°/2\pi$,すなわち 1 rad $\approx 57°$.

式 $r = e^{a\theta}$ を極座標で描くと,図 42 に示すような曲線——対数螺旋——が得られる.定数 a は螺旋の成長率を定める.a が正のとき,反時計回りに回転するにつれ極からの距離 r は**増大**する(左巻き螺旋ができる);a が負のとき,r は**減少**し右巻き螺旋ができる.曲線 $r = e^{a\theta}$ と $r = e^{-a\theta}$ はこのように互いの鏡像である(図 43).

対数螺旋の唯一の最も重要な性質はおそらく次の性質であろう:角が等量ずつ増大するとき,極からの距離は同じ比で,すなわち等比数列的に増大する.このことは公式 $e^{a(\theta+\varphi)} = e^{a\theta} \cdot e^{a\varphi}$ からいえる,すなわち因数 $e^{a\varphi}$ が公比

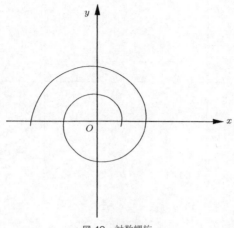

図 42 対数螺旋

となる.とくに,螺旋をちょうど何回か回転させる,すなわち θ が 2π の倍数だけ増大するとき,極 O から出る任意の直線に沿って螺旋がそれを切る点までの距離を測定し,それが等比数列的に増大するのを確かめることができる.

螺旋上の一定の点 P から内向きの螺旋をたどっていくと,極 O にたどり着くまでに無限回の回転をしなければならない;しかし驚くべきことに,螺旋がたどる総距離は有限である.この注目すべき事実は,1645年にガリレオの弟子で主として実験物理学で知られるエヴァンジェリスタ・トリチェリ (Evangelista Torricelli, 1608-1647)

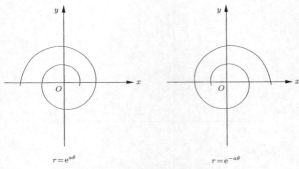

図 43 左巻き螺旋と右巻き螺旋

が発見した.Pから極までの弧の長さは,Pにおける螺旋の接線のPとy軸の間の長さに等しい(図44).トリチェリは,螺旋を,θが等差数列的に増大するとき等比数列的に増大する半径の列を使って扱った.曲線$y=x^n$の下の面積を求めるときのフェルマーの手法を思い出させるやり方である(もちろん,積分法の助けを借りれば,この結果はもっと簡単に求まる;付録6を見よ).彼が得た結果は,代数的でない曲線の**求長**——弧の長さを求めること——の最初の例であった.

対数螺旋の最も注目すべき性質の中には,関数e^xがそれ自身の導関数に等しいという事実に基づくものがいくつかある.例えば,**極を通るすべての直線は螺旋と同じ角度で交わる**(図45;この性質の証明は付録6にある).さらに,対数螺旋はこの性質をもつ**唯一**の曲線である;そこ

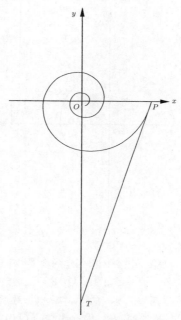

図44 対数螺旋の求長法：距離 PT は P から O への弧の長さに等しい．

で対数螺旋は**等角螺旋**と呼ばれることもある．このことから螺旋は円（交角は 90° である）の親類といえる：式 $r = e^{a\theta}$ において $a = 0$ とおくと，$r = e^0 = 1$——単位円の極方程式——が得られる．

対数螺旋に関してヤコブ・ベルヌーイを最も興奮させ

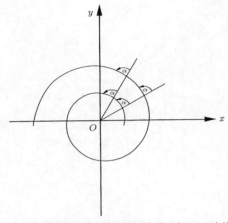

図 45 対数螺旋の等角性:極 O を通るすべての直線は螺旋と同じ角度で交わる.

たのは,それがたいていの幾何学的変換の下で**不変**である——変化しない——という事実である.例えば,反転という変換を考えてみよう.反転によって,極座標が (r, θ) である点 P は極座標 $(1/r, \theta)$ をもつ点 Q の上に"写される"(図 46).曲線は,普通,反転の下で極端に変化する;例えば,双曲線 $y = 1/x$ は先に述べたベルヌーイのレムニスケートに変換される.r を $1/r$ に変えるということは O に非常に近い点が O からはるか遠い点へ移ること,またその逆,を意味するから,このように形が変化するのはとくに驚くほどのことではない.しかし,対数螺旋の場合は違う:r を $1/r$ に変えると方程式は単に $r = e^{a\theta}$ が

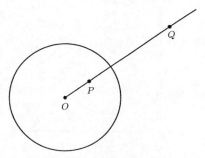

図46 単位円に関する反転:$OP \cdot OQ = 1$

$r = 1/e^{a\theta} = e^{-a\theta}$ に変わるだけで,そのグラフは元の螺旋の鏡像である.

与えられた曲線を反転が新しいものに変えるように,元の曲線の**縮閉線**を作ることにより新しい曲線を得ることができる.この縮閉線を作るのには曲線の曲率中心という概念が必要になる.先に述べたように,曲線の各点での**曲率**とは,その点で曲線が方向を変える速度を表す尺度である:それは曲線上の点が動くにつれて変化する数であり(曲線の傾きが点が動くにつれて変化するのと同じである),したがって,曲線上の点を示すパラメタである独立変数の関数である.曲率はギリシャ文字 κ(カッパ)で記される;その逆数 $1/\kappa$ は**曲率半径**と呼ばれ文字 ρ(ロー)で記される.ρ が小さくなるほど,その点での曲率は大きくなる.(またその逆もいえる.)直線は曲率 0 であるから曲率半径は無限大である.円は一定の曲率をもち,曲率

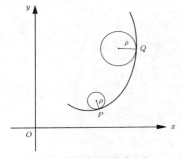

図 47 曲率半径と曲率中心

半径はその半径である.

曲線の各点で接線に垂線を(凹側に)引くと,その点からそこでの曲率半径と等しい距離にある垂線上の点がその点の**曲率中心**である(図 47).縮閉線とは,元の曲線に沿って動くとき,その曲率中心が描く軌跡である.普通は,縮閉線は元の曲線とは異なる新しい曲線となる:例えば,放物線 $y=x^2$ の縮閉線は半三次放物線($y=x^{2/3}$ の形をした曲線)である(図 48).しかしヤコブ・ベルヌーイが気がついて喜んだのは,対数螺旋がそれ自身の縮閉線であるという事実である.(サイクロイドもまたこの性質をもっている;しかしサイクロイドの縮閉線は別のサイクロイドで,第 1 のサイクロイドとまったく同じ形であるが,それを平行移動したものである(図 49);一方,対数螺旋の縮閉線は同一の螺旋である.)彼はまた対数螺旋の**垂足曲線**——与えられた曲線の接線に極から下した垂線の足の

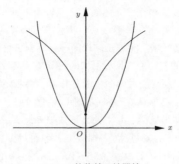

図 48 放物線の縮閉線

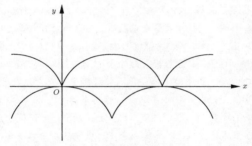

図 49 サイクロイドの縮閉線は,元のサイクロイドと同じではあるが平行移動したものである.

軌跡——が再び同じ螺旋になることも発見した.さらにもっと,対数螺旋の**火線**——極から発した光線が曲線で反射した線が作る包絡線——がやはり同じ螺旋になることも彼が見つけた.

ヤコブはこれらの発見に感動して,この彼の愛する曲線

に神秘的な畏敬の念さえ感じるようになった："この驚異の螺旋は，並外れて素晴らしい特性のために … 常に自分と似たような螺旋，実際正確に同一の螺旋を再生する；伸開しても縮閉しても，反射しても屈折しても … 逆境にあっても強固で不変なものの象徴として，あるいはいくら変わっても死んだ後でさえも，正確に完全に同じものに生き返る人間の体の象徴として使える曲線である."[5] 彼はそれを *spira mirabilis*（驚異の螺旋）と名付け，アルキメデスの伝統に従って碑文 *Eadem mutata resurgo*（変わっても，同じものに私は生き返る）と共に彼の墓石に対数螺旋を刻んで欲しいといった．（アルキメデスは，伝説によれば，円柱に内接する球を墓石に刻むよう依頼したといわれている．）ヤコブの希望は果たされた——唯一つを除いて．彼のいうことを無視したのか，仕事を簡単に済まそうとしたのか，石屋は本当に墓石に螺旋を刻んだけれども，対数螺旋ではなくアルキメデス螺旋だった．（アルキメデス螺旋，すなわち線形螺旋，は，1回転する度に極からの距離が一定比ではなく一定の差で増大する；ビニールのレコード盤の音溝は線形螺旋を成している．）バーゼルのミュンスター大聖堂の中庭を訪れる人は，墓石に刻まれたその形を今なお見ることができる（図50）．ヤコブがこれを見たら，きっと墓の中で仰天してひっくり返ったことだろう．

11　e^θ：驚異の螺旋

図50　バーゼルにあるヤコブ・ベルヌーイの墓石．

注と出典

1. 第9章の注9を見よ.
2. Eric Temple Bell, *Men of Mathematics*, 全2巻 (1937; 複製版 Harmondsworth: Penguin Books, 1965), 1: 146 から引用.
3. スイスの出版社 Birkhäuser は Bernoulli 家の人々の科学的な仕事と書簡の出版を企画した. その企画は 1980 年に始まり 2000 年に完成予定とのことである. この大事業は少なくとも 30 巻物になるといわれている.
4. Bell, *Men of Mathematics*, 1: 150; Robert Edouard Moritz, *On Mathematics and Mathematicians* (*Memorabilia Mathematica*) (1914; 複製版 New York: Dover, 1942), p. 143.
5. Thomas Hill, *The Uses of Mathesis*, Bibliotheca Sacra, vol. 32, pp. 515-516 に引用 (Moritz, *On Mathematics and Mathematicians*, pp. 144-145 による).

J.S.バッハとヨハン・ベルヌーイの歴史的会見

バッハ家の誰かがベルヌーイ家の誰かに会ったことがあるだろうか．おそらくなかったであろう．17世紀にはよほどの理由がない限り旅行はしなかった．偶然の出会いがあったかどうかは別にして，そのような出会いを想像できるとすれば両者が互いに強い好奇心をもっていたからだということになるが，そのような証拠はない．それにもかかわらず，そういう出会いがあったと考えてみたい．ヨハン・ベルヌーイ（ヨハンI世）とヨハン・ゼバスティアン・バッハとが出会ったと想像してみよう．時は1740年．両人とも最も有名な年代である．55歳のバッハはオルガン奏者で作曲家，ライプチッヒの聖トマス教会のカペルマイスター（聖歌隊指揮者）である．ベルヌーイは，73歳で，バーゼル大学で最も傑出した教授である．二人の住んでいる町の中間にあるニュルンベルクで出会いは起きる．

バッハ：こんにちは教授．やっとお会いできて嬉しいです．あなたの素晴らしいご業績についてはよく伺っております．

ベルヌーイ：カペルマイスター殿，私もあなたにお会いして嬉しいです．オルガン奏者で作曲家のあなた

の名声は、ライン川を越えて轟いています。しかし、あなたは本当に私の仕事に興味をおもちでしょうか？音楽家の方々は、普通、数学のことをご存じないのではと思っているのですが。正直に申しますと、私の音楽への興味はまったく理論的なものです。例えば、少し前私と息子のダニエルは弦の振動の理論を少し研究しました。これは新しい研究分野で、数学では連続体力学と呼ばれる分野に含まれます。[1]

バッハ：実は、私も弦の振動に興味をもってきました。ご存じのように、私もハープシコードを演奏しますが、あの音は鍵盤の動きで弦を弾いて出すのです。長い間、私はこの楽器の技術的な問題に悩まされて来ました。つい最近その問題を解決できたところです。

ベルヌーイ：どんなことですか？

バッハ：ご存じのように、私達の普通の音階は振動弦の法則に基づいています。我々が音楽で使う音程——オクターブ、5度、4度、等々——はすべて弦の高調波、すなわち倍音——弦が振動するとき常に存在する弱い高い音——から導かれています。これらの高調波の周波数は基音（一番低い音）の周波数の整数倍ですから、数列 1, 2, 3, 4, … になります（図51）。我々の音階の音程はこれらの数字の比になります：オクターブは 2 : 1、5度は 3 : 2、4度は 4 : 3、等々です。これらの比から作られる音階は**純正律音階**と呼ばれています。

図 51 振動する弦の出す高調波，すなわち倍音．数字は音の相対周波数を示す．

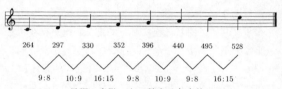

図 52 ハ長調の音階．上の数字は各音符のサイクル毎秒で表した周波数を示す；下の数字は相続く音符の間の周波数比である．

ベルヌーイ：それは私の好きな整然とした数列にぴったりです．

バッハ：しかし一つ問題があります．これらの比から作られた音階は三つの基本的音程――9：8，10：9，16：15――からできています（図 52）．最初の二つはほとんど同じで，それぞれを全音，あるいは **2 度**，と呼びます（音階の中で次の音との間をいうからそのように呼びます）．最後の比はずっと小さく**半音**と呼びます．今，音符 C から始めて音階 C‐D‐E‐F‐G‐A‐B‐C′ を上っていくとき，最初の音程，C から D，は全音でその周波数比は 9：8 です．次の音

程，D から E, は再び全音ですが，周波数比は 10:9 です．音階中の残りの音程は E から F (16:15)，F から G (9:8)，G から A (10:9)，A から B (9:8)，そして最後に B から C′(16:15)——最後の音は 1 オクターブ上の C です．これはハ長調の音階です．しかしどの音から始めるかに関係なく同じ比が確保されなければなりません．**すべての長音階は音程の同じ並びから成り立っています．**

ベルヌーイ：同じ音程に対して異なる比が存在する矛盾は分かります．しかし，なぜこれがあなたを悩ませるのでしょう？ 何といっても，音楽は何世紀にもわたって行き渡り，誰も困った人はいなかったわけですから．

バッハ：本当はもっと困ることがあるのです．使用する全音に違うものが 2 種類あるだけでなく，二つの半音を足してもその和は全音と完全に一致するわけではないのです．確かめればお分かりになるでしょう．それは，$1/2+1/2$ が正確に 1 に等しくないようなものです．近似的に等しいだけです．

ベルヌーイ（ノートに数字をいくつか書き留めながら）：その通りです．二つの音程を足すというのは，周波数の比を掛けることです．二つの半音を足すことは積 $(16:15)\cdot(16:15)=256:225$ あるいは近似的に 1.138 に対応しますが，これは 9:8（$=1.125$）よりも 10:9（$=1.111$）よりもわずかに大きいのです．

バッハ：何が起きているのかお分かりですね．ハープシコードは繊細な楽器で，各弦は特定の基本周波数でだけ振動するのです．こういうことです．もし曲をハ長調でなくニ長調で演奏する――転調と呼ばれます――としたら，最初の音程（DからE）はハ長調のときは比 9:8 でしたが，今度は比 10:9 になります．これはまだよいでしょう．なぜなら比 10:9 もやはり音階の一部だからです；それに，平均的聴衆にはこの違いがほとんど分かりません．しかし次の音程――再び全音でなければなりません――はEからFへの半音とFからF♯への他の半音を上ることによって初めて作られます．これは $(16:15)\cdot(16:15)=256:225$ という比に対応し，もともとの音階の中には存在しない音程です．新しい音階でさらに先へ進むと，問題は複雑になるだけです．要するに，現在の調律の体系に従うかぎり，一つの音階から他の音階へ転調することはできないのです．転調ができるためには，バイオリンや人間の声のように連続な音域をもつ楽器で演奏するしかありません．

　バッハ（ベルヌーイの返答を待たずに）：しかし私は改善策を見つけました：すべての全音を等しくとるのです．これは任意の二つの半音を足すと常に一つの全音になるようにするということです．これを達成するには，一種の妥協のため純正律音階を捨てなければなりませんでした．その新しい配置では，オクターブ

は12の等しい半音から成るので,私はそれを**等分平均律音階**[2]と呼んでいます.今,仲間の音楽家達にその長所を納得させるのに苦労しているところです.彼らは頑固に古い音階にしがみついているのです.

ベルヌーイ:あなたのお力になることができるかもしれません.まず第一に,あなたの新しい音階の各半音の周波数比を知る必要があります.

バッハ:さすがあなたは数学者です;きっとあなたは解決して下さるでしょう.

ベルヌーイ:たった今できました.オクターブに12個の等しい半音があるなら,各半音は $\sqrt[12]{2}:1$ の周波数比をもたなければなりません.実際,この半音を12個足すことは $(\sqrt[12]{2})^{12}$ に対応します.これは正確に2:1で,オクターブです.[3]

バッハ:あなたのおっしゃることがまったく分からなくなってしまいました.私の数学の知識は初等的算術の域を出ていません.これを目に見えるようにする方法はありませんかね?

ベルヌーイ:できると思います.死んだ私の兄ヤコブは対数螺旋という曲線の研究に多くの時間を費やしました.この曲線では,等しい回転に対して極からの距離が等しい比で増大します.あなたが今私に話して下さった音階はちょうどそれに当たるのではありませんか?

バッハ:その曲線を見せて下さいますか?

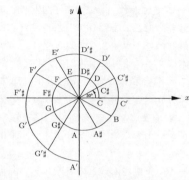

図53 対数螺旋に沿って配置した等分平均律音階の12個の音

ベルヌーイ：はい（図53）．あなたが話していらっしゃる間に，その曲線上に12個の等しい半音の点を打ちました．曲の転調をするときしなければならないことは，螺旋を回転してあなたの音階の最初の音をx軸に合わせることだけです．残りの音は自動的に位置が決まります．これはまったく一種の音楽用計算機ですよ！

バッハ：これは素晴らしい．あなたの螺旋は，たぶん，若い音楽家にこの話を教える助けになると思います．将来の演奏家にとって新しい音階は大きな前途を約束すると信じていますから，今私は"平均律クラヴィア曲集"という名前の一組の前奏曲を作っています．それぞれの前奏曲は12個の長調と12個の短調

のどれか一つで書かれています．1722 年に同じような一組を書き，最初の妻マリア・バルバラ——安らかに——と最初の息子ヴィルヘルム・フリーデマンのための教則本にするつもりでした．それ以来，あなたもご存じのように，私はたくさんの子供に恵まれました．彼らは皆立派な音楽の才能を覗かせています．私がこの新しい曲を書いているのは，二番目の妻アンナ・マグダレーナのためでもありますが，子供達のためなのです．

ベルヌーイ：子供さん達との素晴らしい関係羨ましいですね．残念ながら自分の家族はそのようにはいきません．何かの理由で私達はいつも喧嘩になる宿命だったのです．私が息子ダニエルと一緒にいろいろな問題を解決したことは先ほど申しました．しかし 6 年前，私はパリ科学アカデミーの 2 年ごとの賞を彼と分け合わなければならなかったのです．賞は本当は私だけのものでなければならないと思いました．その上，ニュートンとライプニッツの激しい論争で，ダニエルはいつもニュートン側に立っていましたが，私は強固にライプニッツを支持して来ました．私はライプニッツが微積分の本当の発明者だと思っているからです．そんな状況下では，彼と一緒に仕事を続けられないと思って，彼に家から出て行くように命じたのです．

バッハ（驚きを隠せずに）：では，お元気で．家族

の皆様にもよろしく．よいお仕事を長い間続けて下さい．

　ベルヌーイ：あなたも．できれば，もう一度お会いして話の続きをしたいものですね．数学と音楽が共通点をたくさんもっていることが分かったのですから．

　二人は握手をし，それぞれの家への長い旅に出る．

注
1. 弦の振動は 18 世紀中ずっと数理物理学における未解決の問題であった．その時代の一流の数学者の多くがそれを解くのに貢献した．その中には，Bernoulli 家の人々，Euler, D'Alembert, Lagrange 等がいた．この問題は，最終的には，1822 年に Joseph Fourier によって解かれた．
2. そのような音の配列を最初に考えたのは Bach ではなかった．"正しい"調律の体系に到達しようという試みはもう 16 世紀にはなされていた．1691 年にオルガン製作者 Andreas Werckmeister は "平均律に調律された" 音階を示唆した．しかし，等分平均律音階が広く知れ渡るようになったのは Bach のおかげだった．*The New Grove Dictionary of Music and Musicians*, vol. 18 (London: Macmillan, 1980), pp. 664-666, 669-670 を見よ．
3. この比の小数値は 1.059 である．これに対して比 16:

15 の値は 1.067 である．このわずかな差は，聴き分けられる範囲に入ってはいるが，非常に小さいので，たいていの人は気にしない．しかし，一人で歌ったり演奏したりするとき，歌手や弦楽器奏者は純正律音階を使うことを好む．

芸術と自然における対数螺旋

対数螺旋ほど科学者,芸術家,博物学者の心に強く訴えた曲線はない.ヤコブ・ベルヌーイが**驚異の螺旋**と名付けたこの螺旋は,他の平面曲線がもたない素晴らしい数学的性質をもつ(p. 220〜227 を見よ).大昔からその優美な形は人々に好まれる装飾のモチーフであった;例外として可能なのは円であるが,円も対数螺旋の特殊な場合である.対数螺旋は,自然界に最も数多く存在する曲線であり,オウムガイ(図54)のようにびっくりするほど正確なものもある.

おそらく対数螺旋について最も注目すべき事実は,どちらの方向から見ても同じに見えるということであろう.もう少し正確に言うなら,中心(極)を通る

図54 オウムガイ

図 55　ひまわり

すべての直線は螺旋と同じ角度で交わる（第 11 章の図 45 を見よ）．このことから**等角**螺旋とも呼ばれている．この性質のため対数螺旋は円と同様な完全対称性をもっている——もちろん，円は交角が 90°で成長率が 0 の対数螺旋の特殊な場合である．

もう一つの特徴は，第 1 の特徴にも関係するが，次のようなものである：対数螺旋を等しい角ずつ回転すると，極からの距離は等しい比で，すなわち等比

数列的に，増大する．したがって，極を通りある一定の角度をなす2直線はどれも螺旋から相似な（合同ではない）扇形を切り出す．オウムガイにこれがはっきりと見える．オウムガイの小室はそれぞれが，大きさが等比数列的に増大する正確な複製になっている．イギリスの博物学者ダーシイ・トムソン（D'Arcy W. Thompson, 1860-1948）は今や古典となっている彼の著作 *On Growth and Form*（成長と形）の中で，対数螺旋は，貝，角，牙，ひまわり（図55）等，数多くの自然の形にとって都合のよい成長模様であるとして，その役割を非常に詳しく論じている．[1] これに渦状銀河"星雲"もその仲間に入れてもよいのだが，トムソンが1917年にその本を出版したときには，星雲などの正確な性質はまだ知られていなかった（図56）．

20世紀初頭，ギリシャ芸術と数学の関係についての関心が蘇った；美学の理論がたくさん生まれ，美の概念を数学的に定式化しようと試みる学者も出た．これが対数螺旋の再発見に繋がった．1914年にセオドア・アンドレア・クック卿（Theodore Andrea Cook）が *The Curves of Life*（生命の曲線）を出版した．その本は約500頁の大著であるが，その全部が対数螺旋とその芸術・自然における役割に充てられていた．ジェイ・ハンビッジ（Jay Hambidge）の *Dynamic Symmetry*（動的対称性，1926）は，完全

図 56 渦状銀河 M 100. ジョルト・フレー (Zsolt Frei) の好意による.

美や完全調和を得ようと懸命に努力するいろいろな年代の美術家達に影響を与えた．ハンビッジは指導原理として**黄金比**を使った．黄金比というのは，直線分を二つに切って，"全体の長さ対長い部分"の比が"長い部分対短い部分"の比に等しくなるような比のことである（図57）．この比はギリシャ文字 ϕ（フィー，ファイ）で表され，$(1+\sqrt{5})/2 = 1.618\cdots$ という値をとる．多くの美術家は，すべての長方形の中で，縦横比が ϕ に等しい長方形――"黄金長方形"――が"最も気持ちのよい"寸法だと信じている；だから，この比が建築で華々しい役割を果たしてきたのだと．すべての黄金長方形から，その横を新しい長方形の縦と見ることにより新しい黄金長方形を作る

図 57 黄金比: C は線分 AB を "全線分 AB 対長い部分 AC" の比が "長い部分 AC 対短い部分 CB" の比に等しくなるように分ける. 全線分の長さを 1 とすると, $1/x = x/(1-x)$ である. これより 2 次方程式 $x^2 + x - 1 = 0$ が得られ, その正の解は $x = (-1 + \sqrt{5})/2$, すなわち約 0.61803 である. 黄金比はこの数の逆数, すなわち約 1.61803 である.

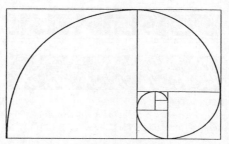

図 58 対数螺旋が内接する "黄金長方形". 各長方形の縦横比は 1.61803… である.

ことができる. この過程は無限に繰り返すことができて, 大きさが 0 に縮む黄金長方形の無限系列が得られる (図 58). これらの長方形は対数螺旋, ハンビッジが彼のモティーフとして使った "黄金螺旋", に外接する. ハンビッジの発想に影響された人にエドワード・エドワーズ (Edward B. Edwards) がいた. 彼の *Pattern and Design with Dynamic Symmetry*

図 59　対数螺旋に基づく装飾．エドワード・エドワーズ，*Pattern and Design with Dynamic Symmetry* (1932; New York: Dover, 1967).

(動的対称性をもつパターンとデザイン，1932) には螺旋模様に基づく装飾デザインが何百と書かれている (図 59).

　オランダの芸術家モーリッツ・エッシャー (Maurits C. Escher, 1898–1972) は彼の最も独創的な仕事のいくつかに螺旋を使用した．*Path of Life* (命の道, 1958) には対数螺旋の格子があり，その螺旋に沿って魚が限りなく巡回しながら泳ぐのが見られる．無限に遠い中心から飛び出るとき魚は白い色をしてい

る；周辺部に近づくにつれ色は灰色となり，そこから中心に向かって戻りそこで消える——生と死の永遠の輪廻．エッシャーは，大きさが等比数列的に増大する同じ形の図形で平面を埋めることに情熱を傾けていたが，この作品には彼の情熱が気品に満ちて表現されている．[2]

長方形の角に4匹の虫がいると思って欲しい．「よーい，どん」の合図で一斉にすべての虫はその隣の虫に向けて動き始める．彼らはどんな道を辿るか？ 彼らはどこで一緒になるか？ 道は中心に収束する対数螺旋であることが分かる．図60に「4匹の虫」の問題に基づくたくさんのデザインの中の一例を示す．

"もし…だったらどうなっただろう"と夢見ることの好きな人がいるが，その人達が考えることの一つを挙げよう．万有引力の法則が二乗に逆比例しないで三乗に逆比例するとしたら，太陽の周りを回る惑星の軌道として可能な形の一つに対数螺旋がある（双曲的螺旋 $r = k/\theta$ の軌道も可能である）．このことはアイザック・ニュートンが彼の *Principia* の第1巻の中で証明した．

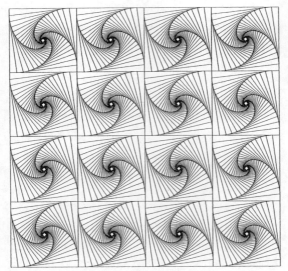

図 60 「4 匹の虫」の問題に基づく装飾デザイン

注と出典

1. この章で引用した本はすべて参考文献にある.
2. Escher の仕事における対数螺旋の詳しい議論については,拙著 *To Infinity and Beyond: A Cultural History of the Infinite* (1987; 複製版 Princeton: Princeton University Press, 1991) を見よ.

12 $(e^x + e^{-x})/2$：垂れた鎖

> それゆえ，私はこれまでに企てたことのない［懸垂線の問題］に挑んだ．そして，幸いにも，私の鍵［微分法］でその秘密を解いた．
> ——GOTTFRIED WILHELM LEIBNIZ（ゴットフリート・ヴィルヘルム・ライプニッツ），*Acta eruditorum*（学者達の雑誌，July 1690）

ベルヌーイ家についてはまだ話すべきことがある．微積分法の発明以後の数十年間数学界を占拠した著名な問題の一つに**懸垂線**（catenary）——垂れた鎖（ラテン語の catena（鎖）から）——の問題があった．この問題は，最速降下線と同様，ベルヌーイ兄弟の一人，今回はヤコブ，によって最初に提案された．*Acta eruditorum*（ライプニッツが8年前に創刊した学者達の雑誌）の1690年5月号の中でヤコブは次のように書いた．"さて次の問題を提案しよう：2定点から自由に垂れ下がったたるんだ紐の形の曲線を求めよ".[1] ヤコブは紐のあらゆる部分が自由に曲げられ，太さが一定である（したがって一様な線密度をもつ）と仮定した．

この有名な問題の歴史は最速降下線の問題の歴史とほぼ並行しており，それに取り組んだ人達もほぼ同じであっ

図 61 懸垂線:垂れ下がった鎖の曲線

た.ガリレオはすでにそれに興味を示していて,求める曲線は放物線であると思っていた.ちょっと見ると,垂れ下がった鎖は確かに放物線に似て見える(図 61).しかし,オランダの科学者のクリスチアン・ホイヘンス(Christian Huygens, 1629-1695)は,懸垂線は放物線にはなり得ないことを証明した.(ホイヘンスは,業績は多いが歴史上どちらかというといつも過小評価されて来た.それは,きっと,彼の前にケプラーやガリレオの時代があり,彼の後にニュートンやライプニッツの時代があって,彼はちょうど二つの時代の間に挟まれて生きたからである.)それは 1646 年のことで,ホイヘンスは 17 歳の若さだった.しかしこのことは実際の曲線を求めることとは別であり,その問題を解く方法は誰も考えつかなかった.それは自然の大きな謎の一つであり,微積分法がなければそれを解くことはできなかったであろう.

ヤコブ・ベルヌーイがこの問題を提起してから1年後の1691年6月,雑誌 *Acta* は投稿された三つの正しい解を公表した.それらは,ホイヘンス(この時62歳),ライプニッツ,ヨハン・ベルヌーイからのものであった.各人が取った方法は異なっていたが,同じ解に到達した.ヤコブ自身はこの問題を解くことができなかったが,それは一層弟のヨハンを喜ばせた.27年後,ヤコブの死後かなり経ってから,解を見つけたのはヤコブではなくヨハンであったというヨハンの主張にどうも疑問をもったらしい同僚の一人に対して,ヨハンは次のような手紙を書いた.

兄がこの問題を提起したとおっしゃいます;それは事実ですが,だからといって兄がそれを解いたといえますか? いえませんね.私の示唆で(というのは最初にそのような問題があると気付いたのは私なんです)兄がこの問題を提起したとき,私達はどちらもそれを解くことができませんでした;ライプニッツが1690年のライプニッツの雑誌の360ページに,自分はその問題を解いたが他の人に時間を与えるため解を公表しないと公に述べるまで,私達はその問題は解決不能なのだと諦めていました.しかし,ライプニッツのこの言葉で私達,兄と私,は元気づけられ,改めて問題に専念したのです.

兄の努力は報われませんでした;私の方は少し運が良くて問題を終わりまで解く技法を見つけたのです.(自慢ではありません.それなのになぜ真実を隠さなければならないので

しょう?)翌朝,喜び勇んで兄の所へ走っていくと,兄はまだこのゴルディオスの結び目のような難題と悲惨な格闘をしていました. 兄はいつもガリレオのように懸垂線は放物線だと考えていて何もできなかったのです. 止め! 止め! 私は兄に言いました,懸垂線は放物線なのだということを証明しようとしてこれ以上苦しまないで下さい. まったくの誤りなのですからと.[2]

ヨハンはこんなことも言っている. これら2種類の曲線のうち,放物線は代数的で懸垂線は超越的であると. ヨハンはいつものように荒々しく締めくくった:"兄の気質をご存じだったでしょう. もし,兄が思いどおりにそうできたとしたら,この問題を最初に解いた名誉をすぐに私から奪ってしまったでしょう. もし兄が本当に解いたのなら,解いた人間の仲間に私一人を入れておくようなことはしませんよ." 悪名高いベルヌーイ家内部の不和——また外部との不和——は時が経っても少しも減らなかった.[3]

懸垂線は,現代式に書けば,方程式 $y = (e^{ax} + e^{-ax})/2a$ で表される曲線であることが分かった. ここで a は鎖の物理的パラメタ——線密度(単位長当たりの質量)および支点における鎖の張力——によって値が決まる定数である. この方程式の発見は新しい微分法の偉大な勝利として歓迎され,この解を求めるのに競い合った人々は自分達の名声を高めるのに最大限にこの勝利を活用した. ヨハンにとっては,"パリの学界に参加するためのパスポート"[4] だ

った.ライプニッツにとっては,謎の問題を解いたのが自分の微分法("鍵")であることを誰もが知ったということであった.この自慢は今日では過剰に聞こえるけれども,17世紀の終わり頃は,最速降下線や懸垂線の問題が数学者にとって最大の難問であったので,それを解いたということは大きな誇りと考えられたとしても当然だったのである.今日ではもう,これらの問題は微積分学の上級コースの練習問題になってしまっているが.[5]

ここで付言しておかなければならないのは,懸垂線の方程式は始めから上記の形で与えられたわけではないということである.数 e はまだ特別の記号を持たず,指数関数はそれだけで一人前の関数とはみなされておらず,対数関数の逆関数とみなされていたということである.ライプニッツ自身が描いた図(図62)がはっきり示すように,懸垂線の方程式はその作図の仕方から分かるだけであった.ライプニッツは,懸垂線が対数を計算する道具,一種の"アナログ(相似型)対数表",として使えるとさえ言っていた."長旅では対数表をなくしてしまうかもしれないから,これはそういうとき役に立つであろう"と彼は言った.[6]
予備の対数表としてポケットの中に"鎖"を持っているとよいとライプニッツは言ったのだろうか?

今世紀になって,懸垂線は世界中で最も堂々たる記念建造物の一つであるアメリカのミズーリ州セントルイスにあるゲートウエイ・アーチ(図63)に不朽の名を留めた.建築家エーロ・サーリネン(Eero Saarinen)によって設

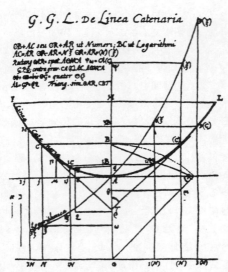

図62 ライプニッツによる懸垂線の作図 (1690)

計され1965年に完成したこのアーチは,正確に懸垂線をひっくり返した形をしており,その頂上はミズーリ川の両岸の上630フィートの高さにそびえ立っている.

◇　◇　◇

$a=1$ のとき懸垂線の方程式は

$$y = \frac{e^x + e^{-x}}{2} \tag{1}$$

である.そのグラフは同じ座標系上に e^x と e^{-x} のグラフ

12 $(e^x+e^{-x})/2$：垂れた鎖

図63 ミズーリ州セントルイスにあるゲートウエイ・アーチ

を描き,各点xの縦座標(高さ)を足して結果を 2 で割ることにより作図できる.そのグラフを図 64 に示すが,作図の仕方から分かるように,グラフは y 軸に関して対称である:

式 (1) の他に,もう一つの式
$$y = \frac{e^x - e^{-x}}{2} \qquad (2)$$
が考えられるが,そのグラフも図 64 に示しておく.式 (1) と (2) は,x の関数とみなしたとき,三角法で学んだ三角関数 $\cos x$ と $\sin x$ に驚くほどよく似た性質をもっている.この類似性に最初に注目したのはイタリアのイエズス会士ヴィンチェンゾ・リッカチ(Vincenzo Riccati, 1707-1775)であった.彼は 1757 年にこれらの関数に対して記号 $\text{Ch}\,x$ と $\text{Sh}\,x$ を導入した:

$$\text{Ch}\,x = \frac{e^x + e^{-x}}{2}, \qquad \text{Sh}\,x = \frac{e^x - e^{-x}}{2}. \qquad (3)$$

彼はこれらが恒等式 $(\text{Ch}\,\varphi)^2 - (\text{Sh}\,\varphi)^2 = 1$(ここで独立変数として文字 φ を使った)を満たすことを示した.この恒等式は,第 2 項に負の符号がついていることを除けば,三角法の恒等式 $(\cos\varphi)^2 + (\sin\varphi)^2 = 1$ と似ている.このことは $\cos\varphi$ と $\sin\varphi$ が単位円 $x^2 + y^2 = 1$ に関係しているのと同じように,$\text{Ch}\,\varphi$ と $\text{Sh}\,\varphi$ が双曲線 $x^2 - y^2 = 1$ に関係していることを示している.[7] リッカチの記号はほとんどそのまま使い続けられてきた;今日我々はこれらの関数を $\cosh\varphi$ と $\sinh\varphi$ と表し,φ のハイパボリックコ

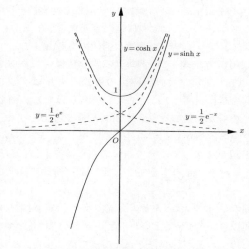

図64 $\sinh x$ と $\cosh x$ のグラフ

サイン,φ のハイパボリックサインと読んでいる.

リッカチも著名な数学者一家の一人であった.リッカチ家はベルヌーイ家の人々ほど業績は多くなかったが,ヴィンチェンゾの父ヤコポ・リッカチ(Jacopo あるいは Giacomo Riccati, 1676-1754)はパドヴァ大学で学び,後にニュートンの仕事をイタリアに普及させるためたくさんのことをした(微分方程式 $dy/dx = py^2 + qy + r$(ここで p, q, r は x の関数)はヤコポ・リッカチに因んでリッカチ方程式と呼ばれている).ヤコポの他の二人の息子,ジョルダーノ(Giordano, 1709-1790)とフランチ

ェスコ (Francesco, 1718-1791) もまた数学者として成功し, フランチェスコは幾何学の原理を建築に適用した. ヴィンチェンゾ・リッカチは双曲線の方程式 $x^2 - y^2 = 1$ と単位円の方程式 $x^2 + y^2 = 1$ の間の類似性に興味をもった. 彼は自分の双曲線関数の理論をもっぱら双曲線の幾何を基に展開した. 今日では, 我々はむしろ関数 e^x と e^{-x} の特殊な性質を使った解析的なやり方をする. 例えば, 恒等式 $(\cosh\varphi)^2 - (\sinh\varphi)^2 = 1$ は, 式 (3) の二つの右辺を 2 乗して, その結果の引き算をして, 恒等式 $e^x \cdot e^y = e^{x+y}$, $e^0 = 1$ を使うことにより簡単に証明できる.

普通の三角法のほとんどの公式には, それに対応した双曲線関数の公式があるということが分かっている. すなわち, 三角法の典型的な恒等式を持ってきて $\sin\varphi$ と $\cos\varphi$ を $\sinh\varphi$ と $\cosh\varphi$ で置き換えると, いくつかの項の符号が変わることもあるが, そうして得られる式はやはり正しい恒等式となる. 例えば, 三角関数は微分の公式

$$\frac{d}{dx}(\cos x) = -\sin x, \qquad \frac{d}{dx}(\sin x) = \cos x \qquad (4)$$

に従う. これに対応する双曲線関数の公式は

$$\frac{d}{dx}(\cosh x) = \sinh x, \qquad \frac{d}{dx}(\sinh x) = \cosh x \qquad (5)$$

である (式 (5) の第 1 の式には負の符号がないことに注意せよ). これらの類似性があるため, 双曲線関数はある不定積分——例えば $(a^2 + x^2)^{1/2}$ の形の積分——の計算に

役立つ（三角関数と双曲線関数のもっと多くの類似性については p. 262〜264 に述べる）．

三角関数の間の**すべて**の関係が，対応する双曲線関数の間の関係をもっていたらよいなと思われるかもしれない．こうすれば，三角関数と双曲線関数を完全に対等と見て，それに基づいて双曲線に円と同じ地位が与えられる．残念ながらこうはならない．双曲線と違って，円は閉じた曲線である：円を一周すると，元の状態に戻る．その結果，三角関数は**周期的**である——その値は 2π ラジアンごとに繰り返す．この性質のため，周期的現象の研究——音楽の音の解析から電磁波の伝播まで——に三角関数が中心的役割を果たすのである．双曲線関数はこの性質をもたないので，数学における役割もそれほど重要でない．[8]

それでも数学では，純粋に形式的な関係が大きなひらめきを生み，新しい概念が発展する動機となったことがしばしばある．次の二つの章では，指数関数の変数 x に虚数を許すことによって，レオンハルト・オイラーが三角関数と双曲線関数の間の関係にまったく新しい基盤を与えたそのやり方を見ることにしよう．

注と出典

1. C. Truesdell, *The Rational Mechanics of Flexible or Elastic Bodies, 1638-1788* (Switzerland: Orell Füssli Turici, 1960), p. 64 から引用．この本にはまた，Huygens, Leibniz, Johann Bernoulli の三人がそれぞれ懸垂線を導出

した方法が載っている.
2. 同上,pp. 75-76.
3. 公平さを期すため述べておかなければならないが,Jakob は Johann の解法を太さが変化する鎖にまで拡張している. Jakob はまた,垂れた鎖がとりうるあらゆる可能な形の中で,懸垂線の重心が一番低いことを証明した——自然が自ら作る形の位置エネルギーを最小にするよう努めていることの一つの兆しである.
4. Ludwig Otto Spiess の言. Truesdell, *Rational Mechanics*, p. 66 に引用.
5. 懸垂線の問題の解については,例えば,George F. Simmons, *Calculus with Analytic Geometry* (New York: McGraw-Hill, 1985), pp. 716-717 を見よ.
6. Truesdell, *Rational Mechanics*, p. 69 から引用.
7. しかし双曲線関数に対しては,三角関数の場合とは異なり,変数 φ が角度の役をしないことに注意せよ.この場合の φ の幾何学的解釈については,付録 7 を見よ.
8. 第 14 章において双曲線関数が**虚数**の周期 $2\pi i$(ここで $i = \sqrt{-1}$)をもつことが分かるであろう.

著しい類似

直交座標での方程式が $x^2 + y^2 = 1$ (図65) であるような単位円——原点を中心として半径1の円——を考えよう．$P(x, y)$ をこの円周上の点とし，正の x 軸と直線 OP の間の角を φ (反時計回りにラジアンで測る) とする．**円関数**あるいは**三角関数** "cos" と "sin" は P の x 座標と y 座標であると定義される：
$$x = \cos\varphi, \qquad y = \sin\varphi.$$
角 φ はまた図65の円の扇形 OPR の面積の2倍と

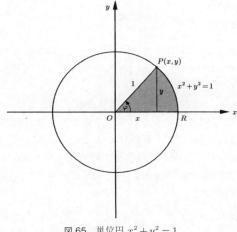

図65 単位円 $x^2 + y^2 = 1$

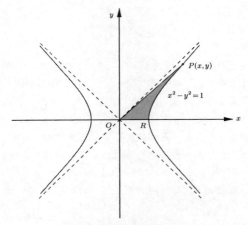

図66 直角双曲線 $x^2 - y^2 = 1$

解釈することもできる,なぜなら,この面積は公式 $A = r^2 \varphi / 2 = \varphi / 2$ (ここで $r=1$ は半径)で与えられるからである.

同様に,**双曲線関数**は直角双曲線 $x^2 - y^2 = 1$ (図66)と関係して定義される.このグラフは,座標軸を反時計周りに $45°$ 回転することによって,双曲線 $2xy = 1$ から,得られる;2本の直線 $y = \pm x$ がこのグラフの漸近線になっている. $P(x,y)$ をこの双曲線上の点とする.そして

$$x = \cosh \varphi, \quad y = \sinh \varphi$$

と定義する.ただし $\cosh \varphi = (e^\varphi + e^{-\varphi})/2$, $\sinh \varphi =$

$(e^\varphi - e^{-\varphi})/2$ (p. 256 を見よ). ここで, φ は x 軸と直線 OP の間の角ではなくて, 単にパラメタ (媒介変数) である.

以下は, 三角関数と双曲線関数の類似の性質を並べて表にしたものである (x を独立変数として使う):

ピタゴラスの関係

$\cos^2 x + \sin^2 x = 1$	$\cosh^2 x - \sinh^2 x = 1$

ここで $\cos^2 x$ は $(\cos x)^2$ の省略記法. 他の関数にも同様の書き方をする.

対称性 (偶奇関係)

$\cos(-x) = \cos x$	$\cosh(-x) = \cosh x$
$\sin(-x) = -\sin x$	$\sinh(-x) = -\sinh x$

$x = 0$ のときの値

$\cos 0 = 1$	$\cosh 0 = 1$
$\sin 0 = 0$	$\sinh 0 = 0$

$x = \pi/2$ のときの値

$\cos \pi/2 = 0$	$\cosh \pi/2 \approx 2.509$
$\sin \pi/2 = 1$	$\sinh \pi/2 \approx 2.301$

(これらの値に特別な意味はない)

加法公式

$$\cos(x+y) = \cos x \cos y - \sin x \sin y$$
$$\cosh(x+y) = \cosh x \cosh y + \sinh x \sinh y$$
$$\sin(x+y) = \sin x \cos y + \cos x \sin y$$
$$\sinh(x+y) = \sinh x \cosh y + \cosh x \sinh y$$

微分公式

$$\frac{d}{dx}(\cos x) = -\sin x \qquad \frac{d}{dx}(\cosh x) = \sinh x$$
$$\frac{d}{dx}(\sin x) = \cos x \qquad \frac{d}{dx}(\sinh x) = \cosh x$$

積分公式

$$\int \frac{dx}{\sqrt{1-x^2}} = \sin^{-1} x + c \qquad \int \frac{dx}{\sqrt{1+x^2}} = \sinh^{-1} x + c$$

$\sin^{-1} x$ と $\sinh^{-1} x$ は，それぞれ，$\sin x$ と $\sinh x$ の逆関数である．

周期性

$$\cos(x+2\pi) = \cos x \qquad \text{実周期なし}$$
$$\sin(x+2\pi) = \sin x \qquad \text{実周期なし}$$

他にも，関数 $\tan x$ ($= \sin x / \cos x$) と $\tanh x$ ($= \sinh x / \cosh x$) の間に類似性があるし，残りの三つの三角関数 $\sec x$ ($= 1/\cos x$)，$\operatorname{cosec} x$ ($= 1/\sin x$)，$\cot x$ ($= 1/\tan x$) とそれらに対応する双曲線関数の間にも類似性がある．

数学や科学において三角関数が大変重要視されるの

は，その周期性のためである．双曲線関数にはこの性質はない．そのため，それほど重要な役割がない；それでも，関数間のいろいろな関係——とくにある類の不定積分——を記述する際には役に立つ．

　面白いことに，双曲線関数のパラメタ φ は角度ではないが，図66の双曲線の扇形 OPR の面積の2倍と解釈できる．これは φ の解釈が図65の円の扇形 OPR の面積の2倍というのと完全に類似している．このこと——ヴィンチェンゾ・リッカチが1750年頃初めて気がついた——の証明は付録7にある．

eを含む面白い公式

$$e = 1 + \frac{1}{1!} + \frac{1}{2!} + \frac{1}{3!} + \frac{1}{4!} + \cdots$$

この無限級数は1665年にニュートンが発見した.
$(1+1/n)^n$ の2項展開式で $n \to \infty$ とすることにより
得られる. 分母の階乗の値が急速に増大するため, この級数は非常に速く収束する. 例えば, 最初の11項の和（1/10! で終わる）は 2.718281801 である；真の値は, 小数点以下9桁に丸めると, 2.718281828 である.

$$e^{\pi i} + 1 = 0$$

これはオイラーの公式と呼ばれ, 数学の最も有名な公式の一つである. これは数学の五つの基本的な定数 $0, 1, e, \pi, i = \sqrt{-1}$ を結びつけている.

$$e = 2 + \cfrac{1}{1 + \cfrac{1}{2 + \cfrac{2}{3 + \cfrac{3}{4 + \cfrac{4}{5 + \cdots}}}}}$$

この無限**連分数**も, そして他にもeとπを含む多くの公式を1737年にオイラーが発見した. 彼は, すべ

ての有理数が有限の連分数で書けること，そしてその逆（これは明らか），を証明した．したがって無限（すなわち，終わりのない）連分数は常に無理数を表す．eを含むオイラーの無限連分数のもう一つに

$$\frac{e+1}{e-1} = 2 + \cfrac{1}{6 + \cfrac{1}{10 + \cfrac{1}{14 + \ddots}}}$$

がある．

$$2 = \frac{e^1}{e^{1/2}} \cdot \frac{e^{1/3}}{e^{1/4}} \cdot \frac{e^{1/5}}{e^{1/6}} \cdots$$

この**無限積**は級数 $\ln 2 = 1 - 1/2 + 1/3 - 1/4 + - \cdots$ から得られる．これは，eが積の**中**に現れる点を除けば，ウォーリスの積，$\pi/2 = (2/1) \cdot (2/3) \cdot (4/3) \cdot (4/5) \cdot (6/5) \cdot (6/7) \cdots$ を連想させる．

応用数学にはeを含む公式がたくさんある．例をいくつか挙げる．

$$\int_0^\infty e^{-x^2/2} dx = \sqrt{\frac{\pi}{2}}$$

この定積分は確率論に登場する．$e^{-x^2/2}$ の不定積分は初等関数（多項式と多項式の比，三角関数と指数関数，およびそれらの逆関数）で表すことはできない；

いいかえれば，初等関数のどんな組み合わせをもってきてもその導関数が $e^{-x^2/2}$ となるようなものは存在しない．

不定積分が初等関数で表せないもう一つの式に，見た目には簡単な関数 e^{-x}/x がある．実際，ある与えられた x から無限大までのこの関数の積分は，**指数積分**と呼ばれ $\mathrm{Ei}(x)$ と書かれる新しい関数を**定義**する：

$$\mathrm{Ei}(x) = \int_x^\infty \frac{e^{-t}}{t} \mathrm{d}t$$

（積分の下端 x と混同しないように積分変数は t と記してある）．このいわゆる特殊関数は，初等関数を使って閉じた形に表すことはできないが，任意の与えられた正の x に対する値が計算されて表になっているという意味では，既知とみなすべきである（被積分関数 e^{-x}/x をべき級数で表し，項別に積分できるからである）．

与えられた関数 $f(t)$ に対する定積分

$$\int_0^\infty e^{-st} f(t) \mathrm{d}t$$

の値はパラメタ s に依存する；したがって，この定積分によって s の関数 $F(s)$ が定義される．この $F(s)$ を $f(t)$ の**ラプラス変換**と呼び $\mathcal{L}\{f(t)\}$ と書く：

$$\mathcal{L}\{f(t)\} = \int_0^\infty e^{-st} f(t) \, \mathrm{d}t.$$

ラプラス変換は多くの便利な特質を有しているので（すべて e^{-st} の性質による），広く応用で使われている——とくに線形微分方程式を解くときに（常微分方程式の教科書を見よ）．

13 e^{ix} : "最も有名な公式"

> ド・モアヴル（De Moivre）が発見しオイラーが発展させた有名な公式——おそらく公式という公式の中で最も簡潔で有名な公式——がある：$e^{i\pi}+1=0$ …. 神秘論者，科学者，哲学者，数学者，皆に同じように訴えるところがある公式である．
> ——EDWARD KASNER AND JAMES NEWMAN（エドワード・カスナー，ジェームズ・ニューマン），*Mathematics and the Imagination*（数学と想像，1940）

ベルヌーイの家族をバッハの家族になぞらえるのであれば，レオンハルト・オイラー（Leonhard Euler, 1707-1783）は紛れもなく数学におけるモーツァルト（Mozart）であろう．オイラーが残した莫大な量の業績はまだ全部は出版されていないが，まとめれば少なくとも 70 巻を超えると見積もられている．オイラーは解析学，整数論，力学，流体力学，地図製作，位相幾何，月の運動理論等々さまざまな分野に業績を印しており，彼が触れなかった数学の領域はほとんど残っていなかった．ニュートンを別にすれば，オイラーの名前は古典数学の中で最も頻繁に登場する．さらに今日我々が使っている数学の記号の多くもオイラーに負うものである（その中には $i, \pi, e, f(x)$ 等があ

る).それでもまだ足りないとでもいうのか,彼は科学を大いに広め,科学,哲学,宗教,公共の事柄等のあらゆる側面に関する大量の手紙を残している.

レオンハルト・オイラーは 1707 年バーゼルで牧師の家に生まれた.父パウル・オイラー (Paul Euler) は息子を同じ職業に就かせようとした.しかしパウルはヤコブ・ベルヌーイの下で数学を学び,数学にもよく通じていた.息子の数学の才能に気がついたとき,彼は気持を変えた.これにはベルヌーイ家の人が関係している.ヤコブの弟ヨハンは個人的に若いオイラーに数学を教え,息子には息子の興味を追求させるよう父パウルを説得した.1720 年にレオンハルト・オイラーはバーゼルの大学に入り,ちょうど 2 年で卒業した.その時から 76 歳で死ぬまで,彼の数学的創造性は止まるところを知らなかった.

仕事のため彼は長期間外国に滞在することになった.1727 年にサンクトペテルブルグの科学アカデミーの会員になるよう招待され受諾した.再びベルヌーイ家の人々が関係することになった.ヨハンから授業を受けている間に,オイラーはヨハンの二人の息子,ダニエルとニコラウスと友達になった.若いベルヌーイ家の二人はその何年か前にすでにサンクトペテルブルグのアカデミー会員になっていた(不幸にもニコラウスはそこで溺死し,ベルヌーイ家の一人の前途有望な生涯は早すぎる幕となった).彼らはアカデミーに対してオイラーを招待するように説いた.しかし,オイラーが新しい職に就こうとペテルブルグ

についたその日,女帝エカテリーナⅠ世が死に,ロシアは不安定な抑圧の時代に入った.アカデミーは国家予算の無駄使いとみなされ,資金が断たれた.そこで,オイラーはその地で生理学の助手として働き始めた.1733年にダニエル・ベルヌーイがバーゼルに帰り,その後を継いでオイラーはやっと数学の教授になった.この年にまた,オイラーはエカテリーナ・グセル (Catherine Gsell) と結婚した;13人の子供ができたが,5人を除いて幼児期に死んでしまった.

オイラーは14年間ロシアで過ごした.1741年にフリードリッヒ大王から,プロシアが科学・芸術で優れた役割を果たそうという王の努力の一環として,ベルリン科学アカデミーの会員になるよう誘われ,それを受諾した.オイラーはそこに25年滞在した.しかしフリードリッヒ大王との仲が常によかったわけではなかった.二人は性格も異なっていたが,アカデミーの政策についての意見も違っていた.君主は静かなオイラーより派手な人間を好んだ.この時期にオイラーは大衆向けの本 *Letters to a German Princess on Diverse Subjects in Physics and Philosophy*(物理学と哲学のさまざまな話題についてのドイツの王女への手紙)を書いた(1768年から1772年の間に3巻出版した).この中で彼は幅広い科学の話題について彼の意見を発表した(この王女はフリードリッヒの姪でオイラーは彼女に個人授業をしていた).*Letters* は版を重ね翻訳もたびたび出た.オイラーは科学的な仕事

——技術的なものも解説的なものも——すべてにおいて常に明瞭で簡単な言葉を使い,彼の考えの筋道を辿りやすいようにした.

1766年,オイラーは60歳近くになっていたが,ロシアの新しい支配者エカテリーナII世(Catherine "大帝")からサンクトペテルブルグへ戻るよう招かれた(ベルリンでの彼の後継者はラグランジュであった).この女帝はオイラーにあらゆる可能な物質的恩恵を与えたが,その時期の彼には悲惨なことが多く散々だった.ロシアに最初に滞在したとき,彼は右目の視力を失った(ある風説によれば,働き過ぎで;また他の噂によれば,目を保護せずに太陽を観察したため).2度目の滞在中の1771年,もう一つの目もまた視力を失った.同じ年,彼の家が焼け,原稿を多数消失した.5年後に妻が死んだが,オイラーは一人でいられず70歳で再び結婚した.その時はもう完全に盲目であったが,それでも相変わらず仕事を続け,子供達や学生達に彼の多数の成果を口述して書き取らせた.その際,彼の並外れた記憶力が助けになった.彼は50桁の暗算ができたというし,紙に書かないでも長い一連の数学的推論を覚えていられたという.彼は桁外れの集中力を持ち,子供を膝の上に抱きながらむずかしい問題を考えることがよくあった.1783年9月18日彼は新しく発見された惑星,天王星,の軌道の計算をしていた.夕方,孫と遊んでいるとき突然発作に襲われすぐ亡くなった.

この短い概説の中でオイラーの膨大な量の仕事を正しく

紹介することはほとんど不可能である．彼の仕事の範囲がいかに広かったかは，数学の範囲の両極端にある二つの研究分野の基礎を彼が築いたという事実が最もよく示している：一つは整数論で，数学の全分野の中で"最も純粋"；もう一つは解析力学で，古典的数学の中で最も"実用的"な分野である．前者は，フェルマーの偉大な貢献にもかかわらず，オイラーの時代にはまだ一種の数学的娯楽と考えられていた；オイラーはそれを数学研究の中で最も尊敬に値する分野の一つに仕上げた．力学ではニュートンの三つの運動方程式を一組の微分方程式として定式化し直し，動力学を解析学の一部とした．彼はまた流体力学の基本法則を定式化した；流体の運動を支配するこの方程式（オイラーの方程式と呼ばれている）は数理物理学のこの分野における基礎である．オイラーはまた位相幾何学（図形の連続的変形を扱う数学の分野で，*analysis situs*——"位置の解析"——とも呼ばれる）の創始者の一人とみなされている．彼は，任意の単純な多面体（穴のない立体）の頂点の数 V，辺の数 E，面の数 F を関係づける有名な公式 $V - E + F = 2$ を発見した．

オイラーの数多くの仕事のうち最も影響を与えたのが 1748 年に出版された 2 巻の本 *Introductio in analysis infinitorum*（無限解析入門）であった．これは現代的な解析学の基礎とみなされている．オイラーは無限級数，無限積，連分数に関する多数の発見をこの本の中にまとめた．この中には，2 から 26 までのすべての偶数 k に対す

る級数 $1/1^k + 1/2^k + 1/3^k + \cdots$ の和がある．($k=2$ のときこの級数は $\pi^2/6$ に収束する．オイラーは 1736 年にすでに気がついていて，ベルヌーイ兄弟にも解けなかった一つの謎を解いた．) *Introductio* の中でオイラーは，関数を解析学の中心概念とした．彼の関数の定義は本質的には今日我々が応用数学や物理学で使っているものである（純粋数学では"写像"の概念がそれに置き換わったが）："変量の関数とは，その変量と数や定量から作られる任意の解析的な式のことである"．もちろん，関数の概念はオイラーに始まるのではなく，ベルヌーイもオイラーと非常によく似た言葉でそれを定義した．しかし関数に対して現代の記法を導入し，あらゆる種類の関数にその記号を使ったのはオイラーであった．あらゆる種類の関数——陽関数でも陰関数でも（陽関数の場合は $y = x^2$ のように独立変数は方程式の片側に分離されている；陰関数の場合は $2x + 3y = 4$ のように二つの変数が一緒になって現れる），連続関数でも不連続関数でも（彼の不連続関数は実際には不連続な導関数をもつ関数，すなわちグラフの傾きが突然切れる関数のことであって，グラフそのものが不連続になるのではなかった），また独立変数が多数ある関数でも（$u = f(x, y)$ とか $u = f(x, y, z)$ のように）．そして彼は関数の無限級数展開や無限積展開を自由に使用した——慎重さを欠いていて今日ではとても許されないようなものも多いのだが．

解析学における数 e と関数 e^x の中心的役割に注意を喚

起したのは *Introductio* が初めてであった．すでに述べたように，オイラーの時代までは指数関数は単に対数関数の逆とみなされていた．オイラーは二つの関数に独立な定義を与え，二つを対等な立場に置いた：

$$e^x = \lim_{n \to \infty} (1+x/n)^n, \quad (1)$$

$$\ln x = \lim_{n \to \infty} n(x^{1/n} - 1). \quad (2)$$

二つの式が本当に逆であることの手がかりは，式 $y = (1+x/n)^n$ を x について解くと，$x = n(y^{1/n} - 1)$ が得られるというところにある．しかし，文字 x と y の交換のほかに，$n \to \infty$ のとき二つの式の**極限**が逆関数を定めるということを示すのがもっとむずかしい仕事なのである．それには極限操作に関する微妙な論法が必要なのであるが，オイラーの時代にはまだ無限の過程を無頓着に扱うことは習慣として容認されていた．したがって，例えば，彼は"無限数"を表すのに文字 i を使って実際に式 (1) の右辺を $(1+x/i)^i$ と書いた，今日なら大学 1 年生でもそのようなことはしないであろう．

オイラーは，初期の仕事の一つである，"最近なされた大砲の発射実験についての考察"という題の論文の中ですでに，数 $2.71828\cdots$ を表すのに文字 e を使っていた．この論文は彼が，弱冠 20 歳の 1727 年に書いたものであった（彼の死後 80 年経った 1862 年になってやっと出版された）．[1] 1731 年の手紙の中で文字 e が再びある微分方程

式に関連して姿を見せた；オイラーはそれを"双曲線対数が＝1になるような数"と定義している．出版された本にeが最初に姿を見せるのは，オイラーが解析力学の基礎を築いた *Mechanica*（力学，1736）の中でであった．なぜ彼が文字eを選んだか？ 大方の意見の一致はない．ある意見では，**指数の**（exponential）という語の最初の文字だからオイラーがそれを選んだという．もう少し本当らしいのが，文字a, b, c, dは数学のどこかによく出てくるので，アルファベットの中であまり"使われない"最初の文字を彼は自然に使ったという．時々いわれるように，自分の名前の頭文字だから選んだということはないであろう：彼は非常に控えめな人間で，彼の仲間や学生の業績が認められるように，自分の業績の出版を遅らせることも多かったくらいだから．いずれにせよ，彼の選んだ記号eは，他の多くの彼の記号同様，世の中に広く受け入れられるようになった．

オイラーは指数関数の定義（式（1））を指数関数の無限べき級数展開のために使った．第4章で見たように，$x=1$のとき式（1）は級数

$$\lim_{n\to\infty}\left(1+\frac{1}{n}\right)^n = 1+\frac{1}{1!}+\frac{1}{2!}+\frac{1}{3!}+\cdots. \quad (3)$$

になる．$1/n$をx/nに置き換えて式（3）に至る行程を繰り返すと（p.75〜76を見よ），式を少々変形した後，無限級数

$$\lim_{n\to\infty}\left(1+\frac{x}{n}\right)^n = 1+\frac{x}{1!}+\frac{x^2}{2!}+\frac{x^3}{3!}+\cdots \quad (4)$$

が得られる.これはよく見慣れた e^x のべき級数である.この級数は x のすべての実数に対して収束することが示される;実際,分母が急に増大するため級数は非常に速く収束する.通常 e^x の数値を求めるのにはこの級数による;求める精度を達成するのに普通は始めの数項で十分である.

Introductio の中でオイラーは別種の無限過程——すなわち,連分数——も扱った.例えば,分数 13/8 を考える.これは $1+5/8 = 1+1/(8/5) = 1+1/(1+3/5)$ と書くことができる;すなわち,

$$\frac{13}{8} = 1+\cfrac{1}{1+\cfrac{3}{5}}.$$

オイラーは,すべての有理数は**有限**な連分数で書けることを証明し,また,無理数は無限の連分数で表され分数の連鎖が終ることがないことを証明した.例えば,無理数 $\sqrt{2}$ に対しては

$$\sqrt{2} = 1+\cfrac{1}{2+\cfrac{1}{2+\cfrac{1}{2+\cdots}}}$$

である.またオイラーは無限級数を無限連分数で書くには

どうするか，またその逆，を示した．こうして，式 (3) を出発点として，彼は数 e を含む面白い連分数をたくさん導入した．その中の二つを挙げると

$$e = 2 + \cfrac{1}{1 + \cfrac{1}{2 + \cfrac{2}{3 + \cfrac{3}{4 + \cfrac{4}{5 + \ddots}}}}}$$

$$\sqrt{e} = 1 + \cfrac{1}{1 + \cfrac{1}{1 + \cfrac{1}{1 + \cfrac{1}{5 + \cfrac{1}{1 + \cfrac{1}{1 + \cfrac{1}{9 + \cfrac{1}{1 + \ddots}}}}}}}}}$$

である（第1の公式の特徴は，始めの2を式の左辺に移せばはっきりする；これはeの小数部分 0.718281… を与える式である）．これらの式は無理数を 10 進展開したと

きの一見ランダムに見える数字の分布と比較して，規則性が際立っている．

オイラーは非常に実験好きな数学者だった．子供が玩具で遊ぶように彼は公式で遊んだ——何か面白いものが得られるまであらゆる種類の代入をしたりして．その結果が世界を沸かせることになったことも多い．彼は e^x の無限級数の式 (4) を取り上げて，大胆にも実変数 x のところに虚数の式 ix （ここで $i = \sqrt{-1}$）を代入した．それまで関数 e^x の定義では，変数 x は常に実数を表していたのだから，これは数学的にものすごく**無謀**なことであった．実数を虚数で置き換えるなどということは，無意味な記号の遊戯でしかない．しかし，オイラーは彼の公式に確信をもち，無意味なものを意味深いものにしたのだった．式 (4) の x を形式的に ix で置き換えると，

$$e^{ix} = 1 + ix + \frac{(ix)^2}{2!} + \frac{(ix)^3}{3!} + \cdots \qquad (5)$$

が得られる．ところで，-1 の平方根で定義される記号 i はその整数乗が周期 4 で繰り返す性質をもっている： $i = \sqrt{-1}$, $i^2 = -1$, $i^3 = -i$, $i^4 = 1$, $\cdots$．したがって，式 (5) は

$$e^{ix} = 1 + ix - \frac{x^2}{2!} - \frac{ix^3}{3!} + \frac{x^4}{4!} + - \cdots \qquad (6)$$

と書くことができる．オイラーはもう一つの掟破りをした：式 (6) の順序を変え，すべての実数項と虚数項を別々にまとめなおした．これは危険な場合がある：和に影

響を与えずにいつでも項の順序を変えられる有限和とは違って，無限級数で同じようなことをすると和が変わってしまう可能性がある．あるいはさらに，収束級数が発散級数に変わってしまうかもしれない．[2] しかしオイラーの時代，このようなことはまだ十分に認識されていなかった．無限の過程でのんびりと遊ぶ時代に彼は生きていたのである——ニュートンの流率法やライプニッツの微分もそんな精神であった．こうして，式 (6) の項の順序を変えることにより，彼は級数

$$\mathrm{e}^{\mathrm{i}x} = \left(1 - \frac{x^2}{2!} + \frac{x^4}{4!} - + \cdots\right) + \mathrm{i}\left(x - \frac{x^3}{3!} + \frac{x^5}{5!} - + \cdots\right) \tag{7}$$

に到達した．括弧の中の二つの級数が，それぞれ，三角関数 $\cos x$ と $\sin x$ のべき級数であることはオイラーの時代にはすでに知られていた．このようにしてオイラーは注目すべき公式

$$\mathrm{e}^{\mathrm{i}x} = \cos x + \mathrm{i}\sin x \tag{8}$$

に辿り着いた．これは，指数関数（虚の変数ではあるが）を直接普通の三角法と関係づける式なのである．[3] 式 (8) の $\mathrm{i}x$ を $-\mathrm{i}x$ で置き換え，恒等式 $\cos(-x) = \cos x$, $\sin(-x) = -\sin x$ を使うことにより，オイラーは相棒の式

$$\mathrm{e}^{-\mathrm{i}x} = \cos x - \mathrm{i}\sin x \tag{9}$$

を得た．最後に彼は，式 (8) と (9) を足して，また引いて，$\cos x$ と $\sin x$ を指数関数 $\mathrm{e}^{\mathrm{i}x}$ と $\mathrm{e}^{-\mathrm{i}x}$ で表すことに

成功した：

$$\cos x = \frac{e^{ix}+e^{-ix}}{2}, \qquad \sin x = \frac{e^{ix}-e^{-ix}}{2i}. \qquad (10)$$

これらの関係は"三角関数に対する"オイラーの公式として知られる（あまりにも多くの公式に彼の名が付けられているので"オイラーの公式"というだけでは不十分である）．

オイラーは厳密とはいえないやり方で数多くの結果を導いたが，ここで述べた各公式は厳格さの試験にも耐えるものであった——実際，今日これらの公式を正しく導出することは，上級の微積分学の標準的な練習問題となっている．[4] オイラーは，彼より半世紀前のニュートンやライプニッツ同様，開拓者であった．"仕上げ"——これら三人が発見した数多くの結果を正確に，厳密に証明すること——は新しい世代の数学者，とくにジャン・ルロン・ダランベール（Jean-le-Rond D'Alembert, 1717-1783），ジョゼフ・ルイ・ラグランジュ（Joseph Louis Lagrange, 1736-1813），オギュスタン・ルイ・コーシー（Augustin Louis Cauchy, 1789-1857）等の仕事として残された．このような努力は 20 世紀に至るまで続いた．[5]

指数関数と三角関数のこの注目すべき結びつきが発見されたことによって，他の予期しない関係が次々と明らかになったのはごく自然なことであった．式（8）において $x=\pi$ と置き，$\cos\pi=-1$, $\sin\pi=0$ を考慮することによって，オイラーは公式

$$e^{\pi i} = -1 \qquad (11)$$

を得た.もし"注目すべき"という形容詞が式 (8) と (9) に対する適切な記述であるとすれば,式 (11) の記述に適当な言葉を探さなければならない;式 (11) は確かにすべての数学の中で最も美しい公式の一つであるに違いない.実際,$e^{\pi i}+1=0$ と書き換えることによって,数学で最も重要な五つの定数(そして三つの最も大切な数学の演算——加法,乗法,累乗)を繋ぐ公式が得られる.これら五つの定数は,古典的数学の四つの主な分野を象徴している:算術は 0 と 1 によって;代数学は i によって;幾何学は π によって;解析学は e によって,それぞれ,象徴される.多くの人がオイラーの公式にいろいろと神秘的な意味を見出したのも不思議ではない.エドワード・カスナーとジェームズ・ニューマンは *Mathematics and the Imagination* の中でエピソードを一つ語っている:

> 19 世紀におけるハーバードの一流の数学者の一人だったベンジャミン・パース (Benjamin Peirce) にとって,オイラーの公式 $e^{\pi i}=-1$ は神のお告げのようなものだった.ある日彼はそれを発見したとき,学生に向いて言った:
> "諸君,これは確かに真実だ;絶対に自己矛盾だ;我々には理解できない;何を意味しているのか分からない.しかしそれは証明されている;したがって,それは真実でなければならない."[6]

注と出典

1. David Eugene Smith, *A Source Book in Mathematics* (1929; 複製版 New York: Dover, 1959), p. 95.
2. 詳細については拙著 *To Infinity and Beyond: A Cultural History of the Infinite* (1987; 複製版 Princeton: Princeton University Press, 1991), pp. 29-39 を見よ.
3. しかし，この公式に最初に到達したのは Euler ではなかった．1710 年頃 Newton の *Principia* の第 2 版の出版を手伝っていたイギリスの数学者 Roger Cotes (1682-1716) が，Euler の公式と等価な公式 $\log(\cos\varphi + i\sin\varphi) = i\varphi$ のことを述べていた．これは，Cotes の主要業績をまとめた *Harmonia mensurarum* (諸量の調和；彼の死後 1722 年に出版された) の中に書かれている．そのことが書いてある章の始めに名前が出てくる Abraham De Moivre (1667-1754) は，有名な公式 $(\cos\varphi + i\sin\varphi)^n = \cos n\varphi + i\sin n\varphi$ を発見した人であるが．この公式は Euler の公式から見ると恒等式 $(e^{i\varphi})^n = e^{in\varphi}$ になる．De Moivre はフランスで生まれたが，人生の大部分をロンドンで過ごした；Cotes 同様彼も Newton の仲間の一人で，Newton と Leibniz の間の微積分法の発明に関する先取権論争を調査した英国学士院の委員会の委員であった．
4. 確かに，Euler は不注意な間違いをいくつもした．例えば，恒等式 $x/(1-x) + x/(x-1) = 0$ を取り上げ，その二つの項をそれぞれ長い割り算をすることによって公式 $\cdots + 1/x^2 + 1/x + 1 + x + x^2 + \cdots = 0$ に到達したが，これは明

らかに不合理である．(なぜなら，級数 $1+1/x+1/x^2+\cdots$ は $|x|>1$ のときにだけ収束し，一方，級数 $x+x^2+\cdots$ は $|x|<1$ のときにだけ収束する．二つの級数を足すのは意味がない．) Euler の不注意は，無限級数の値がその級数によって表される関数の値であると考えたことから生じた．今日ではそのような解釈が成り立つのは級数の収束範囲内においてだけであるということが分かっている．Morris Kline, *Mathematics: The Loss of Certainty* (New York: Oxford University Press, 1980), pp. 140-145 を見よ．
5. 同上 ch. 6.
6. (New York: Simon and Schuster, 1940), pp. 103-104. Peirce は Euler の公式に大いに感心して π と e にどちらかというと見慣れない記号を提案した(p. 286 を見よ)．

eの歴史における一つの奇妙なエピソード

ベンジャミン・パース（Benjamin Peirce, 1809-1880）は 24 歳の若さでハーバード大学の数学の教授になった．[1] オイラーの公式 $e^{\pi i} = -1$ に魅せられ，彼は π と e に新しい記号を考案した．その理由は

ネーピアの底や，円周と直径の比を表すのに今使っている記号は，いろいろな理由から，不便である；また，これら二つの量の間の密接な関係も記号の中に織り込まれなければならない．そこで私の講義で使って成功した次のような記号を提案したい：

   ∩ 円周と直径の比を表す記号，
   ∩ ネーピアの底を表す記号．

前者の記号は文字 c（circumference= 円周）を変形したもの，後者は b（base= 底）を変形したものである．これらの量の間の関係は式

$$∩^∩ = (-1)^{-\sqrt{-1}}$$

によって示される．

パースは自分の提案を 1859 年 2 月の *Mathematical Monthly*（月刊数学）で公にし自分の本 *Analytic Mechanics*（解析力学, 1855）の中で使った．彼の二人の息子，チャールズ・サンダース・パース

図67 π, e, i に対するベンジャミン・パースの記号は，ジェームズ・ミルズ・パースの *Three and Four Place Tables* (Boston, 1871) の扉に現れている．この公式はオイラーの公式 $e^{\pi i} = -1$ を変装したものである．フローリアン・カジョリ (Florian Cajori), *A History of Mathematical Notations* (数学の記号の歴史, 1928-1929; La Salle, Ill.: Open Court, 1951) から許可を得て転載．

(Charles Sanders Peirce) とジェームズ・ミルズ・パース (James Mills Peirce) は共に数学者であったが，父の記号を続けて使い，ジェームズ・ミルズは自分の *Three and Four Place Tables* (3桁および4桁の表, 1871) の飾りに式 $\sqrt{e^\pi} = \sqrt[i]{i}$ を使った（図67）．[2]

パースの提案があまり熱心に受け入れられなかったのは驚くに値しない．印刷上のむずかしさはさておき，彼の記号 ∩ と ∩ を区別するには少々熟練がいる．彼の学生達は伝統的な π や e を好んだそうである．[3]

注

1. David Eugene Smith, *History of Mathematics*, 全2巻．(1923; 複製版 New York: Dover, 1958), 1:532.
2. この方程式は, Benjamin Peirce の方程式 $e^\pi =$

$(-1)^{-i}$ 同様，Euler の公式の記号を形式的に操作すれば導くことができる．
3. Florian Cajori, *A History of Mathematical Notations*, vol. 2, *Higher Mathematics* (1929; 複製版 La Salle, Ill.: Open Court, 1951), pp. 14-15.

14 e^{x+iy}：虚が実になる

> この主題[虚数]が今まで神秘的な暗闇に包まれてきた原因は，主として記号法が主題によく適応しないことにある．例えば，$+1$, -1, $\sqrt{-1}$ を正，負，虚（あるいは不可能）と呼ばずに，直進，逆，横の単位と呼んだとしたら，そのような暗闇は解消していたであろうに．
> ——CARL FRIEDRICH GAUSS（カルル・フリードリッヒ・ガウス，1777-1855）[1]

e^{ix} のような式が数学に導入されたため疑問が生じた：そのような式が正確には何を意味するのか？ 指数が虚数だから，例えば $e^{3.52}$ の値を計算するのと同じ感覚で e^{ix} の値を計算することはできない——もちろん，虚数の場合に"計算する"という言葉で何を表すかを明らかにしない限り．こうして，量 $\sqrt{-1}$ が数学の舞台に初めて登場した 16 世紀に我々は連れ戻されることになる．

それ以来ずっと "虚数"（imaginary number ＝ 想像上の数）と呼ばれてきた概念はまだ神秘的な霊気に包まれており，虚数に初めて出会う人は誰もがその見慣れぬ性質に興味を抱く．しかし "見慣れぬ" というのは相対的なものである：十分慣れてくると，昨日見慣れなかったものが今日はありふれたものとなることもある．数学的には，例え

ば，負の数が馴染み深いのと同じように，虚数も馴染み深いものとなっている；虚数は確かに普通の分数より扱うのはやさしい（普通の分数には $a/b+c/d=(ad+bc)/bd$ のような加法の"奇妙な"法則がある）．実は，オイラーの公式 $e^{\pi i}+1=0$ に現れる5個の有名な数の中で $i=\sqrt{-1}$ はたぶん一番興味が薄いものであろう．しかし，数学で虚数——およびそれを拡張した複素数——がとても大切になるのは，我々の数体系の中にこの数 $i=\sqrt{-1}$ を正式に受け入れているからである．

1次方程式 $x+a=0$（a は正）を解く必要から負の数ができたように，2次方程式 $x^2+a=0$（a は正）を解く必要から虚数ができた．とくに，"虚数単位" $\sqrt{-1}$ は方程式 $x^2+1=0$ の二つの解のうちの一つ（もう一つは $-\sqrt{-1}$）として定義される．ちょうど，"負の単位" -1 が方程式 $x+1=0$ の解として定義されるように．さて，方程式 $x^2+1=0$ を解くということは，2乗したものが -1 になるような数を求めることである．もちろん，実数の2乗は負にはならないから，実数では駄目である．このように**実数の領域**では方程式 $x^2+1=0$ は解をもたない．ちょうど正の数の領域では方程式 $x+1=0$ が解をもたないように．

2000年の間，数学はこれらの限界に悩まされることなく栄えてきた．ギリシャ人達は負の数を認めなかったし認める必要もなかった（例外が一つ知られている：ディオファントス（Diophantos）が西暦紀元275年頃

Arithmetica（算術）の中で負の数について述べている；彼らの興味は主に幾何学や，長さ，面積，体積のような量で，それらを記述するには正の数だけで完全に足りていた．インドの数学者ブラマグプタ（Brahmagupta，西暦紀元 628 年頃）が負の数を使ったが，中世ヨーロッパではほとんどそれを無視し，それを "架空の" あるいは "馬鹿げた" ものとみなしていた．確かに引き算を "取り去る" 行為と見る限り，負の数は馬鹿げている：例えば 3 個の林檎からそのうちの 5 個を取り去ることはできない．しかし，負の数は別のルートで数学の中に入ってきた．それは，主に，2 次方程式や 3 次方程式の根としてであったり，また実際問題と関連してであったりした（レオナルド・フィボナッチ（Leonardo Fibonacci）は 1225 年に，財務問題で生じる負の根を利益ではなくて，損失と解釈した）．文芸復興期ですら，依然として数学者達はそれを不自然と感じていた．それを最終的に受け入れる方向へもっていった重要な一歩は，ラファエル・ボンベルリ（Rafael Bombelli，生まれは 1530 年頃）によってなされた．彼は数を直線上の長さと考え，算術の四則演算を直線に沿っての移動と解釈することによって，実数に幾何学的解釈を与えた．しかし，引き算を**足し算の逆**と解釈できるようになって，初めて負の数を我々の数体系に正式に受け入れることができるようになったのである．[2]

虚数も同じような発展をしてきた．a が正のとき方程式 $x^2 + a = 0$ は解くことが不可能であるということは何世紀

もの間知られていたが，その困難を克服しようという試みがゆっくりと始まっていた．その最初の一つが1545年にイタリアのジロラモ・カルダノ（Girolamo Cardano, 1501-1576）によってなされた．彼は，和が10で積が40になる二つの数を求めようとした．ここから2次方程式 $x^2 - 10x + 40 = 0$ が導かれ，その二つの解は，2次方程式の解の公式から簡単に求められ，$5 + \sqrt{-15}$ と $5 - \sqrt{-15}$ である．最初カルダノは，これらの式の値を求めることができなかったので，この形の"解"をどんな風に扱っていいか分からなかった．しかし，彼はこれら虚の解が普通の算術法則にすべて従うとして，純粋に形式的に演算をすると，二つの解が問題の条件を完全に満たすという事実に興味を抱いた：$(5+\sqrt{-15})+(5-\sqrt{-15}) = 10$, $(5+\sqrt{-15}) \cdot (5-\sqrt{-15}) = 25 - 5\sqrt{-15} + 5\sqrt{-15} - (\sqrt{-15})^2 = 25 - (-15) = 40$.

時が経つにつれ，$x + \sqrt{-1}y$ という形の量——今日では**複素数**と呼び $x + iy$ と書く（x と y は実数，$i = \sqrt{-1}$）——はどんどんと数学の仲間入りをするようになった．例えば，一般の3次方程式を解くには，たとえ最終的な解が実数になる場合でも，これらの量を取り扱う必要があった．しかし，19世紀の始めになってやっと数学者達は複素数に抵抗感がなくなり，それをまともな数として受け入れるようになった．

複素数の数学の中での地位が認められていく過程において，二つの展開が大いに役立った．まず，1800年頃，

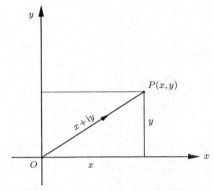

図68 複素数 $x+iy$ は向きをもった直線分,すなわちベクトル,OP で表される.

量 $x+iy$ に簡単な幾何学的解釈を与えることができることが示された.直交座標系では点 P はその座標 x と y を使って位置が指定される.もし x 軸と y 軸を,それぞれ,"実"軸と"虚"軸と解釈するなら,複素数 $x+iy$ は点 $P(x,y)$ で表される.あるいは同じことだが,直線分(ベクトル)OP で表される(図68).すると,ベクトルを足したり引いたりするのと同じように,実成分と虚成分を別々に足したり引いたりすることにより,複素数を足したり引いたりできる:例えば,$(1+3i)+(2-5i)=3-2i$ (図69).このグラフ表現はほとんど同時に異なる国の3人の科学者が言い出した:ノルウェーの測量技師カスパー・ヴェッセル(Casper Wessel, 1745-1818)

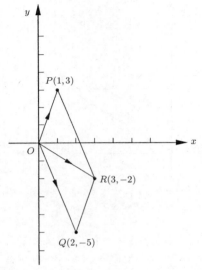

図69 二つの複素数を足すには,それらのベクトル
を足せばよい:$(1+3i)+(2-5i)=3-2i$.

が1797年に;フランスのジャン・ロベール・アルガン (Jean Robert Argand, 1768-1822) が1806年に;ドイツのカルル・フリードリッヒ・ガウス (Carl Friedrich Gauss, 1777-1855) が1831年に.

第2の展開はアイルランドの数学者ウィリアム・ロワン・ハミルトン (William Rowan Hamilton, 1805-1865) によるものである. 1835年に彼は複素数を,ある演算法則に従う実数の**順序対**として扱うことにより,

純粋に形式的に複素数を定義した.ハミルトンによれば,"複素数"は順序対 (a,b) として定義される.ここで a と b は実数である.二つの対 (a,b) と (c,d) が等しいのは,$a=c$ で $b=d$ のときであり,そのときに限る.対 (a,b) に実数 k("スカラー")を掛けると,対 (ka,kb) ができる.対 (a,b) と (c,d) の和は対 $(a+c,b+d)$ であり,積は対 $(ac-bd, ad+bc)$ である.一見奇妙に見える積の定義の背後にある意味は,対 $(0,1)$ に同じ対 $(0,1)$ を掛けてみればはっきりする:今述べた法則によると,$(0,1)\cdot(0,1) = (0\cdot 0 - 1\cdot 1, 0\cdot 1 + 1\cdot 0) = (-1, 0)$ である.第2成分が0であるような対を第1成分を表す文字で表して"実"数とみなすことに同意するなら——すなわち,対 $(a,0)$ を実数 a と同一視するなら——最後の結果は $(0,1)\cdot(0,1) = -1$ と書ける.対 $(0,1)$ を文字 i と記すなら,したがって,$\mathrm{i}\cdot\mathrm{i} = -1$,あるいは簡単に $\mathrm{i}^2 = -1$ と書ける.さらに,任意の対 (a,b) を $(a,0)+(0,b) = a(1,0)+b(0,1) = a\cdot 1 + b\cdot \mathrm{i} = a+\mathrm{i}b$ と,すなわち,普通の複素数の形に書くことができる.このようにして,複素数には神秘のかけらもなくなった;複素数のこの面倒な進化の過程の思い出としては"虚"数を表す記号 i だけが残っている.ハミルトンの厳密なやり方は,公理論的代数学の始まりでもあった:それは,少数の簡単な定義("公理")とそれらから導出される一連の論理的帰結("定理")から主題を一歩一歩展開していくことであった.もちろん,数学において公理論的方法は新しいものではなかっ

た：ギリシャ人が厳密で演繹的な数学の分野としての幾何学を樹立し，ユークリッドの不朽の著作 *Elements* (幾何学原論，紀元前 300 年頃) が作られて以来ずっと，幾何学は教条的に公理論的方法に従ってきた．1800 年代の中頃になって，今度は，代数学が幾何学の例に見倣うようになってきた．

いったん複素数を受け入れることについての心理的難関が克服されてしまうと，新しい発見への道が開かれた．1799 年，22 歳の時の博士論文において，ガウスは長い間知られてきたことを初めて厳密に証明した：n 次の多項式 (p. 180 を見よ) は複素領域において常に少なくとも 1 個の根をもつ (実際，重根を別々の根と考えるなら，n 次の多項式はちょうど n 個の複素根をもつ).[3] 例えば，多項式 x^3-1 は 3 根 (すなわち，方程式 $x^3-1=0$ の解) 1, $(-1+i\sqrt{3})/2$, $(-1-i\sqrt{3})/2$ をもつ．このことは各数を 3 乗することにより簡単に確かめることができる．ガウスの定理は "代数学の基本定理" として知られている；それは，一般の多項式の方程式を解くためには複素数が必要なばかりでなく複素数で**十分**でもあることを示している．[4]

代数の世界に複素数を受け入れたことは，解析学にもまた影響を与えた．微積分法の大成功によって，微積分法を**複素変数関数**にまで拡張する可能性が取り上げられ始めた．形式的には，オイラーの関数の定義 (p. 276) は一語も変えずに複素変数に拡張することができる；ただ定数と変数に複素値をとることを認めるだけで．しかし幾何学的

観点からすると，そのような関数は2次元座標平面上のグラフとして描くことはできない．なぜなら，変数のそれぞれを表すのに2次元座標系，すなわち，平面が必要だからである．そのような関数を幾何学的に解釈するためには，関数を一つの平面から他の平面への**写像**，あるいは変換と考えなければならない．

これを関数 $w = z^2$ を用いて説明しよう．ここで z と w は共に複素変数であるとする．この関数を幾何学的に記述するには，独立変数 z のために一つと従属変数 w のためにもう一つの，二つの座標系が必要である．$z = x + iy$, $w = u + iv$ と書くと，$u + iv = (x + iy)^2 = (x + iy)(x + iy) = x^2 + xiy + iyx + i^2y^2 = x^2 + 2ixy - y^2 = (x^2 - y^2) + i(2xy)$ である．この方程式の両辺の実部と虚部を等しいとおいて，$u = x^2 - y^2$, $v = 2xy$ が得られる．さて，変数 x と y が "z 平面"（xy 平面）上のある曲線を描くと仮定しよう．すると変数 u と v は "w 平面"（uv 平面）上に像曲線を描くことになるであろう．例えば，点 $P(x, y)$ が双曲線 $x^2 - y^2 = c$ （c は定数）に沿って動くとすると，像の点 $Q(u, v)$ は曲線 $u = c$ に沿って，すなわち，w 平面の垂直な直線に沿って，動くであろう．同様に，P が双曲線 $2xy = k =$ 定数 に沿って動くと，Q は水平線 $v = k$ を描くであろう（図70）．双曲線 $x^2 - y^2 = c$ と $2xy = k$ は，与えられた定数の値に一つの曲線が対応して，z 平面上の二つの曲線族を形成する．それらの像曲線は w 平面で水平線と垂直線の長方形格子を形成する．

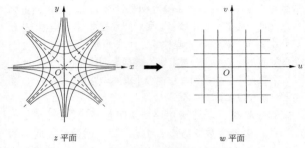

z 平面　　　　　　　　　　w 平面

図70　複素関数 $w = z^2$ による写像

　実変数 x と y の関数 $y = f(x)$ を微分するのと同じように，z も w も複素変数のときに関数 $w = f(z)$ を微分することができるであろうか？　答はイエスである——しかし手放しでではない．まず，複素変数関数は1本のグラフで表せなくて，一つの平面からもう一つの平面への写像であるから，関数の導関数を関数のグラフの接線の傾きと解釈することはできない．それでも，二つの"隣接"点 z と $z + \Delta z$ の $w = f(z)$ の値の差を求め，この差を Δz で割って，$\Delta z \to 0$ の極限にもっていくことにより，純粋に形式的に微分の過程を遂行してみることはできる．こうすることによって，少なくとも形式的には，点 z における $f(z)$ の変化率を測る方法が得られる．しかしこの形式的な過程をもってしても，実変数関数のときには存在しなかった困難に出会う．

　独立変数がその"究極の"値にどんな風に近づくかには

無関係に,極限操作の最終結果が同じであるという仮定は,極限の概念が成り立つために必須のものである. 例えば,$y = x^2$ の導関数を求めるとき (p.157),x のある固定した値,例えば x_0,から始めて,隣接点 $x = x_0 + \Delta x$ へ移動し,これらの点での y の値の差 Δy を求め,この差を Δx で割り,最後に $\Delta x \to 0$ のときの $\Delta y/\Delta x$ の極限を求めた. こうすると x_0 における導関数の値として $2x_0$ が得られた. いま,Δx を 0 に近づけるとき,はっきりとは言わなかったが,どのようにして $\Delta x \to 0$ になるかには関係なく同じ結果が得られると我々は仮定した. 例えば,Δx を正の値だけを通って 0 に近づける(すなわち,x を右側から x_0 に近づける)こともできるし,あるいは負の値だけを通るようにすることもできる(x は左から x_0 に近づく). 最後の結果——x_0 における $f(x)$ の導関数——が $\Delta x \to 0$ の近づき方と無関係であるというのは暗黙の仮定である. 我々が初等代数で出会う大多数の関数については,これは微妙で衒学的な枝葉末節のことである. なぜなら,これらの関数は普通滑らかで連続である——そのグラフは鋭い角をもたないし突然切れたりしない——から. したがって,その関数の導関数を計算するとき,あまり心配する必要はない.[5]

しかし,複素変数関数になると,途端にこれらへの配慮が重大になる. 実変数 x と違って,複素変数 z は点 z_0 へ無限に多くの方向から近づくことができる(独立変数だけを表すのに全平面が必要であることを思い出してほしい).

したがって，$\Delta z \to 0$ のとき $\Delta w/\Delta z$ の極限が存在するということは，この極限の（複素）値が $z \to z_0$ のときの特別な方向には関係ないことを意味している．

この形式的な要求から，複素変数関数の計算において最高に重要な一組の微分方程式が導かれる．これはフランスのオギュスタン・ルイ・コーシー（Augustin Louis Cauchy, 1789-1857）とドイツのゲオルク・フリードリッヒ・ベルンハルト・リーマン（Georg Friedrich Bernhard Riemann, 1826-1866）に因んで，コーシー – リーマンの方程式と呼ばれている．この方程式を導き出すことはこの本の範囲を超えるので，[6] それがどんな働きをするかだけ示すことにしよう．複素変数 z の関数 $w = f(z)$ が与えられたとして，$z = x + iy$, $w = u + iv$ と書くとき，u と v は共に（実）変数 x と y の（実数値）関数になる；記号で書けば，$w = f(z) = u(x, y) + iv(x, y)$．例えば，関数 $w = z^2$ の場合 $u = x^2 - y^2$, $v = 2xy$ であった．コーシー – リーマンの方程式は次のことを述べている：関数 $w = f(z)$ が複素平面内の点 z で微分可能である（すなわち，導関数をもつ）ためには，x に関する u の導関数が y に関する v の導関数に等しく，y に関する u の導関数が x に関する v の導関数に**マイナス**をつけたものに等しくなければならない．ここで，すべての導関数は考えている点 $z = x + iy$ で計算するものとする．

もちろん，話し言葉でなく数学の言語でこれらの関係を表せば，ずっと簡単になるはずである．しかし，この場

合,導関数について新しい記号を導入しなければならない.なぜならば,u と v は共に**二つの独立変数** x, y の関数であるので,どの変数に関して微分しているかをはっきりさせなければならないからである.今述べた導関数は記号 $\partial u/\partial x$, $\partial u/\partial y$, $\partial v/\partial x$, $\partial v/\partial y$ で表される.演算 $\partial/\partial x$ と $\partial/\partial y$ を,それぞれ,x と y に関する**偏微分**と呼ぶ.これらの微分を行うとき,微分記号に示されている変数以外のすべての変数は固定しておく.$\partial/\partial x$ では y を固定し,$\partial/\partial y$ では x を固定する.このようにすると,コーシー–リーマンの方程式は次のようになる.

$$\frac{\partial u}{\partial x} = \frac{\partial v}{\partial y}, \qquad \frac{\partial u}{\partial y} = -\frac{\partial v}{\partial x}. \tag{1}$$

関数 $w = z^2$ については $u = x^2 - y^2$, $v = 2xy$ であり,したがって $\partial u/\partial x = 2x$, $\partial u/\partial y = -2y$, $\partial v/\partial x = 2y$, $\partial v/\partial y = 2x$ である.コーシー–リーマンの方程式は,このように x と y のすべての値に対して成り立ち,したがって,$w = z^2$ は複素平面のすべての点 z において微分可能である.さらに,$y = x^2$ の x を z で,y を w で置き換えてその導関数を求める過程(p. 157 を見よ)を形式的に繰り返せば,$\partial w/\partial z = 2z$ が得られる.この公式は z 平面上のすべての点において導関数の(複素)値を与える.コーシー–リーマンの方程式は,導関数の計算には直接含まれていないが,考えている点において導関数が**存在**するための必要条件を(仮定を少し変えれば十分条件も)与える.

関数 $w = f(z)$ が複素平面の点 z で微分可能であるとき，$f(z)$ は z において**解析的**であるという．こうなるためには，コーシー–リーマンの方程式がその点で成り立たなければならない．このように解析性というのは，実数領域での単なる微分可能性よりはるかに強い条件である．しかし関数が解析的であることが示されてしまえば，その関数は実変数の関数に対してよく知られている微分法則と同じ法則にすべて従う．例えば，二つの関数の和と積についての微分公式，鎖律，公式 $d(x^n)/dx = nx^{n-1}$ など，すべて実変数 x を複素変数 z で置き換えてもやはり成り立つ．このことを我々は関数 $y = f(x)$ の性質が**複素領域に持ち込まれる**という．

複素関数の一般論へと少々技術的な脱線をしたが，この辺で本題の指数関数の話に戻ろう．オイラーの公式 $e^{ix} = \cos x + i \sin x$ を出発点として，今まで定義されていなかった式 e^{ix} がこの公式の右辺で**定義**されているとみなすことができる．しかし，それよりもっとよいやり方がある：指数に虚数の値をとることを許したのだったら，**複素数の値をとることもできる**のではないか？ 言い換えれば，$z = x + iy$ のとき式 e^z に意味を与えたいのである．オイラーの精神で，式をいじるだけはやってみよう．e^z がよく知られている実変数の指数関数の法則すべてに従うと仮定すると，
$$e^z = e^{x+iy} = e^x e^{iy} = e^x(\cos y + i \sin y) \qquad (2)$$
である．もちろん，この議論の一番の弱点はこの仮定——

未定義の式が実変数の代数の古き良き法則に従うという仮定——にある．それは実に確信に基づく行為であり，そして，あらゆる科学の中で数学は確信に基づく行為を一番許さない分野なのである．しかし逃げ道はある：発想を転換して式 (2) で e^z を**定義**してみたらどうだろう？ 定義の中に指数関数についてすでに築いてきたものと矛盾するものは何もないのだから，そうしたって一向にかまわないはずである．

　もちろん，数学においては，新しい定義がすでに受け入れている定義や確立されている事実と矛盾しない限り，思い通りに新しい対象を定義するのは勝手である．その際，次の問題点がある：その定義は新しい対象の性質によって正当化されるか？ 我々の場合，式 (2) の左辺を e^z と記述してよい理由は，こう定義したとき新しい対象，すなわち，複素変数の指数関数，が我々の望み通りに振る舞うという事実である：すなわち実数値関数 e^x が有している形式的性質すべてを保存していることが確かめられるからである．例えば，任意の二つの実数 x と y について $e^{x+y} = e^x \cdot e^y$ であるように，任意の二つの複素数 w と z について $e^{w+z} = e^w \cdot e^z$ である．[7] さらに，z が実数のとき（すなわち，$y=0$ のとき），式 (2) の右辺は $e^x(\cos 0 + i\sin 0) = e^x(1 + i\cdot 0) = e^x$ であるから，実変数の指数関数は e^z の定義に特殊な場合として含まれる．

　e^z の導関数はどうであろうか？ 関数 $w = f(z) = u(x,y) + iv(x,y)$ が点 $z = x + iy$ において微分可能であ

るとき,その点での導関数は

$$\frac{dw}{dz} = \frac{\partial u}{\partial x} + i\frac{\partial v}{\partial x} \tag{3}$$

で与えられる(あるいは $= \partial v/\partial y - i\partial u/\partial y$ としてもよい;コーシー-リーマンの方程式を考慮すれば二つの式は等しい).関数 $w = e^z$ に対して,式 (2) によれば $u = e^x \cos y$, $v = e^x \sin y$ であるから, $\partial u/\partial x = e^x \cos y$, $\partial v/\partial x = e^x \sin y$ である.したがって

$$\frac{d}{dz}(e^z) = e^x(\cos y + i\sin y) = e^z \tag{4}$$

となる.このように,関数 e^x とまったく同じように,関数 e^z はその導関数に等しい.

複素変数関数論(略して**関数論**と呼ばれる)は,これとは別のやり方で展開することができるということにも触れておかなければならない.コーシーによって開拓され,ドイツの数学者カルル・ヴァイエルシュトラス(Karl Weierstrass, 1815-1897)によって完成されたこのやり方は,級数を徹底的に利用する.例えば,関数 e^z はべき級数

$$e^z = 1 + \frac{z}{1!} + \frac{z^2}{2!} + \frac{z^3}{3!} + \cdots \tag{5}$$

で定義する.これは,e^x を $n \to \infty$ のときの $(1+x/n)^n$ の極限として定義したオイラーの定義 (p. 277 を見よ) にのっとったものである.詳しいことはこの本の範囲を超えるが,議論の核心はべき級数 (5) が複素平面上の z

14 e^{x+iy}：虚が実になる

のすべての値に対して収束すること，そして普通の（有限の）多項式とまったく同じように，項別に微分できることを示すことにある．すると，e^z のすべての性質をこの定義から導くことができる；とくに，公式 $d(e^z)/dz = e^z$ は級数 (5) の項別微分からただちに得られる（読者も簡単に証明できる）．

ここまでで，我々は実数の領域で知られているすべての性質を保存しながら指数関数を複素領域まで拡張してきた．しかし，これでどんな良いことがあるか？ どんな新しい情報が得られたか？ もちろん，実変数 x と複素変数 z の形式的な置き換えだけだったら，この過程が正当化されることはない．運のよいことに，複素領域にまで関数を拡張したことによっていくつかの本物の報奨が得られる．我々はすでにその一つを見た：すなわち，z 平面から w 平面への写像としての複素関数の解釈である．

関数 $w = e^z$ によってどんな種類の写像が生じるかを見るため，本題から少し離れて極座標表示について話そう．第 11 章で見たように，点 P の平面上の位置は直交座標 (x, y) によっても極座標 (r, θ) によっても決めることができる．図 71 の直角三角形 OPR を見れば，2 組の座標は公式 $x = r\cos\theta$, $y = r\sin\theta$ を通して互いに関係していることが分かる．したがって，任意の複素数 $z = x + iy$ を $z = r\cos\theta + ir\sin\theta$，あるいは r でくくって，
$$z = x + iy = r(\cos\theta + i\sin\theta) \qquad (6)$$
と書くことができる．式 $\cos\theta + i\sin\theta$ を簡略記号 $\mathrm{cis}\,\theta$ で

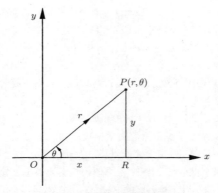

図 71　複素数の極座標表示

置き換えることにより,式 (6) をもっと短くすることができる.こうして

$$z = x + \mathrm{i}y = r\operatorname{cis}\theta \tag{7}$$

である.複素数の二つの形——$x+\mathrm{i}y$ と $r\operatorname{cis}\theta$——は,それぞれ,$z$ の直交座標表示,極座標表示と呼ばれている(解析学で常にそうしているように,ここでも角 θ はラジアンで測る(p. 220 を見よ)).一例を挙げると,数 $z=1+\mathrm{i}$ の極座標表示は $\sqrt{2}\operatorname{cis}(\pi/4)$ である,なぜなら点 $P(1,1)$ の原点からの距離は $r=\sqrt{1^2+1^2}=\sqrt{2}$ で,線分 OP は正の x 軸と $\theta=45°=\pi/4$ ラジアンの角をなすから.

極座標表示は二つの複素数を掛けたり割ったりするときとくに役に立つ.$z_1=r_1\operatorname{cis}\theta$,$z_2=r_2\operatorname{cis}\varphi$ とすると,

$z_1 z_2 = (r_1 \operatorname{cis} \theta)(r_2 \operatorname{cis} \varphi) = r_1 r_2 (\cos\theta + \mathrm{i}\sin\theta)(\cos\varphi + \mathrm{i}\sin\varphi) = r_1 r_2 [(\cos\theta\cos\varphi - \sin\theta\sin\varphi) + \mathrm{i}(\cos\theta\sin\varphi + \sin\theta\cos\varphi)]$ である．$\sin$ と $\cos$ の加法公式（p. 264 を見よ）を使うと，括弧の中の式は単に $\cos(\theta+\varphi)$ と $\sin(\theta+\varphi)$ になるから，$z_1 z_2 = r_1 r_2 \operatorname{cis}(\theta+\varphi)$ である．このことから，二つの複素数を掛けるには，原点からの距離を掛け，角を足せばよいことが分かる．言い換えれば，距離は**膨張**（伸長）を受け，一方，角は**回転**を受ける．数多くの応用——力学的振動から電気回路まで——において回転が含まれるときにいつも複素数がとくに役立つのは，この幾何学的解釈のためである．

式（2）に戻ると，e^x が r の役をし y が θ の役をして，右辺はちょうど極座標表示の形をしている．このように，変数 $w = \mathrm{e}^z$ を極形式で $R(\cos\Phi + \mathrm{i}\sin\Phi)$ と記せば，$R = \mathrm{e}^x$，$\Phi = y$ である．ところで，z 平面上の点 P が水平線 $y = c =$ 定数に沿って動くときのことを考えてみよう．そのとき，w 平面上の像点 Q は放射線 $\Phi = c$ に沿って動く（図 72）．とくに，直線 $y = 0$（x 軸）は放射線 $\Phi = 0$（正の u 軸）に，直線 $y = \pi/2$ は放射線 $\Phi = \pi/2$（正の v 軸）に，直線 $y = \pi$ は放射線 $\Phi = \pi$（負の v 軸）に，そして——驚くことに！——直線 $y = 2\pi$ は再び正の u 軸に写像される．これは式（2）に現れる関数 $\sin y$ と $\cos y$ が周期関数だからである——この二つの関数の値は 2π ラジアン（$360°$）ごとに繰り返す．しかしこのことは関数 e^z 自身も周期的であることを意味する——実際，

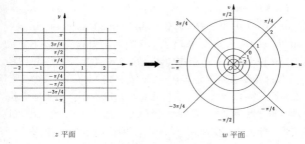

z 平面　　　　　　　　　w 平面

図72　複素関数 $w = e^z$ による写像

それは $2\pi i$ という虚の周期をもつ．そして，実数値関数 $\sin x$ と $\cos x$ はその1周期（例えば $x = -\pi$ から $x = \pi$ まで）の動きを知れば十分であるのと同じように，複素数値関数 e^z はそのただ1個の水平な帯（例えば $y = -\pi$ から $y = \pi$ まで，もっと正確には，$-\pi < y \leq \pi$）の動きを知れば十分である．この帯のことを e^z の**基本領域**と呼ぶ．

水平線についてはここまでにしておく．P が垂直な直線 $x = k =$ 定数 に沿って動くとき，その像 Q は $R = e^k =$ 定数，すなわち原点を中心とし半径 $R = e^k$ の円，に沿って動く（再び図72を見よ）．異なる垂直線（k の値が異なる）に対しては異なる円が得られ，すべての円は原点を中心として共有する．しかし，直線が等間隔に配置されていても，その像の円は**指数的**に増大する——円の半径は等比数列的に増大する——ことに注意せよ．ここで我々は，関数 e^z の系図の元を辿ると，17世紀の始めにネーピアを対数の発明に導いた等差数列と等比数列のあの有名な関係に

至るということに気がつくであろう.

◇　　◇　　◇

実数値関数 $y = e^x$ の逆関数は自然対数関数 $y = \ln x$ である. まったく同様にして, 複素数値関数 $w = e^z$ の逆関数は z の**複素自然対数** $w = \ln z$ である. しかし, 重大な差がある. 関数 $y = e^x$ には異なる値の x には異なる値の y が対応するという性質がある; x 軸を左から右へと動くにつれて e^x のグラフは増大するということから分かる (第10章, 図31). この性質をもつ関数は**一対一**であるといわれる (1:1 と書かれる). 1:1 でない関数の一例が放物線 $y = x^2$ である. 実際, 例えば, $(-3)^2 = 3^2 = 9$ であるから, $x = 3$ でも $x = -3$ でも $y = 9$ である. 厳密にいうと, y の各値がちょうど1個の x の値の像になるのは 1:1 のときだけであるから, 1:1 関数だけが逆関数をもつ. したがって関数 $y = x^2$ は逆関数をもたない (領域を $x \geq 0$ と制限すれば事態は改善される). 同じ理由で, 三角関数 $y = \sin x$, $y = \cos x$ は逆関数をもたない; これらの関数が周期的であるということは, 無限に多くの x の値から同じ y が生じることを意味する (この例でもまた, 領域の適当な制限により事態を改善できる).

複素関数 e^z が周期的であることを前に述べた. したがって, 実数値関数の規則に安住するなら, この関数は逆関数をもたないということになる. しかし, ありふれた実変数関数の多くは複素領域に拡張したとき周期的になるか

ら，1:1 の制限を緩めて，複素変数関数がたとえ 1:1 でなくても逆関数をもつと認めるのが習慣になっている．このことは，逆関数では独立変数の各値に対して従属変数のいくつもの値が割り当てられることを表している．複素対数はそのような**多価関数**の一例である．

我々の目的は関数 $w = \ln z$ を $u + iv$ のような複素形で表すことである．$w = e^z$ から始め，w を $R \operatorname{cis} \Phi$ と極形式で表す．すると式 (2) により $R \operatorname{cis} \Phi = e^x \operatorname{cis} y$ である．ところで，二つの複素数が等しいのは，それらが原点から等距離にあり，実軸と等しい角をなすときであり，またそのときに限る．第 1 の条件から $R = e^x$ が得られる．第 2 の条件は $\Phi = y$ のときだけでなく $\Phi = y + 2k\pi$（k は正または負の任意の整数）のときにも満たされる．これは原点から発する与えられた放射線には，互いに任意の完全回転分だけ（すなわち，2π の整数倍の回転分だけ）異なる無数の角が対応するからである．こうして $R = e^x$，$\Phi = y + 2k\pi$ となる．これらの方程式を x と y について解いて x と y を R と Φ で表すと，$x = \ln R$，$y = \Phi + 2k\pi$ が得られる（実際には $\Phi - 2k\pi$ であるが，k は任意の正または負の整数となりうるから負の符号は重要ではない．したがって $z = x + iy = \ln R + i(\Phi + 2k\pi)$ である．いつもやるように独立変数と従属変数の文字を交換すると，最終的に

$$w = \ln z = \ln r + i(\theta + 2k\pi), \qquad k = 0, \pm 1, \pm 2, \cdots$$
(8)

が得られる．式 (8) は任意の複素数 $z = r\operatorname{cis}\theta$ の**複素対数**を定義する．すでに見たように，この対数は多価関数である：与えられた数 z は無数の対数をもち，それらは互いに $2\pi i$ の倍数だけ異なる．一例として $z = 1 + i$ の対数を求めてみよう．この数の極形式は $\sqrt{2}\operatorname{cis}(\pi/4)$ であるから，$r = \sqrt{2}$, $\theta = \pi/4$ である．式 (8) により $\ln z = \ln\sqrt{2} + i(\pi/4 + 2k\pi)$ である．$k = 0, 1, 2, \cdots$ に対して $\ln\sqrt{2} + i(\pi/4) \approx 0.3466 + 0.7854i$, $\ln\sqrt{2} + i(9\pi/4) \approx 0.3466 + 7.0686i$, $\ln\sqrt{2} + i(17\pi/4) \approx 0.3466 + 13.3518i$, 等々が得られる；$k$ を負にとればさらにいくつもの値が得られる．

実数の対数はどうであろうか？ 実数 x は複素数 $x + i0$ でもあるから，$x + i0$ の自然対数は x の自然対数と等しくなければならないと思うであろう．確かにその通りである——だいたいにおいて．複素対数が多価関数であるという事実から，実数の自然対数には含まれない余分の値が加わる．一例として数 $x = 1$ を取り上げよう．$\ln 1 = 0$ ($e^0 = 1$ だから) であることは分かっている．しかし実数 1 を複素数 $z = 1 + i0 = 1\operatorname{cis}0$ と見ると，式 (8) から $\ln z = \ln 1 + i(0 + 2k\pi) = 0 + i(2k\pi) = 2k\pi i$（ここで $k = 0, \pm 1, \pm 2, \cdots$）が得られる．このように複素数 $1 + i0$ は無数の対数——0, $\pm 2\pi i$, $\pm 4\pi i$, 等々——をもち，0 を除くすべてが純虚数である．値 0——もっと一般には，式 (8) で $k = 0$ として得られる値 $\ln r + i\theta$——を対数の**主値**と呼び，$\operatorname{Ln} z$ と記す．

18世紀に戻って，これらの考えがどんな風に定着したかを見てみよう．覚えていると思うが，双曲線 $y=1/x$ の下の面積を求める問題は 17 世紀の著名な数学の問題の一つであった．この面積が対数で表されることが発見されると，数学者の関心の的は計算道具という対数の初期の役割から対数**関数**というものの性質へと移った．対数の現代的な定義を与えたのはオイラーであった：$y=b^x$ のとき（ここで b は 1 と異なる任意の正の数），$x=\log_b y$ ("b を底とする y の対数" と読む)．さて，変数 x が実数である限り，$y=b^x$ は常に正である；したがって，**実数の領域**では負の数の対数は存在しない——それはちょうど負の数の平方根が実数の領域に存在しないのと同じである．しかし 18 世紀までに複素数はすでに数学の中によくとけ込んでいたので，自然に次のような疑問が生じた：負の数の対数とは何か？ とくに，$\ln(-1)$ は何か？

この疑問は活発な論議を引き起こした．フランスの数学者でオイラーと同じ年に死んだジャン・ルロン・ダランベール（Jean-le-Rond D'Alembert, 1717-1783）は $\ln(-x)=\ln x$，したがって，$\ln(-1)=\ln 1=0$ と考えた．彼の論理的根拠は，$(-x)(-x)=x^2$ だから $\ln[(-x)(-x)]=\ln x^2$ であるはずであり，対数の法則によって，この式の左辺は $2\ln(-x)$ に等しく，一方右辺は $2\ln x$ となる；2 で約せば $\ln(-x)=\ln x$ が得られる

というのであった.しかし,この"証明"には欠陥がある.なぜならば,普通の(すなわち,実数値の)代数の法則を,この法則が必ずしも成り立たない複素数の領域に適用するのだから.(それは i^2 が -1 ではなくて 1 だという"証明"を連想させる:$i^2 = (\sqrt{-1}) \cdot (\sqrt{-1}) = \sqrt{[(-1)(-1)]} = \sqrt{1} = 1$. $\sqrt{a} \cdot \sqrt{b} = \sqrt{ab}$ が成り立つのは根号の中の数の符号が正のときに限るから,誤りは第 2 段のところにある.)1747 年にオイラーはダランベールに手紙を書き,負の数の対数は複素数であるはずだということ,さらに,**それが無数の異なる値をとることを**指摘していた.実際,x が負の数のとき,その極座標表示は $|x| \operatorname{cis} \pi$ であるから,式 (8) により $\ln x = \ln |x| + i(\pi + 2k\pi)$,$k = 0, \pm 1, \pm 2, \cdots$ である.とくに,$x = -1$ に対しては $\ln |x| = \ln 1 = 0$ であり,したがって $\ln(-1) = i(\pi + 2k\pi) = i(2k+1)\pi = \cdots, -3\pi i, -\pi i, \pi i, 3\pi i, \cdots$. このように $\ln(-1)$ の主値($k = 0$ に対する値)は πi である.この結果はまたオイラーの公式 $e^{\pi i} = -1$ からも直接得られる.虚数の対数を同じようにして求めることができる;例えば,$z = i$ の極形式は $1 \cdot \operatorname{cis}(\pi/2)$ であるから,$\ln i = \ln 1 + i(\pi/2 + 2k\pi) = 0 + (2k + 1/2)\pi i = \cdots, -3\pi i/2, \pi i/2, 5\pi i/2, \cdots$.

いうまでもないが,オイラーの時代にはそのような結果は変なこととみなされた.その時までに複素数は代数の領域で十分に受け入れられていたが,超越関数に複素数を適用することはまだ珍しいことだった.オイラーは,もし超

越関数の"出力"も複素数とみなしてよければ，その"入力"として複素数が使えることを示し，それによって，新分野を拓いたのだった．彼の新しいやり方は次々と予期せぬ結果を生み出した．彼は**虚数の虚数乗が実数になることがある**ことも示した．例えば，i^i を考えてみるとよい．このような式にどんな意味を与えることができるだろうか？まず，任意の底の指数は常に e を底とする指数に書き直すことができる．それには恒等式

$$b^z = e^{z \ln b} \tag{9}$$

を使う（この恒等式は両辺の自然対数をとり $\ln e = 1$ に注意すれば証明できる）．式 (9) を式 i^i に適用すれば

$$i^i = e^{i \ln i} = e^{i \cdot i (\pi/2 + 2k\pi)} = e^{-(\pi/2 + 2k\pi)},$$
$$k = 0, \pm 1, \pm 2, \cdots. \tag{10}$$

こうして無数の値——すべてが実数——が得られ，その始めの数個（$k=0$ から始めて，逆に数える）は $e^{-\pi/2} \approx 0.208$，$e^{+3\pi/2} \approx 111.318$，$e^{+7\pi/2} \approx 59609.742$，等々．オイラーは，文字通り，虚数を実数にしてしまった．[8]

複素関数についてのオイラーの草分け的仕事から得られる結果はまだ他にもある．第 13 章でオイラーの公式 $e^{ix} = \cos x + i \sin x$ から三角関数の新しい定義 $\cos x = (e^{ix} + e^{-ix})/2$, $\sin x = (e^{ix} - e^{-ix})/2i$ を導出する方法を見た．この定義において，単純にその実変数 x を複素変数 z で置き換えてみたらどうか？そうすれば**複素変数の三角関数**の形式的表現

$$\cos z = \frac{e^{iz}+e^{-iz}}{2}, \qquad \sin z = \frac{e^{iz}-e^{-iz}}{2i} \qquad (11)$$

が得られるであろう.もちろん,任意の複素変数zに対して$\cos z$と$\sin z$の値を計算できるためには,これらの関数の実部と虚部を求める必要がある.式 (2) によればe^{iz}とe^{-iz}は共に実部と虚部で表される:$e^{iz} = e^{i(x+iy)} = e^{-y+ix} = e^{-y}(\cos x + i \sin x)$,同様に$e^{-iz} = e^{y}(\cos x - i \sin x)$.これらの式を式 (11) に代入して,少し変形をすると,式

$$\begin{aligned}\cos z &= \cos x \cosh y - i \sin x \sinh y, \\ \sin z &= \sin x \cosh y + i \cos x \sinh y\end{aligned} \qquad (12)$$

が得られる,ただし$\cosh$と$\sinh$は双曲線関数を表す (p. 256 を見よ).これらの公式は古き良き実変数の三角関数がもつよく知られた性質すべてを満たすことが示される.例えば,公式$\sin^2 x + \cos^2 x = 1$,$d(\sin x)/dx = \cos x$,$d(\cos x)/dx = -\sin x$,および種々の加法公式は実変数xを複素変数$z = x + iy$で置き換えてもやはり成り立つ.

式 (12) の興味ある特殊な場合がzが純虚数のとき,すなわち$x = 0$のとき,である.そのとき$z = iy$で,式 (12) は

$$\cos(iy) = \cosh y, \quad \sin(iy) = i \sinh y \qquad (13)$$

となる.この注目すべき公式は,複素数の世界では三角関数と双曲線関数の間を自由に行き来できることを示している.これに対して実数領域ではそれらの間に形式的類似性

があるといえるだけである．複素領域に拡張することによって，はじめてこれら二つの類の関数の間の差が本質的に取り除かれる．

複素領域への関数の拡張の際，実数領域でもっていた関数の性質すべてが保存されるばかりでなく，実際には新しい特徴が関数につけ加わる．この章の始めに，複素変数関数 $w = f(z)$ は z 平面から w 平面への写像と解釈できることを述べた．関数論の最も美しい定理は次のように述べている：$f(z)$ が解析的である（導関数をもつ）ようなすべての点においてこの写像は**等角**である，あるいは角を保存する．これにより，z 平面上の二つの曲線が角 φ で交差するとき w 平面上のそれらの像の曲線もまた角 φ で交差する．（交差の角は交点における曲線の接線の間の角で定義される；図 73 を見よ．）例えば，関数 $w = z^2$ は双曲線 $x^2 - y^2 = c$ と $2xy = k$ を，それぞれ，直線 $u = c$ と $v = k$ に写像することはすでに述べた．これら二つの双曲線族は**直交**する：一方の族のすべての双曲線がもう一方の族のすべての双曲線と直角に交わる．像曲線 $u = c$ と $v = k$ は明らかに直交する（図 70 を見よ）から，この直交性は写像により保存されている．第 2 の例として関数 $w = e^z$ を考えよう．これは直線 $y = c$ と $x = k$ を，それぞれ，放射線 $\Phi = c$ と円 $R = e^k$ に写像する（図 72）．再び交角——直角——が保存されていることが分かる；この場合，等角性は円のすべての接線がその接点において半径と直角であるというよく知られた定理を表している．

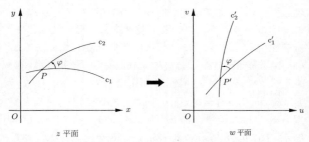

図 73 解析関数の等角性:二つの曲線の交角は写像の際保存される.

もうお分かりのとおり,複素変数関数論においてはコーシー‐リーマンの方程式(式 (1))が中心的役割を果たす.それは関数 $w = f(z)$ が z において解析的であるための条件を与えるばかりでなく,複素解析の最も重要な結果の一つを与える.式 (1) の第 1 式を x で,第 2 式を y で微分すると,2 次導関数にライプニッツの記号を使って(d を ∂ で置き換えて;p. 176 を見よ),

$$\frac{\partial^2 u}{\partial x^2} = \frac{\partial}{\partial x}\left(\frac{\partial v}{\partial y}\right), \qquad \frac{\partial^2 u}{\partial y^2} = -\frac{\partial}{\partial y}\left(\frac{\partial v}{\partial x}\right) \quad (14)$$

が得られる.∂ がごちゃごちゃ入っていて紛らわしいので,説明しよう:$\partial^2 u/\partial x^2$ は x に関する $u(x, y)$ の 2 次導関数であり,一方,$\partial/\partial x(\partial v/\partial y)$ は y と x に関する,**その**順序での,$v(x, y)$ の 2 次 "混合" 導関数である.いいかえれば,括弧が入れ子になっている式 $[(\cdots)]$ を扱うのとまったく同じように,この式を中から外へと順に処

理していく．同様の解釈が他の二つの式にも成り立つ．このすべてがとても紛らわしく見えるが，幸いなことに，微分を実行する順序にはそれほど気を使わなくてもよい：関数 u と v がほどほどに素直な関数（連続で導関数も連続）であるなら，微分の順序は重要でない．すなわち，$\partial/\partial y(\partial/\partial x) = \partial/\partial x(\partial/\partial y)$——交換則のようなものである．例えば，$u = 3x^2 y^3$ のとき，$\partial u/\partial x = 3(2x)y^3 = 6xy^3$，$\partial/\partial y(\partial u/\partial x) = 6x(3y^2) = 18xy^2$，$\partial u/\partial y = 3x^2(3y^2) = 9x^2 y^2$，$\partial/\partial x(\partial u/\partial y) = 9(2x)y^2 = 18xy^2$；したがって $\partial/\partial y(\partial u/\partial x) = \partial/\partial x(\partial u/\partial y)$．この結果は上級の微積分の教科書には証明が与えられているが，これからただちに次の結論が引き出せる：式（14）の二つの右辺は絶対値が等しく符号が反対であり，したがってその和はゼロである．こうして

$$\frac{\partial^2 u}{\partial x^2} + \frac{\partial^2 u}{\partial y^2} = 0 \qquad (15)$$

が得られる．同様の結果が $v(x,y)$ に対しても成り立つ．再び関数 $w = e^z$ を例として使おう．式（2）から $u = e^x \cos y$ であるから $\partial u/\partial x = e^x \cos y$, $\partial^2 u/\partial x^2 = e^x \cos y$, $\partial u/\partial y = -e^x \sin y$, $\partial^2 u/\partial y^2 = -e^x \cos y$；したがって $\partial^2 u/\partial x^2 + \partial^2 u/\partial y^2 = 0$ である．

式（15）は，偉大なフランスの数学者ピエール・シモン・マルキ・ド・ラプラス（Pierre Simon Marquis de Laplace, 1749-1827）に因んで，2次元のラプラスの方程式と呼ばれている．3次元への一般化 $\partial^2 u/\partial x^2 + \partial^2 u/$

$\partial y^2 + \partial^2 u/\partial z^2 = 0$ （ここで u は3個の空間座標 x, y, z の関数）は数理物理学の最も重要な方程式の一つである．一般的にいって，平衡状態にある任意の物理量——ほんの三つの例を挙げれば，静電気，定常状態にある流体の運動，熱平衡にある物体の温度分布——は3次元ラプラス方程式により記述される．しかし，考察している現象が2個の空間座標（例えば x と y）だけに関係するときもある．この場合，現象は式（15）により記述される．例えば，速度 u が常に xy 平面に平行で z 座標は関係ないような定常状態の流体運動を考えよう．そのような運動は本質的には2次元である．解析関数 $w = f(z) = u(x,y) + iv(x,y)$ の実部と虚部が共に式（15）を満たすという事実をもとにして，速度が"複素ポテンシャル"と呼ばれる複素関数 $f(z)$ で表せることが分かる．このやり方は，2個の独立変数 x と y を扱うのではなくて，ただ1個の独立変数 z を扱えばよいという利点をもっている．さらに，考察している現象の数学的取り扱いがやさしくなるように複素関数の性質を利用することができる．例えば，実際の流れが起きている z 平面の領域を，適当な等角写像によって w 平面のもっと単純な領域に写し，そこで問題を解き，さらに逆写像を使って z 平面に戻すことができる．ポテンシャル理論ではこの方法が一つの定石として使われている．[9]

一変数の複素変数関数論は19世紀の数学の三大業績の一つである（他の二つは抽象代数と非ユークリッド幾何）．それは，ニュートンやライプニッツにとって想像もできな

かった世界にまで微分法や積分法が広がる兆しを与えた. 1750年頃のオイラーが草分けであった. その後コーシー, リーマン, ヴァイエルシュトラスの他19世紀の大勢の数学者達が今日の複素関数の地位を作り出した（ついでながら, 流率や微分の漠然とした考えを使わずに, 極限の概念の明確な定義を最初に与えたのはコーシーであった）. ニュートンやライプニッツが生きていて彼らの創り出したものが成熟していく様子を見たら, 二人はどんな反応を示したであろうか？ それは, 畏れか驚きかであるに違いない.

注と出典

1. Robert Edouard Moritz, *On Mathematics and Mathematicians (Memorabilia Mathematica)* (1914; 複製版 New York: Dover, 1942), p. 282 から引用.
2. 負の数と複素数の歴史については, Morris Kline, *Mathematics: The Loss of Certainty* (New York: Oxford University Press, 1980), pp. 114-121 および David Eugene Smith, *History of Mathematics*, 全2巻. (1923; 複製版 New York: Dover, 1958), 2: 257-260 を見よ.
3. Gauss は実際に四つの異なる証明をしており, その最後のものが1850年だった. 2回目の証明については, David Eugene Smith, *A Source Book in Mathematics* (1929; 複製版 New York: Dover, 1959), pp. 292-306 を見よ.
4. 複素数の多項式に対してもこの定理は成り立つ；例えば, 多項式 $x^3 - 2(1+i)x^2 + (1+4i)x - 2i$ は三つの零点 1, 1, 2i

をもつ.
5. この条件を満たしていない関数の一例として絶対値関数 $y=|x|$ がある. この V 形のグラフは原点で 45° の傾きをなす. $x=0$ におけるこの関数の導関数を求めようとすると, 右から $x \to 0$ とするか左から $x \to 0$ とするかによって二つの異なる結果, 1 あるいは -1, が得られる. 関数は $x=0$ で"右側導関数"と"左側導関数"をもつが, 唯一つの導関数をもつわけではない.
6. 何でもよいから複素変数関数論に関する本を見よ.
7. これは $e^w \cdot e^z$ から始めて, 各因子を対応する式 (2) の右辺で置き換え, sin と cos の加法公式を使うことにより, 証明できる.
8. 負の数の対数と虚数の対数に関する議論についてもっと多くのことを Florian Cajori, *A History of Mathematics* (1894), 2d ed. (New York: Macmillan, 1919), pp. 235-237 に見ることができる.
9. しかし, これは 2 次元でだけ可能である. 3 次元になると他の方法, 例えばベクトル解析, を使わなければならない. Erwin Kreyszig, *Advanced Engineering Mathematics* (New York: John Wiley, 1979), pp. 551-558 と ch. 18 を見よ.

非常に注目すべき発見

素数とは,それ自身と 1 とでしか割り切れない 1 より大きい整数のことである.素数の始めの 10 個を挙げると 2,3,5,7,11,13,17,19,23,29 である.素数でない正の整数(>1)のことを**合成数**と呼ぶ(1 自身は素数でもないし合成数でもないと考える).整数論――そして数学のすべて――における素数の重要性は,すべての整数(>1)がただ 1 通りに素数に因数分解できる(すなわち,素数の積の形に書くことができる)という事実にある.例えば,合成数 12 は 2 と 6 に因数分解できる($12 = 2 \times 6$);しかし $6 = 2 \times 3$ であるから $12 = 2 \times 2 \times 3$ である.別の因数分解から始めてもよい;例えば $12 = 3 \times 4$,そして $4 = 2 \times 2$ であるから $12 = 3 \times 2 \times 2$ となり(因数を並べる順序を除けば)前の結果と一致する.この重要な事実は**初等整数論の基本定理**と呼ばれている.

素数について分かっている数少ないことの一つが,素数は無限に多く存在するということである.すなわち,素数の表には終わりがない.このことはユークリッドの *Elements*(幾何学原論)の第 9 巻の中で証明されている.最も小さな素数は 2 である――偶数で素数なのはこれだけである.(本書を印刷に出した時点で知られていた)最大の素数は $2^{2,976,221} - 1$ で,

図 74　新しい素数の発見を印す郵便料金スタンプ

895,932 桁の数である．これは 1997 年 12 月にゴードン・スペンス（Gordon Spence）がインターネットから取り出したプログラムを使って自分の家のコンピュータで発見したものである．もしこれを印刷したとすると，450 ページの本になるであろう．[1] 新しい素数の発見をシャンパンの瓶や郵便料金スタンプで祝ったりする習慣がある（図 74）．近頃ではコンピュータ・メーカーやソフトウェア会社が自分の会社の利益を上げようと新しい素数の発見をふれ回っている．かつては純粋数学専用の分野であった素数は，最近，国家機密に関して予想もしなかった味方を得た．これは，非常に大きな二つの素数の積を因数分解することは，それらの素数を利用者が知らない限り，むずかしいという事実が**公開鍵暗号**の基礎になっているからである．

　素数についての疑問のほとんどが未解決であるため，神秘的な気が素数を取り囲んでいる．例えば，素数は $p, p+2$ の形の対にきちんと並ぶ傾向がある；いくつか例を挙げるなら，3 と 5，5 と 7，

11 と 13，17 と 19，101 と 103 である．大きな数にもこのような対が見出される：29,879 と 29,881，140,737,488,353,699 と 140,737,488,353,701 である．1990 年に知られていた最大の対は $1,706,595 \times 2^{11,235} \pm 1$ で，それぞれ 3,389 桁の数である．[2] "双子素数" が無限に多くあるかどうかは分かっていない；ほとんどの数学者は答はイエスであると信じているが，この予想はまだ証明されていない．

素数を含むもう一つの未解決問題が "ゴールドバッハの予想" である．これはドイツの数学者で後にロシアの外務大臣になったクリスティアン・ゴールドバッハ（Christian Goldbach, 1690-1764）に因んで名付けられたものである．彼は，オイラーへの手紙（1742 年）の中で，すべての偶数（$\geqq 4$）が 2 つの素数の和になると予想した；例えば，$4 = 2 + 2$，$6 = 3 + 3$，$8 = 3 + 5$，$10 = 5 + 5 = 3 + 7$，$12 = 5 + 7$（この予想は奇数には成り立たない：11 が 2 つの素数の和にならないことは，読者が簡単に確かめられる）．オイラーは，知られている限りでは，この予想を証明しなかった．彼も，他の誰も，反例を見つけることはなかった．少なくとも 10^{10} までのすべての偶数に対してこの予想を調べてみて，それらについてはこの予想が成り立つことが分かっている．しかし，もちろん，これではすべての偶数に対して成り立つという保証にはならない．数学の大きな未解決問題として残っ

ている.[3]

　素数の最も興味をそそる側面の一つが，素数は整数の中に不規則に散らばっており，分布の仕方にはっきりとした型が見られないということである．実際，素数だけを作る——すなわち素数の正確な分布を予想する——公式を見つけようという試みはこれまでことごとく失敗に終わった．しかし，数学者が個々の素数から素数の**平均的**分布へと目を切り替えた時，大きな前進があった．1792 年，15 歳の時，カルル・フリードリッヒ・ガウスはドイツ系スイス人の数学者ヨハン・ハインリッヒ・ランベルト（Johann Heinrich Lambert, 1728-1777）が編纂した素数の表を調べた．ガウスは，ある与えられた整数 x より小さい素数の個数を支配する法則を見つけようとしていた．より正確に言うなら，[素数 $\leq x$] の個数である．今日ではこの数は $\pi(x)$ と記される．それは x の関数であるから $\pi(x)$ と書く（ここで文字 π は，もちろん，$\pi = 3.14\cdots$ という数とは無関係である）．例えば，12 より小さな素数は 5 個（すなわち 2, 3, 5, 7, 11）あるから，$\pi(12) = 5$ である；同様に，13 自身も素数であるから，$\pi(13) = 6$ である．

　x が次の素数になるまで $\pi(x)$ の値は変化しないことに注意せよ；したがって $\pi(14)$ もまた 6, $\pi(15)$ も $\pi(16)$ もまた 6 である．このように $\pi(x)$ は 1 ずつ増えていくが，この増える間隔は不規則である．しか

し，整数をざっと見渡すと，**平均的にはこの間隔がだんだんと大きくなっていくことが分かる**：すなわち，数が大きくなるにつれて，整数を無作為に選んだときそれが素数である率は，平均的に，だんだんと小さくなる．ガウスは，大きな数 x に対して，$\pi(x)$ の振る舞いをこれまでに分かっている関数で近似できないかと考えた．ランベルトの表を注意深く調べた後，ガウスは大胆な予想を立てた：大きな数 x に対して，$\pi(x) \sim x/\ln x$ であると．（ここで $\ln x$ は e を底とする x の自然対数である．）記号 $\sim$ は x が限りなく大きくなるとき $\pi(x)$ と $x/\ln x$ との比が 1 に近づくことを表す：式で書けば $\lim_{x\to\infty} \pi(x)/(x/\ln x) = 1$ ． [4] この有名な命題は**素数定理**と呼ばれるようになった．

"素数定理"を同値な形 $\pi(x)/x \sim 1/\ln x$ のように書くと，この定理は次のように解釈できる：素数の平均**密度**——すなわち，ある与えられた整数が素数である確率——は x が限りなく増大するとき $1/\ln x$ に近づく．次ページ上段の表は，x の値が増大するときの二つの比 $\pi(x)/x$ と $1/\ln x$ を比較したものである（4 桁に丸めてある）：

若いガウスは対数表の裏面に彼の予想を書き付けていた．そこにはこう書かれている：

$a \ (=\infty)$ より小さい素数の個数は a/la．

彼は自分の予想を証明しようとしなかった．証明は，ドイツの数学者ゲオルク・フリードリッヒ・ベ

x	$\pi(x)$	$\pi(x)/x$	$1/\ln x$
10	4	.4000	.4343
100	25	.2500	.2171
1,000	168	.1680	.1448
10,000	1,229	.1229	.1086
100,000	9,592	.0959	.0869
1,000,000	78,498	.0785	.0724
10,000,000	664,579	.0665	.0620
100,000,000	5,761,455	.0576	.0543

ルンハルト・リーマン (Georg Friedrich Bernhard Riemann, 1826-1866) を含む大勢の大数学者を悩ませた. リーマンはガウスの学生で, 1859 年にこの主題についての重要な論文を発表した. 1896 年, 遂に成功する時が来た. フランスのジャック・サロモン・アダマール (Jacques Salomon Hadamard, 1865-1963) とベルギーのシャルル・ド・ラ・ヴァレー・プーサン (Charles de la Vallée-Poussin, 1866-1962) とが独立にガウスの予想を証明した.

"素数定理" に自然対数が現れるということは, 数 e が間接的に素数に関係していることを示している. そのような関係があることは真に注目に値する: 素数は整数の領域のもので, 離散数学の最も本質的な部分であるのに対して, 一方, e は解析学の分野に

属し，極限や連続性の領域のものである．[5] リチャード・クーラントとハーバート・ロビンズの *What is Mathematics?* (数学とは何か) を引用すれば：[6]

素数分布の平均的行動が対数関数によって記述できるということは，まことに注目すべき発見である．なぜなら，これほどかけ離れているように思われる二つの概念が，実際にはこれほど密接な関係をもっているとは驚くべきことだからである．

注と出典

1. *Focus* (アメリカ数学界のニューズレター), December 1997, p. 1.
2. David M. Burton, *Elementary Number Theory* (Dubuque, Iowa: Wm. C. Brown, 1994), p. 53.
3. Goldbach の予想の歴史についてはさらに Burton, pp. 52-56, 124 を見よ．
4. $\pi(x)/x$ は漸近的に $1/\ln x$ に近づくという．
5. Wallis の積の例にあるように (p. 97 を見よ), 整数と数 $\pi = 3.14\cdots$ の間にも似たような関係が存在する．
6. London: Oxford University Press, 1941.

15 eはどんな種類の数か?

> 数が宇宙を支配する．
> ——ピタゴラス学派の標語

π の歴史は古代に遡る；eの歴史はほんの4世紀くらいのものである．数 π は円の周と面積をどうやって求めるかという幾何の問題から始まった．eの起源はそれほど明らかではない；どうやら16世紀に，複利の公式に現れる式 $(1+1/n)^n$ が，n が増大するにつれてある極限値——約 2.71828——に近づくことに人々が気付いたときにまで遡れるようである．こうしてeは極限操作によって**定義される**初めての数となった：$e = \lim(1+1/n)^n \ (n \to \infty)$．しばらくの間この新しい数は珍奇なものとみなされていた．その後，サン・ヴァンサンが双曲線の求積に成功するや，対数関数と数eは数学の最前線に押し出された．さらに，微積分の発明によって重大な転機がもたらされた：対数関数の逆関数——後に e^x と記されるようになった——がそれ自身の導関数に等しいということが分かった時である．ただちに数eと関数 e^x は解析学の中枢の役割を担うことになった．そして1750年頃オイラーによって変数 x が虚数さらには複素数の値をとることができるようになって，目覚ましい多くの性質をもつ複素変数関数論への道が敷か

れた.しかし,なお一つの未解決の疑問が残った：いったい e はどんな種類の数なのか？

　有史時代の夜明け以来,人間は数を扱わなければならなかった.古代人にとって——今日でも,ある部族にとっては——数とは数える数を意味した.実際,自分が何個の物を持っているかを把握してさえいればよいのなら,数える数(**自然数**すなわち**正の整数**)だけで十分である.しかし,遅かれ早かれ,計量も行わなければならなくなる——地面の面積や,ワイン瓶の体積や,ある町から他の町への距離を求めること等.そして,このような計量の結果が単位量の整数倍になるとはとうてい考えられない.そこで分数が必要になる.

　分数はすでにエジプト人やバビロニア人に知られていた.彼らは分数を記録し,分数で計算する独創的な方法を考案した.しかし,分数を自分達の数学・哲学体系の大黒柱に据え,ほとんど神秘的な地位にまで高めたのは,ピタゴラスの教えに感化されたギリシャ人達だった.ピタゴラス学派の人達はこの世のすべて——物理学や宇宙論から芸術や建築まで——が分数,すなわち有理数,で表せると信じていた.この信念はおそらく音楽の和声の法則へのピタゴラスの興味から始まったのであろう.彼は音を出すいろいろな物——弦,鈴,水を入れたコップ等——で実験をして,振動する弦の長さと弦が出す音の高さとの定量的関係を発見した：弦が短ければ短いほど音の高さは高い.さらに,彼は普通の音程(五線譜上の音符間の隔たり)が

弦の長さの単純な比に対応することに気が付いた．例えば，オクターブは 2:1 の長さの比に，5度は 3:2 の比に，4度は 4:3 に，等々，対応する（**オクターブ**，**5度**，**4度**という言葉は音階中の音程の位置に関係する；p.233 を見よ）．ピタゴラスが有名な"ピタゴラス音階"を考案したのはこれらの比——3つの"完全音程"——に基づいてであった．彼はそこで止まらなかった．彼は，整数の単純な比で支配されているのは音楽の和声だけでなく，宇宙全体も支配されているということを，自分の発見が意味していると解釈した．この異常な論理の拡張は，ギリシャ哲学においては，音楽——より正確には，音楽理論（単なる演奏ではなく）——が自然科学，とくに数学，と同等な地位におかれていたということを想起しないと理解できない．このようにして，ピタゴラスは音楽が有理数に基づくものであれば全宇宙もまたそうであるに違いないと推論したのである．有理数はこうしてギリシャ人の世界観を支配していた；合理的考え方がギリシャ人の哲学を支配していたのと同じように（実際，合理的あるいは"有理数"に対応するギリシャ語は logos（λόγος）であり，**論理**（logic）という現代語はそれに由来する）．

ピタゴラスの生涯についてはほとんど知られていない：現在知られていることは，すべて彼の死後数世紀を経て書かれた本によるのであり，そしてそれらの本の中に彼の発見が引用されているのである．したがって，彼についていわれていることはほとんどすべてかなり懐疑的に取り上

げなければならない.[1] 彼は紀元前570年頃エーゲ海のサモス島で生まれた. サモスからそれほど遠くない小アジア本土の町ミレートスにギリシャ自然哲学の創始者タレス (Thales) が住んでいた. 若いピタゴラス――タレスより50歳若い――がこの大学者の下で勉強しようとミレートスへ行ったというのはありそうなことである. その後ピタゴラスは古代世界の各地を旅行して, 結局はクロトナの町 (現在は南イタリアに属し, クロトーネと呼ばれている) に落ち着き, ここで彼の有名な哲学の学派を設立した. ピタゴラス学派は哲学的な討論の場以上のものであった；神秘主義的な集団でその構成員は秘密厳守の規則によって縛られていた. ピタゴラス学派の人々は自分達の議論の記録を書き留めなかった. しかし彼らの議論はヨーロッパの科学的思考に, ひいてはルネッサンスに, 大きな影響を与えた. 最後のピタゴラス学派の一人に偉大な天文学者のヨハネス・ケプラー (Johannes Kepler, 1571-1630) がいた. 有理数が宇宙を支配するという考えを彼が熱狂的に信じていたために, 惑星の運動法則を見つけるのに30年以上もの間迷わなければならなかった.

もちろん, 有理数を数学の中心に据えたのは哲学的議論によってだけではない. 有理数は整数と異なる次の性質をもっている：すなわち, 有理数は**密な数の集合**をなしている. この性質によって, どんなに近い任意の二つの分数の間にも常にもう一つの分数を押し込むことができる. 例えば, 分数 $1/1{,}001$ と $1/1{,}000$ を考えよう.

その差は約 100 万分の 1 であるから,確かにこれらの分数は近い.しかしその間の分数を簡単に見つけられる,例えば 2/2,001.さらにこの過程を繰り返して 2/2,001 と 1/1,000 の間にある分数(例えば 4/4,001 を見つけることができる,等々限りなく続けられる.与えられた任意の二つの分数の間にもう一つの分数を入れる隙間があるばかりでなく,**無限**に多くの新しい数を入れる隙間がある.その結果,有理数だけを用いてどんな測定の結果でも表すことができる.それは,どんな測定でもその精度は測定器の精度によって,もともと限度があるからである;近似的な数を得ること以上のことは望むべくもないし,近似的な数字なら有理数で十分すぎるくらい十分なのである.

　密なという言葉は,有理数が数直線上に分布する様子を正確に反映している.この直線上に,どんなに小さくてもよいから,任意の線分を取ってみる:この線分には常に無限に多くの "有理点"(すなわち,原点からの距離が有理数で与えられる点)が存在している.それだから——ギリシャ人がそう思ったように——数直線全体が有理点で占められていると結論づけるのは当然のように見える.しかし,数学では,当然と**見える**ことが誤りと分かることがよくある.数学の歴史の中で最も重大な出来事の一つが,数直線上に有理数が密に存在しているにもかかわらず,まだ"穴"——有理数に対応しない点——が残っているということの発見であった.

　この穴はピタゴラスが発見したとされているが,実際に

発見したのは弟子の一人であったようである：偉大な師ピタゴラスへの敬意からピタゴラス学派の人々は自分の発見をすべて彼の功績としていたから，本当のことはわからない．この発見は単位正方形（1辺が1の正方形）の対角線に関係していた．対角線の長さをxとしよう；ピタゴラスの定理により$x^2 = 1^2 + 1^2 = 2$だからxは2の平方根で$\sqrt{2}$と書かれる．もちろん，ピタゴラス学派の人々はこの数がある分数に等しいものと決めてかかり，必死になってそれを求めようとした．しかしある日その中の一人が，$\sqrt{2}$は分数と等しくなり得ないという驚くべき発見をした．こうして**無理数**の存在が発見された．

おそらくギリシャ人は$\sqrt{2}$が無理数であることを示すために幾何学的論法を使ったであろう．今日では，$\sqrt{2}$が無理数であることの幾何学的でない証明がいくつもあるが，それら全部が"間接的"証明である．$\sqrt{2}$が二つの整数の比，例えばm/n，であるという仮定から出発して，この仮定が矛盾を引き起こし，その結果$\sqrt{2}$は仮定した比と等しくなり得ないことを示すというやり方である．m/nは既約分数（すなわち，mとnが共通因数をもたない）であると仮定する．ここからは，証明によっていろいろなやり方がある．例えば次のような証明がある．式$\sqrt{2} = m/n$を2乗して$2 = m^2/n^2$，したがって$m^2 = 2n^2$になる．これはm^2が，したがってm自身も，偶数であることを示している（奇数の2乗は常に奇数であるから）．するとある整数rを使って$m = 2r$と書ける．する

と $(2r)^2 = 2n^2$, 簡単化して $n^2 = 2r^2$ となる．しかしこれは n もまた偶数で $n = 2s$ と書けることを示す．すると，m も n も偶数であるということになって，共通因数 2 をもつことになり，分数 m/n が既約であるという我々の仮定に矛盾する．したがって $\sqrt{2}$ は分数となり得ない．

$\sqrt{2}$ が無理数であるということの発見はピタゴラス学派の人達をショック状態に陥れた．なぜなら，明らかに測定できてしかも定規とコンパスで作図できて，しかも有理数でない量があったからである．彼らの狼狽ぶりはものすごく，$\sqrt{2}$ を数と考えることを拒否し，正方形の対角線は数でない量であるとみなした！（算術的数と幾何学的量のこの区別，数が宇宙を支配するというピタゴラス学派の教義と事実上矛盾するこの区別，がこれ以後ギリシャ数学の基本的要素となるのである．）秘密厳守の誓約を守って，ピタゴラス学派の人々はこの発見を秘密にしておくことを誓った．しかし，伝説によると，彼らの一人のヒッパスス（Hippasus）という名の男が，我が道を行って無理数の存在を世界に暴露しようと決心したという．この忠誠心破棄に驚いて，彼の仲間達がかたらって航行中の船から彼を海に放り出した．

しかし発見は広く知れ渡り，やがて他にも無理数が見つかった．例えば，すべての素数の平方根は無理数であり，またほとんどの合成数の平方根も無理数である．紀元前 3 世紀にユークリッドが *Elements*（幾何学原論）を編纂した時にはもう，無理数の目新しさは全般的に薄れてしまっ

ていた．*Elements* の第 10 巻は無理数——当時通約不能量と呼ばれていた——の幾何的な大理論を展開している．(線分 AB と CD が通約可能である，あるいは共通の尺度をもつというのは，これらの長さが第 3 の線分 PQ のちょうど何倍かになるということを意味する；このとき，ある整数 m と n に対して $AB = mPQ$, $CD = nPQ$ であり，したがって $AB/CD = (mPQ)/(nPQ) = m/n$ は有理数である．）しかし，十分満足のいく無理数の理論——幾何学的考察を使わない理論——が現れたのは，やっと 1872 年に，リヒァルト・デデキント（Richard Dedekind, 1831-1916）が彼の名高い小論文 *Continuity and Irrational Numbers*（連続性と無理数）を出版した時であった．

有理数の集合と無理数の集合を合わせると，**実数**というもっと大きな集合が得られる．実数とは小数で書ける数のことである．小数には三つの型がある：1.4 のような有限小数；0.2727… ($0.\overline{27}$ とも書く）のような，有限小数ではないが循環するもの；0.1010010001… のように有限小数でもなく循環もしないもの（数字が同じ順序では繰り返さない）．よく知られているように，最初の二つの型の小数は常に有理数で表される（上の例では，1.4=7/5, 0.2727…=3/11)．これに対して，第三の型の小数が無理数を表す．

実数の小数表現からただちに，すでに述べたことが確かめられる：実用的見地からは——測定のためには——

無理数は必要でない．なぜならば，常に好きなだけの精度で**有理数近似**によって無理数を近似できるからである．例えば，有理数の列 1，1.4（= 7/5），1.41（=141/100），1.414（=707/500），1.4142（=7,071/5,000）はすべて $\sqrt{2}$ の有理数近似であり，だんだんと精度が増加している．数学で無理数が大変重要であるのは，その**理論的側面**においてである：有理数でない点が存在するので数直線上に"穴"が空いてしまうが，それを埋めるために無理数が必要なのである；無理数があって初めて実数の集合は**数の連続体**という完全な体系を成すのである．

続く 2,500 年間，事態はそのままだった．そして，1850年頃，新しい種類の数が発見された．初等代数で出会うほとんどの数は簡単な方程式の解と考えられる；もっと具体的にいうと，それらは整係数の多項式方程式の解である．たとえば，数 $-1, 2/3, \sqrt{2}$ は，それぞれ，多項式の方程式 $x+1=0, 3x-2=0, x^2-2=0$ の解である．（数 $i=\sqrt{-1}$ も，方程式 $x^2+1=0$ を満たすから，このグループに属す；しかしここでの我々の議論は実数だけに限ることにする．）$\sqrt[3]{1-\sqrt{2}}$ のように一見複雑に見える数でも，試してみれば容易に分かるように，方程式 $x^6-2x^3-1=0$ を満たすから，このクラスに属す．整係数の多項式方程式を満たす（すなわち解である）実数のことを**代数的**な数と呼ぶ．

すべての有理数 a/b は，方程式 $bx-a=0$ を満たすから，明らかに代数的である．したがって，ある数が代数的

でないならば無理数でなければならない．しかし，逆は真ではない：$\sqrt{2}$ の例が示すように，無理数が代数的であることもある．ここで次の問題が生じる：**代数的でない無理数があるだろうか？** 19世紀の始めまでには数学者達は答はイエスであると思い始めていたが，そのような数は実際には見つからなかった．代数的でない数は，もし発見されたとしても，一風変ったものであろうと思われていた．

1844年にフランスの数学者ジョゼフ・リウヴィル (Joseph Liouville, 1809-1882) は，代数的でない数が実際に存在することを証明した．彼の証明は簡単ではないが，[2] その証明法によるとそういう数の例をいくつも作ることができる．リウヴィル数と呼ばれるものの例の一つが

$$\frac{1}{10^{1!}} + \frac{1}{10^{2!}} + \frac{1}{10^{3!}} + \frac{1}{10^{4!}} + \cdots$$

である．これを小数に展開すると 0.110001000000000000000000100… である（リウヴィル数を定義する式の各項の分母の指数の $n!$ のためにゼロの塊がどんどん長くなっていき，各項は急速に減少する）．もう一つの例が 0.12345678910111213… で，自然数が順に並んでいる．代数的でない実数は**超越的**と呼ばれる．この言葉に何ら神秘的な要素はない；これらの数が代数的数の範囲を超越している（超えている）ことを示しているに過ぎない．

幾何学における平凡な問題から発見された無理数と

は対照的に，最初の超越数はそのような種類の数が存在するということを示すためにとくに作られたものであった：ある意味で"人工的"な数である．しかしこの目的を達成してしまうと，もう少しありふれた数，とくに π と e, に注意が向けられた．これら二つの数が**無理数**だということは 1 世紀以上も前から分かっていた：オイラーは 1737 年に e と e^2 が共に無理数であることを証明し，[3] ドイツ系スイス人の数学者ヨハン・ハインリッヒ・ランベルト (Johann Heinrich Lambert, 1728-1777) は 1768 年に π について同じことを証明した．[4] ランベルトは，x が 0 以外の有理数のとき，関数 e^x と $\tan x$ (比 $\sin x/\cos x$) は有理数の値をとることはできないということを示した．[5] しかし，$\tan(\pi/4) = \tan 45° = 1$ は有理数だから，π/4 したがって π は無理数でなければならないといえる．ランベルトは π と e が超越的であろうと思ったが，それを証明することはできなかった．

その時以来，π と e の話は密接に絡み合うようになった．リウヴィル自身は e が整係数の **2** 次方程式の根になり得ないことを証明した．しかしもちろんこれでは，e が超越的である——整係数の**任意**の多項式方程式の解になり得ない——ことの証明には不十分である．この課題はフランスの数学者シャルル・エルミート (Charles Hermite, 1822-1901) に残された．

エルミートは生まれながらにして脚が悪かった．そのた

め兵役に不適格とされた．つまり，このハンディキャップが利点となったのである．名門校であるエコール・ポリテクニークの学生としての成績は輝かしいものではなかったが，やがて彼は19世紀後半における最も独創的な数学者であることを立証した．彼の仕事は，整数論，代数学，解析学を含む広範囲の分野にわたっていた（専門は高等解析学の一つの話題である楕円関数であった）．広い視野をもっていたためこれら一見異なる分野の間に多くの関係を発見することができた．研究論文以外にも，彼は数学の教科書をいくつか書いたが，それらは標準的な教科書となった．e が超越数であることの彼の有名な証明は，1873年に，30ページ以上の研究論文として発表された．その中でエルミートは実際に二つの異なる証明を与えているが，第2の証明の方が厳密であった．[6] 証明の続編として，エルミートは e と e^2 に対して次のような有理数近似を与えた：

$$e \approx \frac{58{,}291}{21{,}444}, \qquad e^2 \approx \frac{158{,}452}{21{,}444}.$$

前者は小数値 2.718289498 で，誤差は真値の 0.0003 パーセントより小さい．

 e が超越数であることを決めたので，エルミートは全力で π について同じことをするだろうと人々は期待した．しかし，彼は昔の学生への手紙の中にこう書いた："私は π の超越性を証明しようと企てるような危険は冒さない．他の人がこの企てをしても，私のように成功して喜ぶこ

とにはならないであろう．見ていたまえ，彼らはきっと多大の努力をしなければならなくなるから"と，[7] 明らかに彼は，その仕事は手に負えないと予想していた．しかしエルミートが e の超越性を証明してからわずか 9 年後の 1882 年，ドイツの数学者カルル・ルイス・フェルディナント・リンデマン (Carl Louis Ferdinand Lindemann, 1852-1939) の努力が報われ成功した．リンデマンはエルミートの証明に倣って証明の型を作った：彼は

$$A_1 e^{a_1} + A_2 e^{a_2} + \cdots + A_n e^{a_n}$$

という形の式が（すべての A_i が 0 という明白な場合を除いて）0 になり得ないことを示した（ここで，a_i は互いに異なる代数的数（実数あるいは複素数），A_i は代数的数である）．[8] ところで，このような式で 0 に等しくなるものを我々は知っている：オイラーの公式 $e^{\pi i} + 1 = 0$ である（左辺は $e^{\pi i} + e^0$ と書けるので望む形をしていることに注意せよ）．ゆえに πi は，したがって π は，代数的ではあり得ない：π は超越数である．

これらの理論の発展で，円の周と半径の比についての長い間の疑問が終結した．与えられた円と面積が等しい正方形を定規とコンパスだけで作図するという古くからの問題も，π が超越的であるということによって結末がついた．紀元前 3 世紀にプラトン (Platon) が幾何の作図はすべて定規（目盛りなしの定規）とコンパスだけでなされなければならないと定めて以来ずっと，この有名な問題は数学者に取り付いてきた．そのような作図が可能なのは，図形

のすべての線分の長さが整係数のある型の多項式の方程式を満たすときに限るということはよく知られている.[9] 半径が1の円の面積はπである：したがって，この面積が，1辺がxの正方形の面積に等しいとすると，$x^2 = \pi$, したがって$x = \sqrt{\pi}$となるはずである．しかしこの長さの線分を作図するには，$\sqrt{\pi}$したがってπが整係数の方程式を満たさなければならなくなるが，そうするとπが代数的数ということになる．πは代数的ではないから，作図は不可能である．

古代からずっと数学者を悩ませてきた謎が解けたことで，リンデマンは有名になった．しかしリンデマンの証明の道を敷いたのはエルミートの e の超越性の証明であった．この二人の数学者の功績を比較して，*Dictionary of Scientific Biography*（科学伝記事典）にはこうある："要するに，並の数学者のリンデマンはπの超越性の発見でエルミートよりもずっと有名になってしまったが，その証明の基礎固めは全部エルミートだったし，エルミートもその証明のすぐ近くにまで来ていた."[10] リンデマンは晩年にもう一つの有名な問題，フェルマーの最終定理，に挑戦したが，彼の証明はその最初のところで重大な誤りがあることが分かった．[11]

ある意味でπの物語とeの物語は異なっている．πはその歴史も長くよく知られていたので，少しでも多くの桁数まで値を計算しようという努力が長年にわたり競争のようになっていた．πが超越数だというリンデマンの

証明があっても,桁数を追求して華々しい手柄を立てようとする人の手は止まらなかった(1989年の時点での記録は4億8千万桁だった). そのような狂気はeについては起きなかった.[12] また,πについてはくだらないばかばかしい話が多かったが,eにはそんなものはなかった.[13] ところが,最近出た物理の本に次のような脚注を見つけた:"アメリカの歴史をよく知る者がeの値を小数点以下9桁まで暗記するには$e = 2.7$(アンドルー・ジャクソン)^{2}とすればよい. 1828年にアンドルー・ジャクソン(Andrew Jackson)が合衆国の大統領に選ばれたから$e = 2.7$(アンドルー・ジャクソン)$^2 = 2.718281828$である. 反対に,数学に強い者は,これはアメリカの歴史を暗記する良い方法だ."[14]*

数学の二つの最も有名な数の性質が定まってしまったので,数学者の関心は他の領域に移るだろうと思われた. しかし1900年にパリで開かれた第2回国際数学者会議で,当時の優れた数学者の一人ダーヴィト・ヒルベルト(David Hilbert, 1862-1943)が,23の未解決問題の表をもって数学界に挑戦した. ヒルベルトはこれらの問題の解決が最高に大切であると考えた. ヒルベルトの表の7番目の問題は,任意の代数的数a($\neq 0, 1$)と,任意の代数的な無理数bに対して,式a^bが常に超越的であるとい

---

*訳注:日本ではe= "鮒一羽二羽一羽二羽" という暗記法もある.

う仮説が正しいことの証明あるいは誤りであることの証明を与えよというものであった：具体的な例として，彼は数 $2^{\sqrt{2}}$ と e^{π} を挙げた（後者は i^{-2i} と書ける（p. 314 を見よ）ので問題の形を満たしている）．[15] ヒルベルトは，この問題はフェルマーの最終定理を解くより時間がかかると予想したが，悲観的過ぎた．1929 年にロシアの数学者アレクサンドル・オシポヴィッチ・ゲリフォント（Alexandr Osipovich Gelfond, 1906-1968）が e^{π} の超越性を証明し，続いて 1 年後に $2^{\sqrt{2}}$ の超越性の証明もした．a^b に関するヒルベルトの一般的仮説は 1934 年にゲリフォントによって，またそれとは独立にドイツの T. シュナイダー（T. Schneider）によって，証明された．

与えられた特定の数が超越数であることを証明するのは容易ではない：その数がある要件を満たさないことを証明しなければならない．まだ代数的か超越的か分かっていない数の中には π^e, π^{π}, e^e がある．π^e の場合はとくに興味がある．なぜならば，それは π と e の間の対称性が歪んでいることを思い出させるからである．第 10 章で見たように，e が双曲線に関して果たす役割は，π が円に関してする役割と同じようなものである．しかし，オイラーの公式 $e^{\pi i} = -1$ がはっきりと示すように（π と e は異なる位置にある），この類似性は完全ではない．二つの有名な数は，近しい関係にもかかわらず，まったく異なる個性をもつのである．

超越数の発見は，2500 年前に無理数が引き起こしたほ

どの知的衝撃は起こさなかったが，その結果は同様に重大であった．一見簡単に見える実数の体系の背後に，数の小数展開を見ているだけでは識別できない微妙なことがたくさんある．さらに最大の驚きがいずれは来ることになっていた．1874年にドイツの数学者ゲオルク・カントル (Georg Cantor, 1845-1918) は，有理数より無理数の方がたくさんある，また，代数的数より超越数の方がたくさんあるという驚くべき発見をした．他の言い方をすれば，奇異であるどころではなく，**ほとんどすべての実数は無理数である**；そして無理数の中のほとんどが超越数なのである！[16]

しかしこれはもっと高度な抽象の世界に入ることになる．$π^e$ と $e^π$ の数値を計算することで満足するならば，それらが驚くほど近いことに気が付く：それぞれ，22.459157… と 23.140692… である．もちろん，π と e は数値的にそれほどかけ離れていない．考えてみて欲しい：無限に存在する実数の中で数学にとって最も大切な数——0, 1, $\sqrt{2}$, e, π——は数直線上4目盛り以内にある．注目すべき偶然なのか？ 神の大きな構想の中のほんの些細なことなのか？ 読者が決めて下さい．

注と出典

1. B. L. van der Waerden, *Science Awakening: Egyptian, Babylonian, and Greek Mathematics* (Arnold Dresden 訳；New York: John Wiley, 1963), pp. 92-102 を見よ.

2. 例えば, George F. Simmons, *Calculus with Analytic Geometry* (New York: McGraw-Hill, 1985), pp. 734-739 を見よ.
3. e が無理数であることの証明は付録 2 にある.
4. Lambert が双曲線関数を数学に導入したといわれることがよくあるが, Vincenzo Riccati の方が先にやっていたらしい (p. 256 を見よ).
5. その結果, 指数曲線 $y = e^x$ は平面上で点 $(0, 1)$ を除き代数的な点を通らない. (代数的点とは x 座標と y 座標が共に代数的数であるような点のことである.) Heinrich Dörrie を引用すると: "代数的点は平面内に密に凝縮してあまねく存在するから, 指数曲線はこれらのどれにも接触しないようにしてこれらの点の間をうねって進むというきわめてむずかしい芸当をやってのけている. 当然, 対数曲線 $y = \ln x$ についても同じことがいえる" (Dörrie, *100 Great Problems of Elementary Mathematics: Their History and Solution*, [David Antin 訳; 1958; 複製版 New York: Dover, 1965], p. 136).
6. David Eugene Smith, *A Source Book in Mathematics* (1929; 複製版 New York: Dover, 1959), pp. 99-106 を見よ. Hermite の証明を Hilbert が簡略化したものについては Simmons, *Calculus with Analytic Geometry*, pp. 737-739 を見よ.
7. Simmons, *Calculus with Analytic Geometry*, p. 843 から引用.

8. Lindemann の証明を簡略化したものについては Dörrie, *100 Great Problems*, pp. 128-137 を見よ.

9. Richard Courant and Herbert Robbins, *What is Mathematics?* (1941; 複製版 London: Oxford University Press, 1969), pp. 127-140 (日本語訳: 数学とは何か [岩波書店, 1966], pp. 136-144) を見よ.

10. C. C. Gillispie, editor (New York: Charles Scribner's Sons, 1972).

11. Fermat の最終定理の最近の証明に関しては第 7 章の注 1 を見よ.

12. David Slowinski と William Christi によるポスター *Computer* e (Palo Alto, Calif.: Creative Publications, 1981) には 4,030 桁の e が書いてある. Stephen J. Rogowski と Dan Pasco による対のポスター *Computer* π (1979) には 8,182 桁の π が書いてある.

13. 例えば, Howard Eves, *An Introduction to the History of Mathematics* (1964; 複製版 Philadelphia: Saunders College Publishing, 1983), pp. 89-97 を見よ.

14. Edward Teller, Wendy Teller, Wilson Talley, *Conversations on the Dark Secrets of Physics* (New York and London: Plenum Press, 1991), p. 87.

15. Ronald Calinger, ed., *Classics of Mathematics* (Oak Park, Ill.: Moore Publishing Company, 1982), pp. 653-677. Hilbert の 7 番目の問題は p. 667 にある.

16. Cantor の仕事についての記述は拙著 *To Infinity and*

Beyond: A Cultural History of the Infinite (1987; 複製版 Princeton: Princeton University Press, 1991), ch. 9 と ch. 10 にある.

付　録

文字 e はこの普遍的な正の定数［方程式 $\ln x = 1$ の解］を表す記号としてしか使われることはないであろう．
　　——EDMUND LANDAU（エドムント・ランダウ），*Differential and Integral Calculus*（微分積分法，1934）

付録1 ネーピアの対数についての追加

ネーピアの死後1619年に出版された *Mirifici logarithmorum canonis constructio* の中で,ネーピアは対数の発明を幾何学的な機械模型を使って説明した.これは当時数学の問題を解く方法としてごく普通のやり方だった(ニュートンも流率法の着想を記述するのに同様の模型を使っている).直線分 AB と AB に平行な C から右に伸びる無限遠半直線を考える(図75).

点 P は A を出発し B に向かって,各瞬時,P から B までの距離に比例する速度で進む.P が出発するのと同時に Q は C を出発して右の方へ,P の初速度と等しい一定の速度で進む.時間が経過すると,距離 PB は減少するがその減少の割合も減少する.一方,距離 CQ は一定の割合で増大する.ネーピアは Q の始点 C からの距離

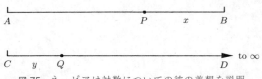

図75 ネーピアは対数についての彼の着想を説明するのに幾何模型を使った:P は距離 PB に比例する速度で AB に沿って動く,一方 Q は初速度と等しい一定の速度で CD に沿って動く.$x = PB$, $y = CQ$ とするとき,y は x の(ネーピアの)対数である.

を，P の終点 B からの距離の対数と定義した．$PB=x$，$CQ=y$ とおくとき，

$$y = \text{Nap log } x.$$

ここで，Nap log は"ネーピアの対数"を表す．[1]

この定義は実際に二つの数（AB に沿っての距離）の積を他の二つの数（C からの距離）の和に換えるものであることが簡単に分かる．線分 AB を単位長と仮定し，C から半直線に沿って適当な等距離ごとに印を付けよう：それらにラベル 0, 1, 2, 3, … を付ける．Q は一様な速度で動くから，これらの等距離の線分を同じ時間間隔で進んでいく．P が A から動き始めるとき，Q は 0（点 C）にある；P が AB の半分のところに来ると Q は 1 にいる；P が AB の 3/4 まで進んだとき Q は 2 にいる，等々．P が B に着くまでにまだ進まなければならない距離が x であるから，次のような表を得る：

x	1	1/2	1/4	1/8	1/16	1/32	1/64	…
y	0	1	2	3	4	5	6	…

これは実際には大変原始的な対数表である：下の行の数は上の行の対応する数の（1/2 を底とする）対数である．実際，下の行の任意の二つの数の和は上の行の対応する二つの数の積になっている．この表では x が減少するにつれて y が増大していることに注意せよ．現代の（10 を底とする，あるいは e を底とする）対数では，これと対照的に，一方が増大するにつれてもう一方も増大する．

第 1 章で述べたように，単位円の半径を 10,000,000 個

に分割するという三角法の慣習に従って，ネーピアは距離 AB を 10^7 とした．点 P の初速も 10^7 と仮定すると，P と Q の動きは二つの微分方程式 $dx/dt = -x$, $dy/dt = 10^7$ と初期条件 $x(0) = 10^7$, $y(0) = 0$ で記述される．二つの式から t を消去して $dy/dx = -10^7/x$ が得られるが，その解は $y = -10^7 \ln x + c$ である．$x = 10^7$ のとき $y = 0$ だから，$c = 10^7 \ln 10^7$, したがって $y = -10^7(\ln x - \ln 10^7) = -10^7 \ln(x/10^7)$. 公式 $\log_b x = -\log_{1/b} x$ を使うと，解は $y = 10^7 \log_{1/e}(x/10^7)$, あるいは $y/10^7 = \log_{1/e}(x/10^7)$ と書ける．これは，係数 10^7 は別にして（小数点の位置をずらすだけだから），ネーピアの対数が実は $1/e$ を底とする対数であることを示している（ネーピア自身が底を用いて考えたわけではないが）.[2]

出 典

1. Napier の *Constructio* からの注釈付き抜粋が Ronald Calinger, ed., *Classics of Mathematics* (Oak Park, Ill.: Moore Publishing Company, 1982), pp. 254-260 および D. J. Struik, ed., *A Source Book in Mathematics, 1200-1800* (Cambridge, Mass.: Harvard University Press, 1969), pp. 11-21 にある．また Napier の *Descriptio* の Wright による 1616 年の英語訳：John Napier, *A Description of the Admirable Table of Logarithms* (Amsterdam: Da Capo Press, 1969), ch. 1 の複製版も見よ．

2. Carl B. Boyer, *A History of Mathematics*, 改訂版

(1968; 複製版 New York: John Wiley, 1989), pp. 349-350.

付録2 $n \to \infty$ のときの $\lim(1+1/n)^n$ の存在

n が限りなく増大するとき数列

$$S_n = 1 + \frac{1}{1!} + \frac{1}{2!} + \cdots + \frac{1}{n!}, \qquad n = 1, 2, 3, \cdots$$

が極限に収束することをまず示そう.この和は各項が加わるごとに増大するから,すべての n に対して $S_n < S_{n+1}$ である;すなわち,数列 S_n は単調に増大する.n が 3 以上のとき,$n! = 1 \cdot 2 \cdot 3 \cdot \; \cdots \; \cdot n > 1 \cdot 2 \cdot 2 \cdot \; \cdots \; \cdot 2 = 2^{n-1}$;したがって $n = 3, 4, 5, \cdots$ に対して

$$S_n < 1 + 1 + \frac{1}{2} + \frac{1}{2^2} + \cdots + \frac{1}{2^{n-1}}$$

である.この和の第 2 項以下は公比が $1/2$ の等比数列である.この数列の和は $(1 - 1/2^n)(1 - 1/2) = 2(1 - 1/2^n) < 2$ である.したがって $S_n < 1 + 2 = 3$,これは数列 S_n の上界が 3(すなわち,S_n の値は 3 を超えない)であることを示している.解析学のよく知られた定理を使う:有界で単調増加の数列は $n \to \infty$ のとき極限に近づく.したがって S_n は極限 S に収束する.S が 2 と 3 の間にあることもこの証明が示している.

次に数列 $T_n = (1 + 1/n)^n$ を考えよう.この数列が S_n と同じ極限に収束することを示そう.2 項定理により

$$T_n = 1 + n \cdot \frac{1}{n} + \frac{n(n-1)}{2!} \cdot \frac{1}{n^2} + \cdots$$
$$+ \frac{n(n-1)(n-2)\cdots 1}{n!} \cdot \frac{1}{n^n}$$
$$= 1 + 1 + \left(1 - \frac{1}{n}\right) \cdot \frac{1}{2!} + \cdots$$
$$+ \left(1 - \frac{1}{n}\right)\left(1 - \frac{2}{n}\right) \cdots \left(1 - \frac{n-1}{n}\right) \cdot \frac{1}{n!}$$

各項の括弧の積は1より小さいから,$T_n \leqq S_n$(実は$n \geqq 2$のとき$T_n < S_n$)である.したがって級数T_nもまた上界をもつ.さらに,nを$n+1$で置き換えると和が増大するから,T_nは単調に増大する.したがってT_nもまた$n \to \infty$のとき極限に収束する.この極限をTと書く.

次に$S = T$を示そう.すべてのnに対して$S_n \geqq T_n$だから$S \geqq T$.同時に$S \leqq T$であることも示そう.m($<n$)を固定しておく.T_nの初めの$m+1$項は

$$1 + 1 + \left(1 - \frac{1}{n}\right) \cdot \frac{1}{2!} + \cdots$$
$$+ \left(1 - \frac{1}{n}\right)\left(1 - \frac{2}{n}\right) \cdots \left(1 - \frac{m-1}{n}\right) \cdot \frac{1}{m!}$$

である.$m < n$のときすべての項は正だから,この和はT_nより小さい.mを一定としておいてnを限りなく増大させるとき,和はS_mに近づく.一方T_nはTに近づく.したがって$S_m \leqq T$,その結果$S \leqq T$.すでに$S \geqq T$は示したから,$S = T$であるといえる.これが証明したかったことである.もちろん,極限Tは数eである.

続いて，eが無理数であることを証明しよう．[1] 間接的証明をする：eが**有理数**であると仮定し，この仮定が矛盾に導かれることを示す．$e = p/q$ とする（p と q は整数）．すでに $2 < e < 3$ であることが分かっているから，eは整数ではあり得ない；したがって，分母 q は2以上でなければならない．式

$$e = 1 + \frac{1}{1!} + \frac{1}{2!} + \frac{1}{3!} + \cdots + \frac{1}{n!} + \cdots$$

の両辺に $q! = 1 \cdot 2 \cdot 3 \cdot \cdots \cdot q$ を掛ける．左辺は

$$e \cdot q! = \left(\frac{p}{q}\right) \cdot 1 \cdot 2 \cdot 3 \cdot \cdots \cdot q = p \cdot 1 \cdot 2 \cdot 3 \cdot \cdots \cdot (q-1)$$

であり，右辺は

$$[q! + q! + 3 \cdot 4 \cdot \cdots \cdot q + 4 \cdot 5 \cdot \cdots \cdot q + \cdots$$
$$+ (q-1) \cdot q + q + 1] + \frac{1}{q+1} + \frac{1}{(q+1)(q+2)} + \cdots$$

である（角括弧の中の1はeを表す級数の項 $1/q!$ から来ていることに注意せよ）．左辺は，整数の積だから，明らかに整数である．右辺の角括弧の中の式は整数である．しかし残りの項は，それぞれ分母が3以上であるから，整数ではない．その和も整数でないことを示そう．$q \geq 2$ だから，

$$\frac{1}{q+1} + \frac{1}{(q+1)(q+2)} + \cdots \leq \frac{1}{3} + \frac{1}{3 \cdot 4} + \cdots$$
$$< \frac{1}{3} + \frac{1}{3^2} + \frac{1}{3^3} + \cdots = \frac{1}{3} \cdot \frac{1}{1 - 1/3} = \frac{1}{2}$$

ここで無限等比級数の和の公式 $a+ar+ar^2+\cdots=a/(1-r)$ ($|r|<1$) を用いた．このように，左辺は整数で右辺は整数でないから，明らかに矛盾する．したがって e は二つの整数の比とはなり得ない——e は無理数である．

出　典

1. Richard Courant and Herbert Robbins, *What Is Mathematics?* (1941; 複製版 London: Oxford University Press, 1969), pp. 298-299. (日本語訳：数学とは何か [岩波書店, 1966], pp. 306-307).

付録3 微積分学の基本定理の発見的導出

図76において,Aをxのある定まった値,例えば$x=a$("積分の下端"と呼ぶ),から変動値("上端")までの関数$y=f(x)$のグラフの下の面積としよう.混乱を避けるため,積分の上端をtと書き,文字xは関数$f(x)$の独立変数の記号にとっておく.すると面積Aはこの上端の関数となる:$A=A(t)$. $dA/dt=f(t)$;すなわち,**面積関数 $A(t)$ の t に関する変化率は $x=t$ における $f(x)$ の値に等しい**ことを示したい.

点$x=t$を近隣の点$x=t+\Delta t$へ動かしてみる;すなわち,tのわずかな増分をΔtとする.これによる面積の増加は$\Delta A = A(t+\Delta t) - A(t)$である.図76から分かるように,小さな$\Delta t$に対して,面積の増加は近似的に,幅が

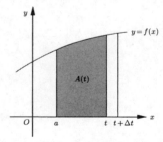

図76 微積分学の基本定理:面積を表す関数$A(t)$の変化率は$x=t$における$f(x)$の値と等しい.

Δt で高さが $y = f(t)$ の長方形の短冊形をしている。したがって $\Delta A \approx y\Delta t$ であるが, Δt を小さくすればするほど近似は改良される。Δt で割ると $\Delta A/\Delta t \approx y$ である。$\Delta t \to 0$ の極限では,左辺は t に関する A の導関数(変化率)dA/dt になる。このようにして $dA/dt = y = f(t)$ が得られる。これが示したかったことである。

このことは,面積 A(t の関数)が $f(t)$ の逆微分,すなわち不定積分,であることを示している:$A = \int f(t)dt$. t の任意の値に対して A の値を確定させるため,$A = \int_a^t f(x)dx$ と書く(積分変数を x とした)。[1] $\int f(t)dt$ は関数(面積関数)であるが,$\int_a^t f(x)dx$ は数で,**$x = a$ から $x = t$ までの $f(x)$ の定積分**と呼ばれることに注意せよ。

明らかにこの導入の仕方は厳密な証明になっていない;完全な証明を望むなら,微積分学の何か良い教科書を見よ。

注

1. 積分変数 x は"形を整えるだけの飾りの変数"である:他の文字に置き換えても結果に何の影響も与えない。

付録 4 $\lim(b^h-1)/h = 1$ と $\lim(1+h)^{1/h} = b$ とが逆の関係であること ($h \to 0$ のとき)

$\lim_{h \to 0}(b^h - 1)/h = 1$ (p. 185 を見よ) であるような b の値を定めたい.有限の h に対する式 $(b^h - 1)/h$ から始めて,それを 1 に等しいとおく:

$$\frac{b^h - 1}{h} = 1. \tag{1}$$

確かに,恒等的に 1 に等しいのであれば,$\lim_{h \to 0}(b^h-1)/h = 1$ でもある.式 (1) を b について解いてみる.2 段階に分けてこれを行う.まず第 1 の段階は

$$b^h = 1 + h,$$

第 2 の段階は

$$b = \sqrt[h]{1+h} = (1+h)^{1/h} \tag{2}$$

(根号を分数を使った指数で置き換えた).式 (1) は b を h の陰関数として表している;式 (1) と (2) は等価だから,$h \to 0$ としても等価な式

$$\lim_{h \to 0} \frac{b^h - 1}{h} = 1 \quad \text{と} \quad b = \lim_{h \to 0}(1+h)^{1/h}$$

が得られる.最後の右の式の極限が数 e である.したがって式 $\lim_{h \to 0}(b^h-1)/h$ を 1 に等しくするには,b は e = 2.71828… としなければならない.

これは完全な証明ではなく概略に過ぎないことを強調しておく.[1] しかし教育的観点からすると,伝統的なやり方

より簡単である．伝統的には，**対数**関数から始め，長たらしい過程を踏んで，その導関数を求め，それからやっと，底を e に等しいとおく（その後もう一度指数関数に戻って $d(e^x)/dx = e^x$ を示さなければならない）．

注
1. 完全な議論については Edmund Landau, *Differential and Integral Calculus* (New York: Chelsea Publishing Company, 1965), pp. 39-48 を見よ．

付録5　対数関数の別の定義

積分定数は別として，x^n の不定積分は $x^{n+1}/(n+1)$ であり，これは n が -1 のときを除いて n のすべての値に対して成り立つ公式である（p. 143）．グレゴワール・サン・ヴァンサンが双曲線 $y = 1/x = x^{-1}$ の下の面積が対数法則に従うことに気が付くまで，$n = -1$ の場合は謎であった．今ではその対数は自然対数であることが分かっている（p. 195 を見よ）；したがって，この面積を積分の上端の関数とみなして $A(x)$ と記せば，$A(x) = \ln x$ である．微積分学の基本定理により $d(\ln x)/dx = 1/x$，したがって $\ln x$（もっと一般的には，$\ln x + c$；c は任意の積分定数）は $1/x$ の不定積分である．

しかし，逆のやり方もできる．すなわち，固定点 $x = 1$ から変動点 $x > 1$ までの $y = 1/x$ のグラフの下の面積を自然対数と**定義する**こともできる．[1] この面積を積分で書けば

$$A(x) = \int_1^x \frac{dt}{t}. \tag{1}$$

ここで，積分の上端 x との混同を避けるため積分変数を t と記した（積分の中は正式には $(1/t)dt$ と書くべきであるが，ここではその代わりに dt/t と書いた）．式（1）は A を積分の上端 x の関数として定義していることに注意せよ．この関数が自然対数関数のすべての性質を有している

ことを示そう.

まず,$A(1) = 0$ に注意しよう.次に,微積分学の基本定理により $dA/dx = 1/x$ である.第3に任意の二つの正の実数 x と y に対して**加法的関係** $A(xy) = A(x) + A(y)$ が成り立つ.実際,積分区間 $[1, xy]$ を二つの部分区間 $[1, x]$ と $[x, xy]$ に分けると,

$$A(xy) = \int_1^{xy} \frac{dt}{t} = \int_1^x \frac{dt}{t} + \int_x^{xy} \frac{dt}{t}, \qquad (2)$$

式 (2) の右辺の第1の積分は,定義により,$A(x)$ である.第2の積分に対して $u = t/x$ という代入(変数変換)をする;すると $du = dt/x$ である(積分に関する限り x は定数であることに注意せよ).さらに,積分の下端 $t = x$ は $u = 1$ に変わり,上端 $t = xy$ は $u = y$ に変わる.したがって

$$\int_x^{xy} \frac{dt}{t} = \int_1^y \frac{du}{u} = A(y)$$

である(t と u は"形を整えるだけの飾りの変数"であるという事実を使用した;p.359 を見よ).加法的関係がこれで確立された.

最後に,$1/x$ のグラフの下の面積は x が増大するにつれて連続的に増大するから,A は x の**単調増大**の関数である;すなわち,$x > y$ ならば $A(x) > A(y)$ である.このように,x が 0 から無限大まで変化するとき,$A(x)$ は $-\infty$ から ∞ までのすべての実数値をとる.このことは,グラフの下の面積がちょうど 1 に等しくなるような数

——それを e と呼ぼう——が存在することを意味している：$A(e) = 1$. この数が $n \to \infty$ のときの $(1+1/n)^n$ の極限であることは容易に示される；すなわち，e は我々が以前に $\lim_{n\to\infty}(1+1/n)^n$ として定義した数 $2.71828\cdots$ である.[2] 要するに，式（1）によって定義される関数 $A(x)$ は $\ln x$ の性質をすべてもっており，そこで我々は $A(x)$ を $\ln x$ と同一のものとみなせる．この関数が連続で単調に増加するから，それは**逆関数**をもつことになり，その逆関数を我々は自然指数関数と呼び e^x と記す．

このやり方はやや不自然に見えるかもしれない；関数 $\ln x$ が上記の性質をもつことを我々は前もって知っているわけだから，確かに後知恵の恩恵を受けていると言われても仕方がない．しかし，この恩恵はいつでも受けられるとは限らない．一見簡単そうに見える関数で，導関数が初等的な関数の有限の組み合わせ（多項式および多項式の比，根号，三角関数や指数関数，そしてそれらの逆）では表せないようなものはたくさんある．そのような関数の一例が e^{-x}/x の積分（**指数積分**）である．不定積分は存在するが，導関数が e^{-x}/x に等しくなるような初等的な関数の組み合わせはない．唯一の手段は，不定積分を積分 $\int_x^\infty (e^{-t}/t)dt \ (x>0)$ と**定義**し，$\mathrm{Ei}(x)$ と記し，それを新しい一つの関数とみなすことである．この関数の性質をこの定義からいろいろと引き出し，関数の値を数値計算して表にして，普通の関数と同じようにそのグラフを描

くことができる.³ すると,どこから見ても,そのような
"高等"関数はよく知られた関数とみなされるはずである.

注
1. $0 < x < 1$ のとき,面積は負と考える.しかし,$1/x$ のグラフは $x = 0$ において不連続(無限大)になるから,$A(x)$ は $x = 0$ においてあるいは x の負の値に対しては定義されない.
2. Richard Courant, *Differential and Integral Calculus*, vol. 1 (London: Blackie and Son, 1956), pp. 167-177 を見よ.
3. Murray R. Spiegel, *Mathematical Handbook of Formulas and Tables*, Schaum's Outline Series, (New York: McGraw-Hill, 1968), pp. 183 and 251 を見よ.

付録6 対数螺旋の二つの性質

本文中で述べた対数螺旋の二つの性質をここで証明しよう.

1. 原点を通る半直線は対数螺旋と等角で交わる.（対数螺旋が**等角螺旋**と呼ばれるのはこの性質のためである.）

これを証明するため，関数 $w = e^z$ の等角性を使おう．ただし z も w も共に複素数である（第14章を見よ）．z を直交座標用の形 $x + iy$ に，w を極形式 $w = R \operatorname{cis} \Phi$ で表すと，$R = e^x$, $\Phi = y$ である（2π の倍数の回転分は無視する）（p.310 を見よ）．こうして，z 平面の縦線 $x = $ 定数 は w 平面の原点を中心とする同心円 $R = e^x = $ 定数 に写像される．一方，横線 $y = $ 定数 は w 平面の原点から放射される半直線 $\Phi = $ 定数 に写像される．さて，z 平面の原点を通る直線 $y = kx$ に沿って動く点 $P(x, y)$ を考えよう．その w 平面上の像点 Q の極座標は $R = e^x$, $\Phi = y = kx$ である．これらの式から x を消去すると，$R = e^{\Phi/k}$ が得られるが，これは対数螺旋の極方程式である．したがって，P が z 平面の直線 $y = kx$ 上を斜めに動くとき，その像点 Q は w 平面上で対数螺旋を描く．z 平面の直線 $y = kx$ は横線（水平線）$y = $ 定数 のすべてと一定の角度，例えば α（ただし $\tan \alpha = k$），で交わるから，w 平面のその像曲線は原点を通るすべての半直線と同じ角度で交差するはずである——我々の写像は等角写像であるから．こ

れで証明は終わり.

$a = 1/k = 1/\tan\alpha = \cot\alpha$ と書くと,螺旋の方程式は $R = e^{a\Phi}$ と書ける.これは定数 a(螺旋の成長率を決める)と角 α の間の関係を表す:α が小さいほど成長率は大きい.$\alpha = 90°$ に対応するのは $a = \cot\alpha = 0$ であり,したがって $R = 1$,つまり単位円である.このように,円は成長率 0 の特別な対数螺旋である.

2. 対数螺旋上の任意の点から極(中心)に達するまでに無限回の回転をするけれども,その点から極までの弧長は有限である.

極形式で与えられる曲線 $r = f(\theta)$ の弧の長さについての公式を使う:
$$s = \int_{\theta_1}^{\theta_2} \sqrt{r^2 + (dr/d\theta)^2}\,d\theta.$$
(この公式は小さな弧長片 ds を考え,ピタゴラスの定理 $(ds)^2 = (dr)^2 + (rd\theta)^2$ を使えば得られる.)対数螺旋については $r = e^{a\theta}$, $dr/d\theta = ae^{a\theta} = ar$ である.したがって,
$$s = \int_{\theta_1}^{\theta_2} \sqrt{r^2 + (ar)^2}\,d\theta = \sqrt{1+a^2}\int_{\theta_1}^{\theta_2} e^{a\theta}\,d\theta$$
$$= \frac{\sqrt{1+a^2}}{a}(e^{a\theta_2} - e^{a\theta_1}) \tag{1}$$
である.$a > 0$ と仮定しよう;すなわち,螺旋に沿って反時計回りに動くとき,r は増大する(左巻き螺旋).θ_2 を固定して考え $\theta_1 \to -\infty$ とすると,$e^{a\theta_1} \to 0$ となる.し

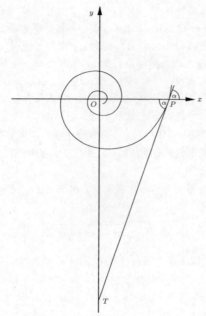

図 77 対数螺旋の求長法:距離 PT は P から O までの弧長に等しい.

たがって,

$$s_\infty = \lim_{\theta_1 \to -\infty} s = \frac{\sqrt{1+a^2}}{a} e^{a\theta_2} = \frac{\sqrt{1+a^2}}{a} r_2 \qquad (2)$$

このように,左巻き螺旋に対して,任意の点から極までの弧長は式 (2) で与えられる.右辺が示すようにそれは有

限の値である．右巻き螺旋（$a < 0$）に対して，$\theta_1 \to +\infty$ とすると，同様の結果に到達する．

式 (2) の右辺の式を幾何学的に解釈できる．式 (2) に $a = \cot \alpha$ を代入し三角関数の恒等式 $1 + \cot^2 \alpha = 1/\sin^2 \alpha$, $\cot \alpha = \cos \alpha / \sin \alpha$ を使うと，$\sqrt{1+a^2}/a = 1/\cos \alpha$ であることが分かる．したがって $s_\infty = r/\cos \alpha$ である（r の下付添え字を省略した）．図 77 を参照し，点 P から極までの弧長を測るとすると，$\cos \alpha = OP/PT = r/PT$ である．したがって $PT = r/\cos \alpha = s_\infty$ である；すなわち，P から極までの螺旋に沿っての距離は，P から螺旋に引いた接線が y 軸と交わる点 T までの距離に等しい．この注目すべき事実を発見したのはエヴァンジェリスタ・トリチェリで，1645 年のことであった．トリチェリはガリレオの弟子で，無限等比級数の和を使って弧長を近似した．

付録7 双曲線関数の媒介変数 φ の解釈

円関数すなわち三角関数は,単位円 $x^2+y^2=1$ の上で式
$$\cos\varphi = x, \qquad \sin\varphi = y \qquad (1)$$
によって定義される.ここで,x と y は円上の点 P の座標であり,φ は直線分 OP と正の x 軸との間の角で反時計回りにラジアンで測る.同様にして双曲線 $x^2-y^2=1$ の上の点 P に対して双曲線関数が定義される:
$$\cosh\varphi = x, \qquad \sinh\varphi = y. \qquad (2)$$
ここでは媒介変数 φ は角度と解釈することはできない.にもかかわらず,φ に幾何学的意味を与えることはできる.この意味づけが二つの関数族の間の類似性を際立たせるであろう.

まず式 (1) の媒介変数 φ が,**半径が 1 で中心角が φ の円の扇形の面積の 2 倍**と考えることもできる点に注意しよう(図78).このことは円の扇形の面積の公式 $A = r^2\varphi/2$ から明らかである(この公式は φ がラジアンで測られるときにのみ成り立つことに注意せよ).式 (2) の φ にまったく同じ意味を与えることができることを示そう.ただし,円の扇形を双曲線の扇形で置き換える.

図79の影をつけた部分 OPR の面積は三角形 OPS と領域 RPS の差に等しい.ここで,R と S の座標は,それぞれ,$(1,0)$ と $(x,0)$ である.前者の面積は $xy/2$ で後

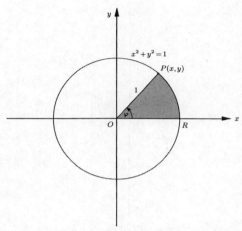

図78 単位円 $x^2 + y^2 = 1$. 角 φ は円の扇形 OPR の面積の2倍であるとも解釈できる.

者の面積は $\int_1^x y\mathrm{d}x$ である. y を $\sqrt{x^2-1}$ で置き換え,積分変数を t と書くと,

$$A_{OPR} = \frac{x\sqrt{x^2-1}}{2} - \int_1^x \sqrt{t^2-1}\mathrm{d}t \tag{3}$$

が得られる. 積分 $\int_1^x \sqrt{t^2-1}\mathrm{d}t$ を計算するため, $t = \cosh u$, $\mathrm{d}t = \sinh u \mathrm{d}u$ を代入する. こうすると積分区間は $[1, x]$ から $[0, \varphi]$ に変わる. ここで, $\varphi = \cosh^{-1} x$ である. 双曲線関数の恒等式 $\cosh^2 u - \sinh^2 u = 1$ を使うと, 式 (3) は

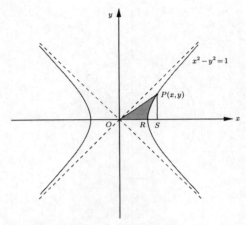

図 79 直角双曲線 $x^2 - y^2 = 1$. $x = \cosh\varphi$, $y = \sinh\varphi$ と置くと,媒介変数 φ は双曲線の扇形 OPR の面積の 2 倍であると解釈できる.

$$A_{OPR} = \frac{1}{2}\cosh\varphi \cdot \sinh\varphi - \int_0^\varphi \sinh^2 u\, du$$

となる.さらに,双曲線関数の恒等式 $\sinh 2u = 2\sinh u \cdot \cosh u$ と $\sinh^2 u = (\cosh 2u - 1)/2$ とを使う.すると先ほどの式は

$$A_{OPR} = \frac{1}{4}\sinh 2\varphi - \frac{1}{2}\int_0^\varphi (\cosh 2u - 1)du$$
$$= \frac{1}{4}\sinh 2\varphi - \frac{1}{2}\left(\frac{\sinh 2\varphi}{2} - \varphi\right) = \frac{\varphi}{2}$$

となる.このように,媒介変数 φ は双曲線の扇形 **OPR**

の**面積の2倍**に等しい．これは三角関数との正確な類似である．前に述べたように，この事実を最初に指摘したのはヴィンチェンゾ・リッカチで，1750年頃のことであった．

付録8 小数点以下 100 桁までの e

e = 2.71828　18284　59045　23536
　　　02874　71352　66249　77572
　　　47093　69995　95749　66967
　　　62772　40766　30353　54759
　　　45713　82178　52516　64274

出　典

Encyclopedic Dictionary of Mathematics, The Mathematical Society of Japan (Cambridge, Mass.: MIT Press, 1980). [日本数学会編：数学辞典 第3版（岩波書店，1985）に基づいているが，これには1000桁の表がある．]

訳者あとがき

 この本は数学の本でも数学史の本でもない．eを中心にしてeにまつわる数学上の話，数学史上の話を面白く，時にはすさまじく，一つの物語にまとめたものである．読者はこの本の数学とどうつきあってもよいのだと思う．もちろんここに書かれている数学を楽しむこともできるが，どう読み飛ばそうと，20年間心血を注いで対数表の計算・作成に打ち込んだネーピアのすさまじいばかりの執念は見えてくるであろうし，震えるようなニュートンのひらめきにあるいは我もと思うかもしれないし，そしてオイラーやライプニッツからは簡潔で美しいものを作るべきとつくづく思うであろう．偉大な業績を残した人々の一風変わった側面は，経験を積まれた方には面白く，若い人も肩の力をぬいてよい刺激を受けられるのではないかと思う．むしろ若い人に大いに読んでいただいてインベンター（発明者から起業家まで）になっていただきたい．

 原著者も"まえがき"で述べているように，円周率πについての良い解説書は多数あるが，ネーピアおよび自然対数の底eを主役にしたまとまった解説書としては，1994年刊行の本書が世界最初のものであろう．

 この訳は原著の1998年版によっている．この版で1994年版の14章の後に多少の追加があったため1994

年版の15章と付録の図の番号に移動がある．訳に当たり，数式の書体はできる限りISO/JISの標準に従った．書名などの訳は日本語の定訳のあるものはなるべくそれに従ったが，そうでないものはその書物の内容が何となく分かるように原書名に括弧で訳を付記した（ただし繰り返して出てくる場合には訳を省略した）．人名・地名については"この本は読み物だから片仮名で読みやすく"という出版社の意向に添ったが，問題があって，最近の国際化の傾向に従ってなるべく現地読みに近くなるように努めたものの，すでに固定してしまった呼び名も無視できず徹底していない．本文中，人名が初めて出てくるときに片仮名の読みに括弧で原綴を付記した．

　第4章に日本の古い和算の本の引用があった．折角なので，阿久沢登美子先生を囲む古典を読む会の方々のご協力を得て変体仮名の読みを訳注として加えた．感謝します．全体を通して，またとくに，ラテン語の書名，各種の人名などでは夫 伊理正夫の協力を得た．

　最後に，形式面内容面共に，本訳書の完成に当り御助力をいただいた岩波書店の宮部信明様に感謝します．

1999年8月　　伊理由美

参考文献

Ball, W. W. Rouse. *A Short Account of the History of Mathematics*. 1908. Rpt. New York: Dover, 1960.

Baron, Margaret E. *The Origins of the Infinitesimal Calculus*. 1969. Rpt. New York: Dover, 1987.

Beckmann, Petr. *A History of π*. Boulder, Colo.: Golem Press, 1977.

Bell, Eric Temple. *Men of Mathematics*, 2 vols. 1937. Rpt. Harmondsworth: Penguin Books, 1965.

Boyer, Carl B. *History of Analytic Geometry: Its Development from the Pyramids to the Heroic Age*. 1956. Rpt. Princeton Junction, N. J.: Scholar's Bookshelf, 1988.

——. *A History of Mathematics* 1968. Rev. ed. New York: John Wiley, 1989.

——. *The History of the Calculus and its Conceptual Development*. New York: Dover, 1959.

Broad, Charlie Dunbar. *Leibniz: An Introduction*. London: Cambridge University Press, 1975.

Burton, David M. *The History of Mathematics: An Introduction*. Boston: Allyn and Bacon, 1985.

Cajori, Florian. *A History of Mathematics* 1894. 2d ed. New York: Macmillan, 1919.

——. *A History of Mathematical Notations*. Vol. 1: *Elementary Mathematics*. Vol. 2: *Higher Mathematics*. 1928-1929. Rpt. La Salle, Ill.: Open Court, 1951.

——. *A History of the Logarithmic Slide Rule and Allied*

Instruments. New York: The Engineering News Publishing Company, 1909.

Calinger, Ronald, ed. *Classics of Mathematics.* Oak Park, Ill.: Moore Publishing Company, 1982.

Christianson, Gale E. *In the Presence of the Creation: Isaac Newton and His Times.* New York: Free Press, 1984.

Cook, Theodore Andrea. *The Curves of Life: Being an Account of Spiral Formations and Their Application to Growth in Nature, to Science and to Art.* 1914. Rpt. New York: Dover, 1979.

Coolidge, Julian Lowell. *The Mathematics of Great Amateurs.* 1949. Rpt. New York: Dover, 1963.

Courant, Richard. *Differential and Integral Calculus.* 2 vols. 1934. Rpt. London: Blackie and Son, 1956.

Courant, Richard, and Herbert Robbins. *What Is Mathematics?* 1941. Rpt. London: Oxford University Press, 1969.

Dantzig, Tobias. *Number: The Language of Science.* 1930. Rpt. New York: Free Press, 1954.

Descartes, René. *La Géométrie* 1637. Trans. David Eugene Smith and Marcia L. Latham. New York: Dover, 1954.

Dörrie, Heinrich. *100 Great Problems of Elementary Mathematics: Their History and Solution.* Trans. David Antin. 1958. Rpt. New York: Dover, 1965.

Edwards, Edward B. *Pattern and Design with Dynamic Symmetry.* 1932. Rpt. New York: Dover, 1967.

Eves, Howard. *An Introduction to the History of Mathematics.* 1964. Rpt. Philadelphia: Saunders College Publishing, 1983.

Fauvel, John, Raymond Flood, Michael Shortland, and Robin Wilson, eds. *Let Newton Be!* New York: Oxford University

Press, 1988.

Geiringer, Karl. *The Bach Family: Seven Generations of Creative Genius*. London: Allen and Unwin, 1954.

Ghyka, Matila. *The Geometry of Art and Life*. 1946. Rpt. New York: Dover, 1977.

Gillispie, Charles Coulston, ed. *Dictionary of Scientific Biography*. 16 vols. New York: Charles Scribner's Sons, 1970-1980.

Gjertsen, Derek. *The Newton Handbook*. London: Routledge and Kegan Paul, 1986.

Hall, A. R. *Philosophers at War: The Quarrel between Newton and Leibniz*. Cambridge: Cambridge University Press, 1980.

Hambidge, Jay. *The Elements of Dynamic Symmetry*. 1926. Rpt. New York: Dover, 1967.

Heath, Thomas L. *The Works of Archimedes*. 1897; with supplement, 1912. Rpt. New York: Dover, 1953.

Hollingdale, Stuart. *Makers of Mathematics*. Harmondsworth: Penguin Books, 1989.

Horsburgh, E. M., ed. *Handbook of the Napier Tercentenary Celebration, or Modern Instruments and Methods of Calculation*. 1914. Rpt. Los Angeles: Tomash Publishers, 1982.

Huntley, H. E. *The Divine Proportion: A Study in Mathematical Beauty*. New York: Dover, 1970.

Klein, Felix. *Famous Problems of Elementary Geometry* 1895. Trans. Wooster Woodruff Beman and David Eugene Smith. New York: Dover, 1956.

Kline, Morris. *Mathematical Thought from Ancient to Modern Times*. New York: Oxford University Press, 1972.

———. *Mathematics: The Loss of Certainty*. New York: Oxford University Press, 1980.

Knopp, Konrad. *Elements of the Theory of Functions*. Trans. Frederick Bagemihl. New York: Dover, 1952.

Knott, Cargill Gilston, ed. *Napier Tercentenary Memorial Volume*. London: Longmans, Green and Company, 1915.

Koestler, Arthur. *The Watershed: A Biography of Johannes Kepler*. 1959. Rpt. New York: Doubleday, Anchor Books, 1960.

Kramer, Edna E. *The Nature and Growth of Modern Mathematics*. 1970. Rpt. Princeton: Princeton University Press, 1981.

Lützen, Jesper. *Joseph Liouville, 1809-1882: Master of Pure and Applied Mathematics*. New York: Springer-Verlag, 1990.

MacDonnell, Joseph, S.J. *Jesuit Geometers*. St. Louis: Institute of Jesuit Sources, and Vatican City: Vatican Observatory Publications, 1989.

Manuel, Frank E. *A Portrait of Issac Newton*. Cambridge, Mass.: Harvard University Press, 1968.

Maor, Eli. *To Infinity and Beyond: A Cultural History of the Infinite*. 1987. Rpt. Princeton: Princeton University Press, 1991.

Napair, John. *A Description of the Admirable Table of Logarithms*. Trans. Edward Wright [London, 1616]. Facsimile ed. Amsterdam: Da Capo Press, 1969.

Neugebauer, Otto. *The Exact Sciences in Antiquity*. 2d ed., 1957. Rpt. New York: Dover, 1969.

Pedoe, Dan. *Geometry and the Liberal Arts*. New York: St. Martin's, 1976.

Runion, Garth E. *The Golden Section and Related Curiosa*. Glenview, Ill.: Scott, Foresman and Company, 1972.

Sanford, Vera. *A Short History of Mathematics*. 1930. Cambridge, Mass.: Houghton Mifflin, 1958.

Simmons, George F. *Calculus with Analytic Geometry*. New York: McGraw-Hill, 1985.

Smith, David Eugene. *History of Mathematics*. Vol. 1: *General Survey of the History of Elementary Mathematics*. Vol. 2: *Special Topics of Elementary Mathematics*. 1923. Rpt. New York: Dover, 1958.

——. *A Source Book in Mathematics*. 1929. Rpt. New York: Dover, 1959.

Struik, D. J., ed. *A Source Book in Mathematics, 1200-1800*. Cambridge, Mass.: Harvard University Press, 1969.

Taylor, C. A. *The Physics of Musical Sounds*. London: English Universities Press, 1965.

Thompson, D'Arcy W. *On Growth and Form*. 1917. Rpt. London and New York: Cambridge University Press, 1961.

Thompson, J. E. *A Manual of the Slide Rule: Its History, Principle and Operation*. 1930. Rpt. New York: Van Nostrand Company, 1944.

Toeplitz, Otto. *The Calculus: A Genetic Approach*. Trans. Luise Lange. 1949. Rpt. Chicago: University of Chicago Press, 1981.

Truesdell, C. *The Rational Mechanics of Flexible or Elastic Bodies, 1638-1788*. Switzerland: Orell Füssli Turici, 1960.

Turnbull, H. W. *The Mathematical Discoveries of Newton*. London: Blackie and Son, 1945.

van der Waerden, B. L. *Science Awakening* 1954. Trans. Arnold Dresden. 1961. Rpt. New York: John Wiley, 1963.

Wells, David. *The Penguin Dictionary of Curious and Interesting Numbers*. Harmondsworth: Penguin Books, 1986.

Westfall, Richard S. *Never at Rest: A Biography of Isaac Newton*. Cambridge: Cambridge University Press, 1980.

Whiteside, D. T., ed. *The Mathematical Papers of Isaac Newton*. 8 vols. Cambridge: Cambridge University Press, 1967–1981.

Yates, Robert C. *Curves and Their Properties*. 1952. Rpt. Reston, Va.: National Council of Teachers of Mathematics, 1974.

人名索引

ア 行

アインシュタイン, アルバート (1879-1955) 69

アダマール, ジャック・サロモン (1865-1963) 327

アルガン, ジャン・ロベール (1768-1822) 294

アルキメデス, シラクサの (287-212 B.C. 頃) 23, 82, 84, 85, 87, 88, 93

アルボガスト, ルイ・フランソワ・アントワーヌ (1759-1803) 178

ヴァイエルシュトラス, カルル (1815-1897) 304, 320

ヴァレ・プーサン, シャルル・ド・ラ (1866-1962) 327

ヴィエート, フランソワ (1540-1603) 96, 97, 130

ヴェッセル, カスパー (1745-1818) 293

ヴェーバー, エルンスト・ハインリッヒ (1795-1878) 202-204

ウォーリス, ジョン (1616-1703) 39, 97, 130, 267

ヴラーク, アドリアーン (1600-1667) 38, 41

エウドクソス, クニドスの (408-355 B.C. 頃) 88

エッシャー, モーリッツ・コーネリス (1898-1972) 45, 246, 247

エドワーズ, エドワード B. 245

エルミート, シャルル (1822-1901) 79, 339-342

オイラー, レオンハルト (1707-1783) 11, 31, 43, 78-80, 214, 259, 266, 267, 270-278, 280-283, 286, 290, 296, 302, 304, 312-314, 320, 324, 329, 339, 341, 344, 375

オートレッド, ウィリアム (1574-1660) 42-45

オーブリ, ジョン 43

オルデンバーグ, ヘンリー (1618-1677 頃) 134, 153, 164, 165

カ 行

カヴァリエリ, ボナヴェントゥーラ (1598-1647 頃) 41

ガウス, カルル・フリードリッヒ (1777-1855) 99, 289, 294, 296, 325-327

カジョリ, フローリアン 35, 287

カスナー, エドワード 270, 283

ガリレイ, ガリレオ (1564-1642) 5, 25, 41, 96, 101, 129, 138, 211, 221, 250, 252, 369

カルダノ, ジロラモ (1501-1576) 292

ガンター, エドマンド

(1581-1626) 41, 42
カントル, ゲオルク
　(1845-1918) 345
クック, セオドア・アンドレア
　(1867-1928) 243
クーラント, リチャード 180, 328
グレゴリー, ジェームス
　(1638-1675) 97
ケインズ, ジョン・メイナード
　129
ケプラー, ヨハネス
　(1571-1630) 25, 35, 41,
　101-103, 105, 130
ゲリフォント, アレクサンドル・オ
　シポヴィッチ (1906-1968)
　80, 344
ケーレン, ルドルフ・ファン
　(1540-1610) 98
コーシー, オギュスタン・ルイ
　(1789-1857) 282, 300-302,
　304, 317, 320
コリンズ, ジョン (1625-1683)
　153, 164, 166, 167
ゴールドバッハ, クリスティアン
　(1690-1764) 324

サ 行

サラサ, アルフォンソ・アントン・
　デ (1618-1667) 126
サーリネン, エーロ 253
サン・ヴァンサン, グレゴワール
　(1584-1667) 110, 123, 124,
　135, 136, 195
シュエ・フェンツォ (薛鳳祚) 41
シュタイナー, ヤコブ
　(1796-1863) 78
シュナイダー, T. 344
シュティーフェル, ミハエル
　(1487-1567) 26, 27, 131
スモグレツキー, ジョン・ニコラス
　(1611-1656) 41
薛鳳祚 (せつ・ほうそ) →シュ
　エ・フェンツォ
ゼノン, エレアの (B.C. 4 世紀)
　91, 92

タ 行

ダランベール, ジャン・ルロン
　(1717-1783) 282, 312, 313
タレス, ミレートスの (624-548
　B.C. 頃) 332
チャーチル, ウィンストン
　(1874-1965) 63
ディオファントス (B.C. 3 世紀)
　118, 290
デカルト, ルネ (1596-1650)
　82, 114-117, 130, 142, 215, 217
デデキント, リヒアルト
　(1831-1916) 336
デラメイン, リチャード 44
トムソン, ダーシィ・ウェントワー
　ス (1860-1948) 243
トリチェリ, エヴァンジェリスタ
　(1608-1647) 221, 222, 369

ナ 行

ニュートン, アイザック
　(1642-1727) 12, 68, 69, 74,
　82, 97, 99, 101, 102, 117, 121, 127,
　129-149, 151-154, 157, 159-171, 174,

180, 188, 189, 198, 211, 214-216, 218,
219, 238, 247, 250, 257, 266, 270,
274, 281, 282, 319, 320, 350, 375
ニューマン, ジェームズ 270, 283
ネービア, ジョン (1550-1617)
10, 21-32, 35, 36, 38-41, 45, 61, 79,
102, 110, 181, 286, 308, 350-352, 375
ネービア, ロバート 22

ハ 行

パース, ジェームズ・ミルズ 287
パース, チャールズ・サーンダース 286
パース, ベンジャミン
(1809-1880) 283, 286
パスカル, ブレーズ
(1623-1662) 71, 73, 74, 114, 131-133, 152
バッハ, ヨハン・ゼバスティアン
(1685-1750) 115, 208, 231
バッハ, ヨハン・フィリップ
(1752-1846) 216
ハミルトン, ウィリアム・ロワン
(1805-1865) 294, 295
ハレー, エドモンド
(1656-1742) 39, 168
バロー, アイザック
(1630-1677) 147, 148, 153
ハンビッジ, ジェイ 243-245
ピタゴラス, サモスの (572-501 B.C. 頃) 100, 101, 117, 118, 160, 263, 330-335, 367
ヒッパスス (470 B.C. 頃) 335
ヒルベルト, ダーヴィト
(1862-1943) 343, 344

フィボナッチ, レオナルド
(1170-1250 頃) 291
フェヒナー, グスタフ・テオドール
(1801-1887) 203, 204
フェルマー, ピエール・ド
(1601-1665) 114, 115, 117-123,
134, 135, 142, 143, 145, 162, 195, 213,
222, 274, 342, 344
フォスター, ウィリアム 44
ブュルギ, ヨースト
(1552-1632) 40
プラトン (427-347 B.C. 頃) 341
ブラマグプタ (598-660 頃) 291
ブランカー, ウィリアム
(1620-1684 頃) 136
ブリッグズ, ヘンリー
(1561-1631) 35, 36, 38, 39,
41, 48, 144, 181, 192
ブール, ジョージ (1815-1864) 152
ヘヴィサイド, オリヴァー
(1850-1925) 178, 179
ベルヌーイ, クリストフ
(1782-1863) 216
ベルヌーイ, ダニエル
(1700-1782) 208, 215, 216,
232, 238, 271, 272
ベルヌーイ, ニコラウス
(1623-1708) 209, 215
ベルヌーイ, ニコラウス II
(1687-1759) 78
ベルヌーイ, ニコラウス III
(1695-1726) 215
ベルヌーイ, ヤコブ
(1654-1705) 164, 167,

207-216, 219, 223-226, 229, 236, 241, 249-253, 271
ベルヌーイ, ヨハン
(1667-1748) 167, 178, 215, 231, 251
ベルヌーイ, ヨハン・グスタフ
(1811-1863) 216
ホイヘンス, クリスチアン
(1629-1695) 153, 212, 250, 251
ボール, ラウス 151
ボンベルリ, ラファエル
(1530-1573 頃) 291

マ 行

メルカトール, ニコラウス
(1620-1687 頃) 80, 136
メルカトール, ヘルハルト
(1512-1594) 25

ヤ 行

ユークリッド, アレクサンドリアの
(B.C. 3 世紀) 130, 147, 214, 296, 322, 335

ラ 行

ライト, エドワード (1558-1615 頃) 10, 41, 45, 61
ライプニッツ, ゴットフリート・ヴィルヘルム (1646-1716) 42, 82, 121, 127, 134, 137, 142, 148, 149, 151-157, 159-171, 174, 180, 190, 193, 208, 210, 211, 214, 215, 219, 238, 249-251, 253, 281, 282, 317, 319, 320, 375
ラグランジュ, ジョゼフ・ルイ
(1736-1813) 175, 273, 282
ラプラス, ピエール・シモン
(1749-1827) 53, 179, 268, 269, 318, 319
ランダウ, エドムント 349
ランベルト, ヨハン・ハインリッヒ
(1728-1777) 188, 325, 326, 339
リウヴィル, ジョゼフ
(1809-1882) 338, 339
リッカチ, ヴィンチェンゾ
(1707-1775) 10, 256-258, 265, 373
リッカチ, ジョルダーノ
(1709-1790) 257
リッカチ, フランチェスコ
(1718-1791) 258
リッカチ, ヤコポ (1676-1754) 257
リヒター・スケール 205
リーマン, ゲオルク・フリードリッヒ・ベルンハルト
(1826-1866) 300-302, 304, 317, 320, 327
リリー, ウィリアム
(1602-1681) 36
リンデマン, カルル・ルイス・フェルディナント (1852-1939) 341, 342
リンド・ヘンリー (1650 B.C.) 83, 84
ロピタル, ギヨーム・フランソワ・アントワーヌド
(1661-1704) 170, 210, 211

本書は一九九九年九月、岩波書店より刊行された。

書名	著者/訳者	内容
フラクタル幾何学（下）	B・マンデルブロ／広中平祐監訳	「自己相似」が織りなす複雑で美しい構造とは。その数理とフラクタル発見までの歴史を豊富な図版とともに紹介。
数学基礎論	前原昭二 竹内外史	集合をめぐるパラドックス、ゲーデルの不完全性定理からファジー論理、P＝NP問題などのより現代的な話題まで。大家による入門書。
現代数学序説	松坂和夫	『集合・位相入門』などの名教科書で知られる著者による、懇切丁寧な入門書。組合せ論・初等数論を中心に、現代数学の一端に触れる。（荒井秀男）
工学の歴史	三輪修三	オイラー、モンジュ、フーリエ、コーシーらは数学者であり、同時に工学の課題に方策を授けていた。「ものつくりの科学」の歴史をひもとく。
関数解析	宮寺功	偏微分方程式論などへの応用をもつ関数解析。バナッハ空間論からベクトル値関数、半群の話題まで、その基礎理論を過不足なく丁寧に解説。（新井仁之）
ユークリッドの窓	レナード・ムロディナウ／青木薫訳	平面、球面、歪んだ空間、そして……。『スタートレック』の脚本家が誘う三千年のタイムトラベルへようこそ。幾何学の世界像は今なお変化し続ける。
ファインマンさん 最後の授業	レナード・ムロディナウ／安平文子訳	科学の魅力とは何か？ 創造とは？ そして死とは？老境を迎えた大物理学者との会話をもとに書かれた、珠玉のノンフィクション。（山本貴光）
生物学のすすめ	ジョン・メイナード＝スミス／木村武二訳	現代生物学では何が問題になるのか。20世紀生物学に多大な影響を与えた大家が、複雑な生命現象を理解するためのキー・ポイントを易しく解説。
現代の古典解析	森毅	おなじみ一刀斎の秘伝公開！ 極限と連続に始まり、指数関数と三角関数を経て、偏微分方程式に至る。見晴らしのきく、読み切り22講義。

数理物理学の方法	J・フォン・ノイマン 伊東恵一編訳	多岐にわたるノイマンの業績を展望するための文庫オリジナル編集。本巻は量子力学・統計力学など物理学の重要論文四篇を収録。
作用素環の数理	J・フォン・ノイマン 長田まりゑ編訳	終戦直後に行われた講演「数学者」と、「作用素環について」Ⅰ〜Ⅳの計五篇を収録。一分野としての作用素環論を確立した記念碑的業績を網羅する。全篇新訳。
フンボルト 自然の諸相	アレクサンダー・フォン・フンボルト 木村直司編訳	中南米オリノコ川で見たものとは？ 植生と気候、緯度と地磁気などの関係を初めて探索し、自然学を継ぐ博物・地理学者の探検紀行。
新・自然科学としての言語学	福井直樹	チョムスキーの生成文法解説書。文庫化にあたり旧著を大幅に増補改訂し、付録として黒田成幸の論考「数学と生成文法」を収録。
電気にかけた生涯	藤宗寛治	実験・観察にすぐれたファラデー、電磁気学にまとめたマクスウェル、ほかにクーロンやオームなど科学者十二人の列伝を通して電気の歴史をひもとく。
科学の社会史	古川安	大学、学会、企業、国家などと関わりながら「制度化」の約五百年を進めて来た西洋科学。現代に至るまでを概観した定評ある入門書。
πの歴史	ペートル・ベックマン 田尾陽一／清水韶光訳	円周率だけで意外なところに顔をだすπ。ユークリッドやアルキメデスによる探究の歴史に始まり、オイラーの発見したπの不思議にもいたる。
やさしい微積分	L・S・ポントリャーギン 坂本實訳	微積分の基本概念・計算法を全盲の数学者がイメージ豊かに解説。版を重ねて読み継がれる定番の入門教科書。練習問題・解答付きで独習にも最適。
フラクタル幾何学（上）	B・マンデルブロ 広中平祐監訳	「フラクタルの父」マンデルブロの主著。膨大な資料を基に、地理・天文・生物などあらゆる分野から事例を収集・報告したフラクタル研究の金字塔。

書名	著者	訳者	内容
近世の数学	原亨吉		ケプラーの無限小幾何学からニュートン、ライプニッツの微積分学誕生に至る過程を、原典資料を駆使して考証した世界水準の作品。(三浦伸夫)
パスカル 数学論文集	ブレーズ・パスカル	原亨吉訳	「パスカルの三角形」「数三角形論」ほか「円錐曲線試論」「幾何学的精神について」など十数篇の論考を収録。世界的権威による翻訳。(佐々木力)
幾何学基礎論	D・ヒルベルト	中村幸四郎訳	ユークリッド幾何学を根源まで遡り、斬新な観点から厳密に基礎づけた、20世紀数学全般の公理化への出発点となった記念碑的著作。
和算の歴史	平山諦		関孝和や建部賢弘らのすごさと弱点とは。そして和算がたどった歴史とは。和算研究の第一人者による簡潔にして充実の入門書。(鈴木武雄)
素粒子と物理法則	R・P・ファインマン／S・ワインバーグ	小林澈郎訳	量子論と相対論を結びつけるディラックのテーマを対照的に展開したノーベル賞学者による追悼記念講演。現代物理学の本質を堪能させる三重奏。
ゲームの理論と経済行動 I (全3巻)	ノイマン／モルゲンシュテルン	銀林／橋本／宮本監訳 阿部／橋本訳	今やさまざまな分野への応用いちじるしい「ゲーム理論」の嚆矢とされる記念碑的著作。第Ⅰ巻はゲームの形式的記述とゼロ和2人ゲームについて。
ゲームの理論と経済行動 II	ノイマン／モルゲンシュテルン	銀林／橋本／宮本監訳 宮本／下島訳	第Ⅰ巻でのゼロ和2人ゲームの考察を踏まえて、第Ⅱ巻ではプレイヤーが3人以上の場合のゼロ和ゲーム、およびゲームの合成分解について論じる。
ゲームの理論と経済行動 III	ノイマン／モルゲンシュテルン	銀林／橋本／宮本訳	第Ⅲ巻では非ゼロ和ゲームにまで理論を拡張。これまでの数学的結果をもとにいよいよ経済学的解釈を試みる。全3巻完結。
計算機と脳	J・フォン・ノイマン	柴田裕之訳	脳の振る舞いを数学で記述することは可能か? 現代のコンピュータの生みの親でもあるフォン・ノイマン最晩年の考察。新訳。(野﨑昭弘)

高等学校の基礎解析	黒田孝郎/小島順/森毅/野崎昭弘ほか	わかってしまえば日常感覚に近いものながら、数学挫折のきっかけにもないた再入門のための微分・積分。その基礎を丁寧にひもといた再入門のための検定教科書第2弾!
高等学校の微分・積分	黒田孝郎/森毅/小島順/野崎昭弘ほか	高校数学のハイライト「微分・積分」! その入門コース『基礎解析』に続く本格コース。公式暗記の学習からほど遠い、特色ある教科書の文庫化第3弾。
トポロジーの世界	野口廣	ものごとを大づかみに捉える、数式に不慣れな読者との対話形式で、図を多用し平易・直感的に解き明かす入門書。
エキゾチックな球面	野口廣	7次元球面には相異なる28通りの微分構造が可能! フィールズ賞受賞者を輩出したトポロジー最前線を臨場感ゆたかに解説。
数学の楽しみ	テオニ・パパス 安原和見訳	ここにも数学があった! 石鹸の泡、くもの巣、雪片曲線、一筆書きパズル、魔方陣、DNAらせん……イラストも楽しい数学入門150篇。
相対性理論(下)	W・パウリ 内山龍雄訳	アインシュタインが絶賛し、物理学者内山龍雄をして「研究を、中断してでも訳したかった」と言わしめた、相対論三大名著の一冊。
物理学に生きて	W・ハイゼンベルクほか 青木薫訳	「わたしの物理学は……」ハイゼンベルク、ディラック、ウィグナーら六人の巨人たちが集い、それぞれの歩んだ現代物理学の軌跡や展望を語る。
調査の科学	林知己夫	消費者の嗜好や政治意識を測定するとは? 集団特性の数量的表現の解析手法を開発した統計学者による社会調査の論理と方法の入門書。
ポール・ディラック	アブラハム・パイスほか 藤井昭彦訳	「反物質」なるアイディアはいかに生まれたのか、そしてその存在はいかに発見されたのか。天才の生涯と業績を三人の物理学者が紹介した講演録。(吉野諒三)

数学的に考える	キース・デブリン 冨永 星訳	ビジネスにも有用な数学的思考法とは？ 言葉を厳密に使う「量を用いて考える、分析的にとらえたポイントからとことん丁寧に解説する。
物理の歴史	朝永振一郎編	湯川秀樹のノーベル賞受賞。その中間子論とは何なのだろう。日本の素粒子論を支えてきた第一線の学者たちによる平明な解説書。
代数的構造	遠山 啓	群・環・体など代数の基本概念の構造、構造主義の歴史をおりまぜつつ、卓抜な比喩とていねいな計算で確かめていく抽象代数学入門。（江沢 洋）
現代数学入門	遠山 啓	現代数学、恐るるに足らず！ 学校数学より日常の感覚の中に集合や構造、関数や群、位相の考え方を探る大人のための入門書。（エッセイ 亀井哲治郎）
代数入門	遠山 啓	文字から文字式へ、そして方程式へ。巧みな例示と丁寧な叙述で「方程式とは何か」を説いた最晩年の名著。遠山数学の到達点がここに！（小林道正）
生物学の歴史	中村禎里	進化論や遺伝の法則は、どのような論争を経て決着したのだろう。生物学とその歴史を高い水準でまとめあげた壮大な通史。充実した資料を付す。
不完全性定理	野﨑昭弘	事実・推論・証明……。理屈っぽいとケムたがられなければそれを楽しめたら……。いまさら数学者にはなれないけれどそれを楽しめたら……。そんな期待にたっぷりと応えてくれる心やさしいエッセイ風数学再入門。
数学的センス	野﨑昭弘	美しい数学とは詩なのです。なるほどと納得させながら、ユーモアたっぷりのゲーデルへの超入門書。
高等学校の確率・統計	黒田孝郎／森 毅／ 小島順／野﨑昭弘ほか	成績の平均や偏差値はおなじみでも、実務の水準と説の検定教科書を指導書付きで復活。基礎からやり直したい人のために伝は隔たりが！

ガウスの数論	高瀬正仁	青年ガウスは目覚めとともに正十七角形の作図法を思いついた。初等幾何に露頭した数論の一端！創造の世界の不思議に迫る原典講読第2弾。世界の研究者と交流した著者の物理的センスとの物理的核心をみごとに射抜き、理論探求の醍醐味を生き生きと伝える。新組。
量子論の発展史	高林武彦	著者による量子理論史。そのもつ示量変数と示強変数、ルジャンドル変換、変分原理などの汎論四〇講。（江沢洋）
高橋秀俊の物理学講義	高橋秀俊／藤村靖	ロゲルギストを主宰した研究者の物理的センスとは。力について、示量変数と示強変数、ルジャンドル変換、変分原理などの汎論四〇講。（田崎晴明）
物理学入門	武谷三男	科学とはどんなものか。ギリシャの力学から惑星の運動解明まで、理論変革の跡をひも解いた科学常識の三段階論で知られる著者の入門書。（上條隆志）
一般相対性理論	P.A.M.ディラック／江沢洋訳	一般相対性理論の核心に最短距離で到達すべく、卓抜した数学的記述で簡明直截に書かれた天才ディラックによる入門書。詳細な解説を付す。
数は科学の言葉	トビアス・ダンツィク／水谷淳訳	数感覚の芽生えから実数論・無限論の誕生まで、数万年にわたる人類と数の歴史を活写。アインシュタインも絶賛した数学読み物の古典的名著。
幾何学	ルネ・デカルト／原亨吉訳	哲学のみならず数学においても不朽の功績を遺したデカルト。『方法序説』の本論として発表された『幾何学』、初の文庫化！
不変量と対称性	今井淳／寺尾宏明／中村博昭	変えても変わらない不変量とは。そしてその意味や用途とは。ガロア理論と結び目の現代数学に現われる、上級の数学センスをさぐる7講義。（佐々木力）
数とは何かそして何であるべきか	リヒャルト・デデキント／渕野昌訳・解説	「数とは何かそして何であるべきか？」の二論文を収録。現代の視点から数学の基礎付けを試みた充実の訳者解説を付す。新訳。

書名	著者/訳者	紹介
シュヴァレー リー群論	クロード・シュヴァレー 齋藤正彦訳	現代的な視点から、リー群を初めて大局的に論じた古典的著作。著者の導いた諸定理はいまなお有用性を失わない。本邦初訳。
現代数学の考え方	イアン・スチュアート 芹沢正三訳	現代数学は怖くない！「集合」「関数」「確率」などの基本概念をイメージ豊かに解説。直観で現代数学の全体を見渡せる入門書。図版多数。
若き数学者への手紙	イアン・スチュアート 冨永星訳	研究者になるってどういうこと？ 現役で活躍する数学者が豊富な実体験を紹介。数学との付き合い方から「してはいけないこと」まで。（砂田利一）
飛行機物語	鈴木真二	なぜ金属製の重い機体が自由に空を飛べるのか？ 世界、工学と技術を、リリエンタール、ライト兄弟などのエピソードをまじえ歴史的にひもとく。
集合論入門	赤攝也	「ものの集まり」という素朴な概念が生んだ奇妙な世界、集合論。部分集合・空集合などの基礎から、丁寧な叙述で連続体や順序数の深みへと誘う。
確率論入門	赤攝也	ラプラス流の古典確率論とボレル–コルモゴロフ流の現代確率論、両者の関係性を意識しつつ、確率の基礎概念と数理を多数の例とともに丁寧に解説。
微積分入門	W.W.ソーヤー 小松勇作訳	微積分の考え方は、日常生活のなかから自然に出てくるもの。∫ やlimの記号を使わず、具体例に沿って説明した定評ある入門書。
新式算術講義	高木貞治	算術は現代でいう数論。数の自明を疑わない明治の読者にその基礎を当時の最新学説で説く。『解析概論』の著者若き日の意欲作。（高瀬正仁）
数学の自由性	高木貞治	大数学者が軽妙洒脱に学生たちに数学を語る！ 年に復刊された人柄のにじむ幻の同名エッセイ集を含む文庫オリジナル。（高瀬正仁）60

数学をいかに使うか	志村五郎	「何でも厳密に」などとは考えてはいけない」──。世界的数学者が教える「使える」数学とは。文庫版オリジナル書き下ろし。
数学の好きな人のために	志村五郎	世界の数学者が教える「使える」数学第二弾。非ユークリッド幾何学、リー群、微分方程式論、ド・ラームの定理など多彩な話題。
数学で何が重要か	志村五郎	ピタゴラスの定理とヒルベルトの第三問題、数学オリンピック、ガロア理論のことなど。文庫オリジナル書き下ろし第三弾。
数学をいかに教えるか	志村五郎	日米両国で長年教えてきた著者が日本の教育を斬る! 掛け算の順序問題、悪い証明と間違えやすい公式のことから外国語の教え方まで。
通信の数学的理論	C・E・シャノン/W・ウィーバー 植松友彦訳	IT社会の根幹をなす情報理論はここから始まった。発展いちじるしい最先端の分野に、今なお根源的な洞察をもたらす古典的論考が新訳で復刊。
数学という学問 I	志賀浩二	ひとつの学問として、広がり、深まりゆく数学。数・微積分・無限などを軸にその歩みを辿る。オリジナル書き下ろし。全3巻。
数学という学問 II	志賀浩二	第2巻では19世紀の数学を展望。数概念の拡張によりもたらされた複素解析のほか、フーリエ解析、非ユークリッド幾何誕生の過程を追う。
数学という学問 III	志賀浩二	19世紀後半、「無限」概念の登場とともに数学は大転換を迎える。カントルとハウスドルフの集合論、そしてユダヤ人数学者の寄与について。全3巻完結。
現代数学への招待	志賀浩二	「多様体」は今や現代数学必須の概念。「位相」「微分」などの基礎概念を丁寧に解説・図説しながら、多様体のもつ深い意味を探ってゆく。

書名	著者/訳者	内容
解析序説	小林龍一／廣瀬健／佐藤總夫	自然や社会を解析するための、「活きた微積分」のセンスを磨く！ 差分・微分方程式までを丁寧にカバーした入門者向け学習書。
大数学者	小堀憲	決闘の凶弾に斃れたガロア、革命の動乱で失脚したコーシー……激動の十九世紀に活躍した数学者たちの、あまりに劇的な生涯。（笠原晧司）
物語数学史	小堀憲	古代エジプトの数学から二十世紀のヒルベルトまでの数学の歩みを、日本の数学「和算」にも触れつつ一般向けに語った通史。（加藤文元）
確率論の基礎概念	A・N・コルモゴロフ 坂本實 訳	確率論の現代化に決定的な影響を与えた『確率論の基礎概念』に加え、有名な論文「確率論における解析的方法について」を併録。全篇新訳。
雪の結晶はなぜ六角形なのか	小林禎作	雪が降るとき、空ではどんなことが起きているのだろう。自然が作りだす美しいミクロの世界を、科学の目でのぞいてみよう。（菊池誠）
物理現象のフーリエ解析	小出昭一郎	熱・光・音の伝播から量子論まで、振動・波動にもとづく物理現象とフーリエ変換の関わりを丁寧に解説。物理学の泰斗による名教科書。文庫版オリジナル（千葉逸人）
ガロワ正伝	佐々木力	最大の謎、決闘の理由がついに明かされる！ 難解なガロワの数学思想をひもといた後世の数学者たちにも迫った、文庫版オリジナル。
ブラックホール	R・ルフィーニ 佐藤文隆	相対性理論から浮かび上がる宇宙の「穴」。星と時空の謎に挑んだ物理学者たちの奮闘の歴史と今日的課題に迫る。写真・図版多数。
自然とギリシャ人・科学と人間性	エルヴィン・シュレーディンガー 水谷淳 訳	量子力学の発展は私たちの自然観・人間観にどのような変革をもたらしたのか。『生命とは何か』に続く晩年の思索。文庫オリジナル訳し下ろし。

書名	著者/訳者	内容
算数の先生	国元東九郎	7164は3で割り切れる簡単な方法があるという。数の話に始まる物語ふうの小学校高学年むけの世評名高い算数学習書。
新しい自然学	蔵本由紀	科学的知のいびつさが様々な状況で露呈する現代。非線形科学の泰斗が従来の科学観を相対化し、全く新しい自然の見方を提唱する。（中村桂子）
ゲーテ形態学論集・動物篇	木村直司編訳	多様性の「原型」。それは動物の骨格に潜在的に備わる「生きて発展する刻印」されたフォルム。ゲーテ思想が革新的に甦る。文庫版新訳オリジナル。
ゲーテ地質学論集・鉱物篇	木村直司編訳	地球の生成と形成を探って岩山をよじ登り洞窟を降りる詩人。鉱物・地質学的な考察や紀行から、新たなゲーテ像が浮かび上がる。文庫オリジナル。
ゲーテ スイス紀行	ゲーテ/木村直司編訳	ライン河の泡立つ瀑布、万年雪をいただく峰々。スイス体験のもたらしたものとは？ ゲーテ自然科学の体験的背景をひもといた本邦初の編訳書。
幾何学入門（上）	ゲルファント/グラゴレヴァ/キリロフ 坂本實訳	座標は幾何と代数の世界をつなぐ重要な概念。数直線のおさらいから四次元の座標系までを、世界的数学者が丁寧に解説する入門書。
ゲルファント 座標法 やさしい数学入門	ゲルファント/グラゴレヴァ/キリロフ 坂本實訳	座標は幾何と代数の世界をつなぐ重要な概念。数直線のおさらいから四次元の座標系までを、世界的数学者が丁寧に解説する入門書。
ゲルファント 関数とグラフ やさしい数学入門	ゲルファント/グラゴレヴァ/シノール 坂本實訳	数学でも「大づかみに理解する」ことは大事。グラフ化＝可視化は、関数の振舞いをマクロに捉える強力なツールだ。訳し下ろしの入門書。
幾何学入門（上）	H・S・M・コクセター 銀林浩訳	著者は「現代のユークリッド」とも称される20世紀最大の幾何学者に。古典幾何のあらゆる話題が詰まった、辞典級の充実度を誇る入門書。
和算書「算法少女」を読む	小寺裕	娘あきが挑戦していた和算とは？ 歴史小説『算法少女』のもとになった和算書の全間をていねいに読み解く。〈エッセイ 遠藤寛子、解説 土倉保〉

書名	著者・訳者	内容
永久運動の夢	アーサー・オードヒューム 高田紀代志／中島秀人訳	科学者の思い込みの集大成として、あるいはイカサマの手段として作られた永久機関。「不可能」の虜になった先人たちの奮闘を紹介。図版多数。
原論文で学ぶアインシュタインの相対性理論	唐木田健一	ベクトルや微積分など数学の予備知識も解説しつつ、一九〇五年発表のアインシュタインの原論文を丁寧に読み解く。初学者のための相対性理論入門。
医学概論	川喜田愛郎	医学の歴史、ヒトの体と病気のしくみを概説。現代医療で見過ごされがちな「病人の存在」を見据えつつ、「医学とは何か」を考える。(酒井忠昭)
ガウス 数論論文集	高瀬正仁訳	成熟した果実のみを提示したとされるガウス。しかし原典からは考察の息づかいが読み取れる。4次剰余理論など公表した5篇すべてを収録。本邦初訳。
初等数学史(上)	フローリアン・カジョリ 小倉金之助補訳 中村滋校訂	厖大かつ精緻な文献調査にもとづく記念碑的著作。古代エジプト・バビロニアからギリシャ・インド・アラビアへいたる歴史を概観する。図版多数。
初等数学史(下)	フローリアン・カジョリ 小倉金之助補訳 中村滋校訂	商業や技術の一環としても発達した数学。下巻は対数・小数の発明、記号代数学の発展、非ユークリッド幾何学など。文庫化にあたり全面的に校訂。
複素解析	笠原乾吉	複素数が織りなす、調和に満ちた美しい数の世界とは。微積分に関しても楕円関数の話題までがコンパクトに詰まった、定評ある入門書。
初等整数論入門	銀林浩	「神が作った」とも言われる整数。そこには単純に見えて、底知れぬ深い世界が広がっている。互除法、合同式からイデアルまで。(野崎昭弘)
原典による生命科学入門	木村陽二郎	ヒポクラテスの医学からラマルク、ダーウィン、そしてワトソン=クリックまで、世界を変えた医学・生物学の原典10篇を抄録。(伊東俊太郎)

数学のまなび方 彌永昌吉

「役に立つ」だけの数学から一歩前へ。「数学する心」に触れるための、教科書が教えない「数学の勉強法」を大数学者が紹介。(小谷元子)

公理と証明 彌永昌吉

数学の正しさ、「無矛盾性」はいかにして保証されるのか。あらゆる数学の基礎となる公理系のしくみと証明論の初歩を、具体例を手掛に解説。

コンピュータ・パースペクティブ チャールズ&レイ・イームズ　山本敦子訳　和田英一監訳

バベッジの解析機関から戦後の巨大電子計算機へ。コンピュータの黎明を約五〇〇点の豊富な資料とともに辿る。イームズ工房制作の写真集。

地震予知と噴火予知 井田喜明

巨大地震のメカニズムはそれまでの想定とどう違っていたのか。地震理論のいまと予知の最前線を明快に整理し、その問題点を鋭く指摘する提言の書。

ゆかいな理科年表 スレンドラ・ヴァーマ　安原和見訳

えっ、そうだったの! 数学や科学技術の大発見大発明大流行の瞬間をリプレイ。ときにニヤリ、ときになるほどとうならせる、愉快な読みきりコラム。

位相群上の積分とその応用 アンドレ・ヴェイユ　齋藤正彦訳

ハールによる「群上の不変測度」の発見、およびその後の諸結果を受け、より統一的にハール測度を論じた画期的著作。本邦初訳。(平井武)

シュタイナー学校の数学読本 ベングト・ウリーン　丹羽敏雄／森章吾訳

中学・高校の数学がこうだったなら! フィボナッチ数列、球面幾何など興味深い教材で展開する授業十二例。新しい角度からの数学再入門でもある。

問題をどう解くか ウェイン・A・ウィケルグレン　矢野健太郎訳

初等数学やパズルの具体的な問題を解きながら、解決に役立つ基礎概念を紹介。方法論を体系的に学ぶことのできる貴重な入門書。(芳沢光雄)

算法少女 遠藤寛子

父から和算を学ぶ町娘あきは、算額に誤りを見つけ声を上げた。と、若侍が……。算額への誘いとして定評の少年少女向け歴史小説。
箕田源二郎・絵

ちくま学芸文庫

不思議な数eの物語

二〇一九年一月十日 第一刷発行

著　者　　E・マオール
訳　者　　伊理由美(いり・ゆみ)
発行者　　喜入冬子
発行所　　株式会社　筑摩書房
　　　　　東京都台東区蔵前二―五―三　〒一一一―八七五五
　　　　　電話番号　〇三―五六八七―二六〇一(代表)
装幀者　　安野光雅
印刷所　　大日本法令印刷株式会社
製本所　　株式会社積信堂

乱丁・落丁本の場合は、送料小社負担でお取り替えいたします。
本書をコピー、スキャニング等の方法により無許諾で複製する
ことは、法令に規定された場合を除いて禁止されています。請
負業者等の第三者によるデジタル化は一切認められていません
ので、ご注意ください。
©Masato Iri 2019 Printed in Japan
ISBN978-4-480-09908-2 C0141